中国地名标准化
研究文库

基础地名学概论

杨光浴　刘保全　编著

中国社会出版社

图书在版编目（CIP）数据

基础地名学概论 / 杨光浴，刘保全编著. —北京：
中国社会出版社，2012.10

ISBN 978-7-5087-4110-9

I.①基… II.①杨… ②刘… III.①地名学 IV.①P281

中国版本图书馆 CIP 数据核字（2012）第 168266 号

书　　名：基础地名学概论

编　　著：杨光浴　刘保全

责任编辑：刘运祥

出版发行：中国社会出版社　　邮政编码：100032

通联方法：北京市西城区二龙路甲33号

　　　　　电话：编辑部：（010）66080300　　（010）66083600

　　　　　　　　　　　　（010）66085300　　（010）66063678

　　　　　　　邮购部：（010）66060275

　　　　　　　电　传：（010）66051713

网　　址：www.shcbs.com.cn

经　　销：各地新华书店

印刷装订：中国电影出版社印刷厂

开　　本：170mm×240mm　　1 / 16

印　　张：18.75

字　　数：295千字

版　　次：2012年10月第1版

印　　次：2012年10月第1次印刷

定　　价：42.00元

《中国地名标准化研究文库》顾问、编委名单

顾　问：褚亚平　王际桐　杜祥明　史为乐
　　　　李炳尧　杨光浴　周定国

编委会

主　编：刘保全
副主编：许启大　商伟凡
编　审：李炳尧
编　委：（按姓氏笔画排列）
　　　　付长良　刘连安　朱昌春　孙冬虎
　　　　宋久成　庞森权　哈丹朝鲁　钟琳娜

序

《中国地名标准化研究文库》

　　大力推进并逐步实现地名国家标准化，进而推进地名国际标准化作贡献，为国家社会主义现代化建设和国内外交往及人们的日常生活提供便捷的公共服务，是我国地名工作的根本任务。地名标准化事业，关系到维护国家主权和民族尊严，关系到民族团结，关系到国际交流与合作，关系到社会交往和人们的日常生活，关系到国防建设和社会治安，关系到弘扬中华优秀文化和社会主义先进文化建设。因此，我国的地名学理论研究也必须坚持地名标准化这个大方向，为推进中国地名标准化提供理论技术支持，并积极参加国家地名标准化的学术交流与合作，为繁荣我国的科学文化事业作贡献。

　　二十多年来，中国地名学理论研究取得了长足发展，学科体系基本形成，理论研究成果丰硕，且正在不断开拓和创新，有力地推动了中国地名标准化事业。为了全面、系统地总结、展示中国地名学研究成果，为中国地名标准化事业的开拓与创新提供理论支持，引导地名学理论研究活动沿着国内外地名标准化发展方向深入开展，同时为广大地名工作者专业理论水平的提高提供一套系统教材，在民政部领导的关注与指导下，并经有关部门推准立项，中国地名研究所（民政部地名研究所）设立了"地名标准化"研究课题。本着传承与创新、国内与国际相结合的原则，选定了一系列理论专题，对地名标准化涉及的主要问题进行了系统的梳理与研究，成为一项地名学理论研究的系统工程。各个理论专题，由本所各研究室和各有关单位的专家联合攻关，经过三年多的深入研究，各专题都取得了可喜的成果。为了及时奉献社会并与国内外同人交流，中国地名研究所（民政部地名研究所）和中国行政区划与地名学会，组织课题组将各个研究专题归纳、梳理，撰写了这套《中国地名标准化研究文库》，使之成为集当代中国地名学研究成果之大成的地名学丛书。

本《文库》各册专著，基本上涵盖了中国地名学的学科内容，系统地揭示了地名学的主要论题，因而《文库》具有鲜明的系统性；本《文库》以中国地名工作的根本目标——地名标准化为纲，各册专著均遵循不断推进、逐步实现地名国家标准化和地名国际标准化这个大目标阐述理论主张，因而《文库》具有鲜明的目的性；本《文库》各册专著在理论观点上既保持地名学科的一致性又允许各自成理论体系，在内容上既防止相互重复又允许必要的交叉，在体例上既保持统一的规范又允许必要的具体变通，因而《文库》具有鲜明的科学性；本《文库》各个专著坚持理论与实践相结合的原则，切实服务于地名工作实践，因而《文库》具有鲜明的实用性；本《文库》坚持继承与创新并举的原则，一方面积极传承中国地名学研究理论成果并使之发扬光大，一方面着眼未来大胆开拓创新，使之长足发展，因而《文库》具有鲜明的创新性。

参加课题的研究人员，既有多年从事地名学理论研究的中老年专家，又有勇于开拓创新的青年人才，这个科研群体在一定程度上体现了我国地名学理论研究传承与发展的历程。《文库》的编著出版，是各专题研究人员集体智慧的结晶，也是我国二十多年来广大地名工作者和专家、学者研究成果的总结。衷心感谢关注、支持《文库》编著出版的褚亚平、王际桐、杜祥明、史为乐、李炳尧、杨光浴、周定国等老一辈地名学专家和多年来为推动中国地名学发展作出贡献的专家、学者及广大地名工作者。

本《文库》各册专著采用统一装帧和版式设计，分册出版，但不排列先后顺序。

《中国地名标准化研究文库》是我国第一套地名学丛书，其中多数专著也是第一次与读者见面。它的编著出版是地名学理论研究的一项系统工程，也是我国地名学理论建设具有历史意义的一件大事。鉴于地名学是一门新兴学科，加之我们水平的局限性，其中误漏在所难免，敬请专家、学者和广大读者指正。

刘保全

2007年10月

（注：刘保全为中国地名研究所所长、中国行政区划与地名学会会长、联合国地名专家组中国分部主席）

目　录

基础地名学概论

第一章　地名学概述

　　地名学的研究，主要归结为问题导向和方法导向。问题的科学解惑，有待方法的正确。地名学是与语言、历史、地理、民俗、社会、哲学、姓名、城市规划、旅游、测绘等多个学科有密切联系的学科，从这个意义上讲，地名学既是边缘学科，又是综合性质的学科。地名学最基本的理论基础，含地名学的研究对象、学科性质及研究方法、地名文化内涵、地名社会功能与管理等。本章主要讲述并研讨与相关学科的关系，其中含借鉴、吸收、相融、交叉关系等，均带有探索性质，尚未达到现代科学总水平的高度，只力求将多年积累的研究成果进一步系统化，在思维上有所创新，进一步促进理论的发展。

第一节　地名学的性质及研究对象

　　地名学科的性质，在全国首次中国地名学研究会代表大会上，经过讨论认为，"地名学属于人文科学的一部分，是与语言、地理、历史、民族、民俗、测绘等学科有着密切关系的，或者说是上述学科研究内容的一部分，是新兴起的边缘学科"，这个认识基本上被多数人所接受。由于现代地名学过于年轻，在以往的科学文献中，几乎无全面的论述。从科学意义上说，中国地名研究会在1988年成立后，为其提供了演译的舞台，全国第一次地名普查是地名学发展的契机亦是肥沃土壤，其间有诸多学者加盟，出版了地名学专著，地名学逐渐迈向科学的殿堂。

　　地名学科的性质如何界定呢？"学科性质取决于学科研究对象的本质属性。物理学、化学、天文学、地学、生物学等学科，由于它们研究的对象都属于自然界存在的物质和现象，故都属于自然科学；数学研究的对象是现实世界的空间形式和数量关系，在现代科学技术分类中，把它单独列属于数学科学；历史学、语言学、法律学、经济学、政治学、社会学、民俗学等学科，他们所研究的对象是各种社会现象，故均属于社会科学。地名学的研究对象既然已经明确是'地名系统'，所有地名又毫无例外的是人们所赋予的，是人类历史的产物，是一种人文事物、社会现象。因此，地名学理所当然的具有社会科学性质。明确学科的性质，对于确立研究该学科的思想、内容和方法，都是至关重要的，或者说，明确学科性质是提高研究自觉性的首要前提。"（引自《地名学基础教程》中国地图出版社.1994年版.褚亚平等著）

一、地名学的定义域

地名学的汉语字面含义，是比较明了的，是研究地名的学问。国内外一些词书上对地名学的阐述也大体如此。如在《新英国百科全书》、《德国布罗克豪百科全书》中写道："地名学是研究地名的"。《牛津大词典》中阐述，"地名学是研究一个国家、一个地区地名的科学"。《简明不列颠百科全书》对地名学做如下定义："地名学（Toponymy）是根据词源、历史和地理资料对地名进行的分类研究。一个地名为一个词或词组，用以表示一个地理部位，如城市、河流或山脉。地名研究将地名分为住地名和特征名两大类。'住地名'表明一处有人居住的地方并通常在其最初成为宅地、村庄或城镇的时候开始使用。'特征名'表示地面的自然特征，可进一步分为水文特征、地貌特征和自然植被特征等。地名学研究地名的词源变化和命名动机。然而，大部分研究偏重于'住地名'的词源，往往忽略特征名和特征名的起源。住地名和特征名既可以是普通名也可以是专有名，或是两者的结合。普通名表示地名的某一类，如河流、山脉或城镇。专有名则限定或修饰地名的含义。专有名常在普通名前或后，如密歇根湖（Lake Michigan）或俄亥俄河（Ohio River）。英语中专有名常在普通名前，法语中专有名一般在普通名之后。但是其他语言的影响使这一通则出现例外。大多数地名学研究偏重地名的专有名部分。英语地名中的专有名主要采取形容词形式，起修饰作用的介词地名，如'芝加哥城'（City of Chicago），则少得多。但习惯上介词和普通名均省去。地名学还包括在一种语言内和对照各种语言进行的地名研究。在一种语言内的研究通常以三个基本设想为前提：①每个地名均有意义；②地名总是表示一处地方并反映人们对其拓居和占有；③地名一经确立或见于记载，其语音变化与语言发展是并行的。研究地名从一种语言向另一种语言间转换，须考察地名流通的口头和书面形式。地名翻译常常以较重要的地名或较大的特征出现。语音变化是地名在语言间转换的最常见方式。北美许多早期殖民地名即以此种方式从土著印第安语转换而来。通俗词源以地名发音为基础，因此与语音转换相类似。当一种语言的语音不易转换为另一种时，便出现了通俗词源。北美的法国和英国居民之间许多地名的转换都通过通俗词源。由于印刷越来越重要，地名可直接通过地图上的可见形式为另一个国家或语言所接受。地名通过可见形式的转换被接受后，便根据接收语言的标准读音。地名学能够考证出与一个地方有关的重要历史资料，例如当地居民最初语言的历史、地区开发史、人口分布、宗教沿革、民间传说、社会结构和背景以及语言学方面的资料。"著名地图、地名学家曾世英先生与杜祥明先生在《试论地名学》一文中将地名学的主要任务定义为："是研究地名的起源、语词特征、含义、演变和分布的一般规律，也包括规范译写等应用方面的研究。"上海辞书出版社1985年新编辑出版的《地理学辞典》中将地名学定义为："研究地名的起源、含义、命名准则、语词结构、语间转译、分布及演变规律的学科。研究对象为地球上的各种天然地物（如山岳、平原、丘陵、河川、湖海等）、人工地物（如城镇、村庄、道路等）的名称。有人认为包括某些天体细部的定名。分支学科有地名语言学、地名地理学、地名地图学、地名历史学、小地名学、比较地名学等。"在《中国大百科全书》地理学卷地名学审稿会讨论记述摘要中写道："地名学是研究地名的一门科学。是研究地名的由来、演变、语词构成、分布规律和功能的一门科学。"总之，"地名是概念，是地名类型景观的抽象，是对地名景观普遍性本质的概括和把握，是理论思维逻辑形式。地名景观，含个体概念（地名单体）、区域概念（国家或地区地名集合）、系统概念（一类地名集合）、整体概念（古今中外各国地名集合）及分层概念（历史的层面）等；地名景观，是给定区域内有规律在历史上形成迄今的各类地名的总合。"（引自《地名学简论》杨光浴著）。地名学的概念及研究，主要是"地名景观"，这在总体上统一了基本点的表述。然而，我们不应把已有定义做"长城"自我封闭起来，还要前行，还要扣问，现代地名学应该研究些什么理论问题，地名实践上的热点、难点、生长点、闪光点是什么？这些问题的答案，应当从相关学科已有成果中去寻找，从社会发展的需要中去寻找，要从地名工作与研究实践两个方面统观分析，作出客观的全面性论述，从而将地名学推向更高的平台。

进入80年代以来，中国走上了以经济建设为中心的改革开放之路。各地涌现出成群的新居民点、交通线（高速公路、铁路）、开发区、经济区、旅游景点和景区等，都需要赋予最恰当的名称。新地名大量发生，促进了全国范围的地名规划实施和基础理论研究。在这种大背景下，地名学的研究对象，具备了新的和发展性的内涵。客观上虽然如此，但在学科认识上迄今还存在盲点。例如，有的学者撰文指出，地名学的研究对象是"地理实体"，并且认为它"是地理学研究对象—地理环境的组成个体；研究对象的这种联系，确定了它们间的隶属关系"。这个论点引起读者思考的是：其一，如果地名学和地理学的研究对象仅存在"个体"与总体之分，仅存在所谓"隶属关系"，却都属物质组成的"地理实体"、"地理环境"，那还有地理与地名学科之分吗？其二，地名、人名、事企业名称的研究，并非研究地、人、事企业，而是研究地之名、人之名、事企业之名，这些研究的对象怎能是物质组成的呢？因此，地名学的研究对象是"地理实体"之说，是难以置信、不符合事实的。那么，地名学研究的对象，亦即地名学研究的客体，是否就是"地之名"或"地名"呢？应当说，这是没有错的，只是简单了一些，或者说不全面的认识。地名作为客观存在的一类事物，有个体地名和群体地名之异，有古地名和今地名之异，有这一地区的地名和那一地区地名之异，有此一类型地名和彼一类型地名之异，有中国地名和外国地名之异，还有汉语地名和少数民族语地名之异等。虽然在地名范畴内，存在着种种区别之处，但总起来说，它们毕竟属于一类社会事物，自成系统。所以，我们把"地名系统"视为地名学研究的对象。换言之，地名学研究的客体是"地名系统"或曰"地名景观系统"。褚亚平教授提出的"地名群、地名层和地名景观"（见《地名学基础教程》11页》）的理论，很有指导意义。如此说，并不排除在地名学研究中的

"名"与"地"的关系，地理环境对地名影响、名与实的相依存、相制约、相作用等。地理学重"地"理，而地名学重"名"称，两者联系紧密并不排斥。还要强调的是，地名学的研究，不能完全排除对地名体的基本认识的研究，以及地名体做为地名载体信息的研究，只是要把握住"度"，把握住研究的视角。

二、地名学的性质

对于地名学的性质，主要有三种论点：第一，地名学是语言学的分支，研究地名的音、形、义的特质；第二，地名学是地理学的分支，是属于历史地理学的范畴；第三种观点认为，地名属于历史学的一部分，是历史文化遗产，是"活化石"。此外，有的民俗学家将地名列入其中。上述观点都有认识论的客观理由，从不同视角而论，地名学研究离不开语言学、地理学、历史学的框架，除此之外地名学与民俗学、地图学等多学科相随。如果把地名学比喻成多彩多姿的美妙少女，只能嫁一"夫"的话，真的很难选择。

（一）地名学是语言学的一个分支

《苏联大百科全书》认为："既然在某种程度上，地名是语言中词汇的一部分，那么研究地名称谓的学科——地名学，首先就是语言学的学科"。《拉鲁斯大百科全书》记述："地名学要求语言学家追溯得更远一些。"《韦氏大辞典》认为：地名学"是一个地区或一种语言的地名，特别是对它们进行语言学的研究。"我国以语言学家为主体的《辞海》编辑部，在叙述地名学时也倾向这种观点，认为："地名学是研究地名的意义、结构、发生和分布的科学。"上述这些观点，从语言学侧面揭示了地名学的性质。

地名，首先是一种语言现象，先有"音"和"义"，有了文字之后，又有形。毫无疑问，在研究地名这个词（或句子）的历史来源、形成与演变过程时，总是和词源学分不开的。在正音、正形、正义中，无疑是属于语言学的范畴。而地名的约定俗成、简化律、区别律等，都与其他语词没有多大差别。地名尽管不能始终保持发生时的语音与词义，处于变化中，有的地名语言面貌走形，而变得不可识。然而，地名仍然是语言现象，尽管表述的只是相对应的地名体（客体），而不是参加具普遍意义的思维和形象概念。在研究地名词的特有现象时，常要研究地名这个专有名称和普通名词之间宽广的过渡带。要研究名称的语义和所称说的客体，时而相一致、时而又相分离的情况，地名特指和泛指的转化过程。如四棵树到处有，"四棵树"地名却是狭义的，叫"胜利"的地名并非与"胜利"这个词普遍含义有什么联系。甘肃"会宁"，红军在此会师后，趋向稳定，亦不能认为是命名神算的应验。由于历史和社会的原因，地名词的义，又常常表现为多义的。地名词义可以变化、扩展、收缩、转移等。如，桥、板桥，郑板桥，从普通名词转为专有名词，使名词伸缩和变化。地名词时而具有一般词的特点，表现出时代特征、映现同时代的语言风格和用语习惯，时代的群体思维定格与习惯用语定势常给地名以印记。

某个区域地名的"字形"，当然和区域内语言构成是一致的。操不同语言的民族，在给地方以指称时，音、形、义都有着民族的语言特征或带着地方语言的印记，反映着民族的或区域的语言风格。因此，一些地名保留着历史语言的痕迹。语言学十分注重从地名中寻找遗失了的语言和方言的边缘。地名的断代研究，可根据不同历史时期的规律性，去认识并理解地名是怎样发生的，和普通词是怎样的一种关系。地名的转写，是语言学解决的问题。近几年许多学者都从语义学的视角，剖析地名语义，发表了大量学术文章。不仅如此，地名语义的分析和研究成果，已经引起许多学科的关注，且不断地被引用。在〔英〕罗素著《人类的知识》中，专列有一章"专有名称"，论述其在语言中的位置。

（二）地名学是地理学的分支

著名的地理学家浙江大学陈骄驿教授认为："地名按其科学属性，无疑属于历史地理学的分支科学。"谭其骧教授似持相同观点。他们认为，"地名是地理事物的名称，在研究过程中离不开地理环境和历史条件，在研究方法上和历史地理学研究方法常常一致。"华中师范学院刘盛佳先生发表署名文章，从理论与实践的结合上，阐明了地名学是地理学科的分支科学。他论述了地名是语言文字代号的说法，不是地名的本质属性。同时他还认为，将地名学说成是历史地理学也是不妥的。指出："地名沿革并不是地名学研究的唯一内容，而现代地理事物的命名，仍然是地名学的重要方向。"主张"地名和它所代表的地理实体之间的矛盾，地理实体则为主要方面。"他引证了苏联地理学会地名委员会主席木尔扎耶夫教授的说法："地理学总是无法摆脱要以很大注意力来研究地理名称，因为地域是他们共同研究的目标。"在《中国百科全书·地理卷》编委会所拟地理学分科中，把地名学列入了地理学系统中，和历史地理学、方志学平列起来，并把历史地理学、方志学、地名学做为区域地理学的基础学科。原河北师范学院（现河北师范大学）许辑五教授将这一观点引入他的《地名学概论》讲义之中。许教授着重讲道："地名学它既不隶属于人文地理学，也不属于历史地理学的范畴之中，它有其独立的地位，但它仍属于地理科学系统之中。"也有的地理学家认为，"地名是地理事物名称表"。

中国现代地名学的兴起，主力军是全国广大地名工作者，而地名学基础研究的中坚或曰核心力量多为地理学家们。很多历史地理学家发表了大量文章，成为中国地名学理论的开拓者。

（三）地名学是历史学的分支

有些学者认为地名是语言的伴生物，同时也是社会人文的、历史的伴生物。人类漫长的历史，造就了数以亿计的地名。在这些数以亿计的地名上，烙印着历史时代的印记。公社制、奴隶制、封建制、半封建半殖民制、社会主义制度等，在地名上均有记录。故有的学者把地名比喻为"古钱"、"古化石"、"古物"等。并认为地名是一种历史社会现象。因此，认为地名学应从属于历史学的范畴。

在中国最早的甲骨文字中，就记载着不少的地名。据陈梦家《殷墟卜辞综述》中记述："卜辞记载的地名约在五百上下"。随着考古文物的出土增多，甲骨文中的地名数目亦随之增多。这些最为古老的地名确指，无疑是历史学的重要成果。如"商"字，是地名无疑，指什么地方尚有分歧。有人认为指殷都安阳，也有人认为是指河南商丘。又如"杞"字，有的学者认为是杞国，即今日之杞县附近。又如"闽"字（福建省的简称），据《说文》解释，闽："东南越蛇种"。《福建通志》则认为："闽，其地多虫，多蛇，非虫种、蛇神也"。从这些古地名中，窥视了古代人类崇拜图腾的遗迹，甚至反映了某些人类历史运行的轨迹。

中国历史学家对地名学的贡献颇丰，历代均有地名学研究成果问世。中国史料记载地名较多的《二十四史》中，就有十六部对地名有专门记述。地名成为史学家关注的重要内容之一。《禹贡》、《山海经》、《汉书·地理志》、《后汉书·邵国志》、《魏书·地形志》、《水经注》等，都记载有许多地名。这些无疑是历史宝库中的珍品，是重要史料。在历史研究中，离开了时间、地点、人物、事件是很难想象的。地名是研究历史不可缺少的"地点"元素。在《越绝书》的《吴地传》中，记载了吴越许多地名。在练塘条记着："练塘者，勾践时采锡山为炭，称炭聚，载从炭读至练塘，均因事名之，去县50里。"故有练塘、锡山、炭聚、炭读等地名，均以事名之。还有一种观点认为，地名学属于历史沿革学的范畴，主要论点是地名是地理实体的影子，是研究名和实的统一体。

综观上述，地名学的本质属性到底是什么呢？地名学的研究对象——地名，既与语言、历史、地理、历史有关，也与民俗、旅游、地方志等有关，并随着历史的发展而演变。地名学处在多学科的交叉路口，有着多学科的特征，形成多侧面综合体。因之，地名学是一门年轻的而又相对独立的人文学科，具有综合性的社会学科特征，又处在大的社会学科的边缘地带。总之，地名学从属于人文科学的范畴。

科学的发展，必然要扩展科学领域。而新、旧学科之间，无论在研究过程中，得到的基本理论原则范围内，或是在每门科学中形成的方法论范围内，它们都发生综合性的相互作用。众所周知，技术科学和数学的联系越紧密就越有成效。语言学和数学结合起来，形成数理语言学，使语言学基本原理应用于具体语言的范围扩大了。事实证明，边缘科学是发展最快的又是最有成效的，综合性已成为科学的本质。许多重大社会、科学问题都具有综合的特征。科学发展的自我系统，要求各学科之间需要相互补充和加强，而不应当互相妨碍，更不能轻易排斥。当前地名从语言学的角度研究较为广泛，而从地理学、社会人文学，即功能方面研究地名近年则刚刚兴起。因此，地名学应当从现实出发，从有助于地名事业的发展和繁荣地名学出发，从社会需要出发，进而从不同侧面加强对地名学的研究，构筑地名理论科学框架，充实地名学领域，建立起现代科学意义上的地名学，已是迫切的任务了。地名学的研究不能封闭，没有界限，更不要用某些条条把自己绑上，而应当开放。张开双臂，欢迎各学科学者参与地名学的研究，或者在相关学科中给地名学的研究划出一块属地。地名学与诸多学科关系如下：

1. 社会人文学科：哲学、民俗学、姓名学、符号学、旅游学；
2. 地理学科：历史地理学、地理沿革学、区域地理学、地图学；
3. 历史学科：训诂学、方志学、考古学、断代史学、社会制度学；
4. 语言学科：语音学、语义学、文字学、译写学等。

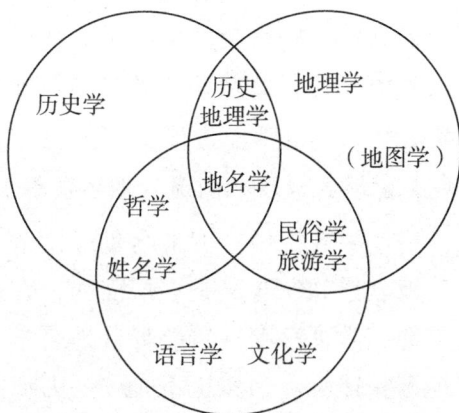

三、地名学的研究对象

地名学是把"地名"、"地名景观"、"地名景观系统"做为学科的研究对象。这里讲的地名，不仅仅是一个独立存在的单体地名词，包括"地名群、地名层和地名景观"，"同属地名结群现象"（引自褚亚平等《地名学基础教程》11页）。地名景观系统，是对地名大家族的称谓，拟建立的地名结构框架的核心词。

地名、地名景观、地名景观系统，是在地名学研究中，所设定单体、群体、总体等三类的形态概念，这三者既有区别又有相通、相随、相似的一面，还有层次、范围的不同。以三个不同的词，用在不同的语言环境中，更易把问题所指范围讲得清楚些。

（一）地名

什么是地名，可以是实指，亦可以是泛指。在此表述的地名，先是人们习惯性思维中，常作为具体地名体代号而存在的那类，诸如黄山、黄河、黄土高原等。这里的"地名"不是作为概念表述的，不是各种、各类、形态地名的集合，地名景观、地名景观系统、地名群、地名层等。这里所言地名，又是在地名学理性思维中，将单体作为结构式中的因子。其次需要强调的是，单体地名它不是孤立的，而是地名整体中的分子，要将"地名"放在结构内分解，建立起科学研究系统，把整体与个体、系统与层次、区域与类型等区别开来。单体地名由来及沿革的考证，是必要的。然而，不能始终着眼于此，单体研究是散落的、碎片式的，得出的结论多为特例或偶然，只有把单体地名放在一个时间平面、一类地名景观平面上去分析，些许能得出必然的认识，才会出现逻辑上的推理运用。有些地名研究，更要站在地名景观系统的平台上，会站得高，望得远，看得准。

（二）地名景观（含地名板块、图斑、地名层等）

关于地名景观，褚亚平教授说："地名景观这个术语，自地理景观一词模拟而来"。"地名景观"含义是多层面的，含地名板块、图斑、地名层次。地名学与地理学视角存在着差异。地名学注重名，而地理学主要研究地名体（地理实体）。当然也不是"一刀切"，互不相关。地名景观，所说的"地名"，不仅仅是地理学名称表、年鉴或地理图的名称，这里所说的地名，不只是某一个具体地名的个体，或是某些个体地名的集合，而是纵向（历史的）与横向（各类的）地名存在。如果将地名文化进行结构式分析，可得到不同的地名景观。从历史纵向的视角，依据地名发生年代可分为古代的、近代的、现代的，就有不同历史层次的"地名景观"，即纵向的地名景观分期后，亦可称为"地名层"；如果按类型聚合可分为自然地名、人文地名，再细分诸如山文、水文、住地名等，组成类聚地名景观，还包括主地名派生成群的地名景观，构成主从地名群，共义、共字的地名群等；如果按区域划分大洲、国家、地理区等。"景观（landscape）是现代地理学中的一个很重要的概念。①一般概念：视为一般自然综合体。同任何等级单位不发生关系。②区域概念：是个体区域单位，相当于自然区划等级中系统最低一级的自然地理区。③类型概念：用于任何地域分类单位，认为区域单位不等于景观，而是景观的有规律的组合。④地理学的整体概念：自然与人文兼容并蓄"（引自《地理学词典》上海辞书出版社.713页）。"景观"在地理学中已广泛使用，并已发展成为"景观学"，以及各种"景观学"派。褚亚平先生很强调地名景观与地理景观的区分，是两个学科之间完全不同意义的概念。地理景观是研究实体的地理特征诸多方面，以及地理分布差异等。地理学在把景观分解为一般概念、区域概念、类型概念、整体概念的时候，通常要给予指称，这个指称通常就表现为地名形式。地名景观不仅指代在性质、范围、形态各不相同的地域实体"名"的宏观系统，亦表现名称与景观（名与实）的矛盾统一、地名通名与地理类名的矛盾统一、地名区域特征与整体地名系统的矛盾统一，构成了地名学独立于地理学的立体研究结构。地名学家应当知晓地理学基本知识，有能力去修正某些地理名的不当。地理学家要熟悉地名学，在给地理区命名时会更精当。

（三）地名景观系统

地名景观系统，是指古今中外各种语言、各类、各层遗失的与现存的地名总集合，也可以是一个国家、一个语言系统的地名集合体，或者是给定地区的有规律的并在历史上形成的地理名称的综合。换句话说，就是反映给定地区历史地理条件的区域地名系统。地名景观系统，是地名学的研究整体。一个地名，一类地名，一个时代的地名或一个区域地名，乃至一个国家或一种语言区地名，都是地名景观系统的组成部分。地名景观系统，也包含着对地名集合的认识论和方法论。在研究地名的时候，首先要从地名整体的多样性出发，用交融、互补、综合的观点，利用相关学科的成果去揭示立体的、多面的、具有多方面属性的地名景观的特征，及地名景观系统内部的复杂关系，以及个体地名间的差异。诸如，给定景观范围之间的从属、并列、辖属等层次关系，整体化名称和明细化名称之间关系，类属名称的表述以及它们之间的关系，地名命名特征的区域性研究与相关学科关系，专名词和普通名词之间的关系，地理类名和地理通名关系，名与实（即客体和名称）的关系，地名的转注以及区域地理系统的差异、演变，个体地名的存在形式、演变的规律性的探讨等。换句话说，地名学在研究单体地名的发生、由来、演变、语词构成、分布规律和功能时，有自己的解读。"地名由来"，包含着地名的语源、语种和得名缘由的同时，伴随着对地名的传播和筛选过程的研究；"演变"是指地名的变更，语词的变化以及更名的社会原因；"语词构成"是分析语言码以及音、义进行式特征；"分布规律"是研究地名的区域性特征和区域性的差异；地名功能研究，是从地名的社会性出发，就如何实现地名标准化与标准地名社会化，地名工作服务社会化等诸多方面，提出有效的学科理论支撑。

总之，地名研究的对象，是地名的集合，可以个体研究、类别系统研究、层次或区域系统研究，或进行地名整体系统研究，把地名作为一个结构、一个系统工程来研究。如，地名规划含命名、更名的规划和对地名文化的保护，两者并行、互补，这是一个科学的新命题，需要以新的视角、新的方法去做系统的探索。正如谢前明先生在《当代地名文化发展的三大特点》（《中国地名》2008.4期）一文中所述："我国的地名研究，从研究地名的主流时态上说，表现为三个不同的时态'过去时'、'现在时'、'将来时'……'过去时'、'现在时'……偏于两千多年间的述往研究"。"主流基本上是记述、考证、诠释"。"地名规划工作对地名的研究与地名学发展的贡献，是改变了两千多年研究地名的惯性轨迹……从而推动了地名'述往'、'察今'与'前瞻'紧密结合的研究……开辟了地名的新天地……表现出与时俱进的鲜明特点。"而《数字地名》（浦善新主编）为地名学注入现代科学思维，将地名学推向信息化的前沿区域。

附：

```
                              ┌─ 纵向分层地名景观
            ┌─ 存在式地名景观系列 ─┼─ 横向分区地名景观
            │                  └─ 类聚分列地名景观
地名景观系统结构 ─┤
            │                  ┌─ 网络网址地名景观
            └─ 虚拟式地名景观系列 ─┼─ 传说内敛地名景观
                              └─ 文化作品地名景观
```

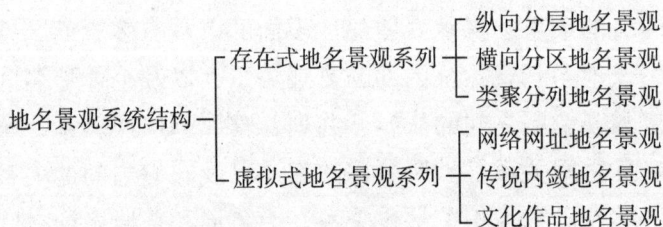

《地名景观系统结构》示意图

注：有一种地名分类方法，相伴有一类地名景观。

第二节　地名学的研究任务

著名地名学家诸亚平教授在1980年第二次全国地名研究会上，做了《着眼于"用"，立足于"实"》的发言，实质上提出了现代地名学研究的指导思想。作者提出："所谓着眼于'用'，就是要求在地名工作中要坚持应用的观点；所谓立足于'实'，就是要从'四化'的实际出发，把地名工作做到实处，做出实效。只有这样，地名工作才富有现实意义，地名研究才会引起社会的重视。"地名学研究的主要任务是，在关注基础理论研究、积极探索前沿的同时，应当以应用科学为重点，以综合研究为依托，以服务社会为先导，目的是尽快实现地名国家标准化和地名国际标准化。进而，使地名研究为构建和谐社会做贡献。

一、地名基础理论的研究

地名基础理论的研究，是地名学的基本内容，是地名学理论研究的基本功。只有对地名基础理论进行深入科学的研究，才能为地名学各领域的研究奠定基础。地名基础理论的研究有六个方面：

一是，对地名定义的研究。即从理论与实际结合上阐示什么是地名，科学地阐示地名的概念。尽管地名学界对地名的定义尚在各持己见，但应取长补短、寻求一个比较科学且易于学界和公众接受的定义。

二是，对地名结构的研究。通过对地名语词的解析，阐示地名专名与通名的结构形式及其各自的内涵、功能，为地名的命名和规范工作提供基本理论支撑。

三是，对地名要素的研究。从地名语词的内涵和功能出发，对地名的组成元素进行剖析，揭示地名音、形、义、位等要素的内涵、特质及功用。从而，对地名这个专有名词有更深入的了解，为地名命名和标准化提供具体的理论支撑。

四是，对地名特性的研究。通过对地名形成、发展的历史和地理分布等方面的分析，阐示地名的社会性、继承性和区域性等特性。从而，深刻认识地名形成、发展和传承的历史文脉及其规律，了解分布在不同区域的地名的种种差异。

五是，对地名分类的研究。依据地名所指代的地理实体的性质（属性）和地理实体的形态，对地名进行分类。从而，对地名的属性、内涵和所指代的地理实体有更清晰的认识，并为地名的命名提供规律性理念。

六是，对地名功能的研究。从地名的社会公共服务、对历史与文化的承载与见证等多方面，揭示其功能。从而，深刻认识地名的价值，并为地名标准化提供支持。

二、地名应用理论的研究

地名学研究的根本目的在于对地名的应用，充分发挥地名的各种功能，使之成为社会公共服务的基本元素。因此，地名学的理论研究，应以基础理论研究为基础，以应用理论研究为主体，以充分发挥地名的公共服务功能为目的。所以，地名应用理论即实用地名学的研究，具有广阔的领域。最主要的有以下几个方面：

一是，对地名管理的研究。地名工作的根本目的是推行并逐步实现地名标准化，为社会提供优化的地名公共服务。为此，要通过加强地名管理来实现。可见，地名管理是地名工作的中心任务，也是应用地名学的主要内容。地名管理理论研究的主要内容包括：对地名管理的概念、性质、特征等基本认识的研究，对地名管理运作机制和方法的研究，对地名管理法制化、科学化、现代化的研究等。随着我国地名管理工作的不断深化，地名管理学的研究已引起广大地名工作者的重视，成为我国地名学最活跃的一个领域。

二是，对地名调查的研究。我国历史悠久，幅员辽阔，遍布中华大地的各类地名浩如繁星。加之，不同历史、不同地域、不同民族语的地名千差万别。因此，必须通过地名调查，切实掌握各类地名的属性信息和地名实体基本信息，才能有针对性地实施地名管理，推进全国地名标准化事业长足发展。80年代初开展的第一次全国地名普查，是我国有史以来第一次地名调查活动，为加强地名管理奠定了基础，开创了全国地名工作新局面。时隔20余年，国家民政部组织开展的第二次全国地名普查，将为再创全国地名工作新局面搭建平台。然而，现有地名的信息在不停地变动，新生地名在不断地涌现。仅靠定期开展全国地名普查，一则不及时、二则费时费力。各级地名主管部门必须建立地名调查和资料

（信息）更新的长效机制，使地名调查经常化、制度化，才能确保地名管理的科学性和地名信息化建设的时效性。可见，地名调查是地名工作的基本功，是地名学理论研究的基石，是应用地名学的一个先行领域。

三是，对地名信息化的研究。第一次全国地名普查后，各级地名为主管部门加强了地名档案的管理，并建立了地名数据库，逐步开展了多种形式的地名信息服务。在当今信息时代，数字地名揭示了地名信息载体功能，地名信息化建设和社会化服务，成为地名工作的重头戏，成为应用地名学最具活力的研究领域。因此，地名信息化理论研究有待大力开拓、不断创新，以使地名信息化成为备受关注的社会信息。

三、地名文化理论的研究

地名文化是刚刚兴起的一个地名学课题，也是一个具有广阔前景的研究领域。以地名文化的研究为基础，进而加强对地名文化遗产的研究与保护，这不仅丰富了地名学内涵，而且为地名标准化事业注入了生机与活力。因而，地名文化建设和地名文化遗产保护，正以其强大的吸引力引起广大地名工作者和地名与相关学科研究人员的关注。

一是，对地名文化的研究。地名文化，由地名语词文化和地名实体文化两个层面构成；地名文化包含了语言文字、历史、地理、民族与民俗多种元素，是一个多元文化体系；地名文化，既有物质文化又有精神文化，是一个广义的文化范畴。因而，对地名文化的研究，内涵丰富，既有深度、又有广度，是一个大有作为的领域。民政部设立的地名文化课题组，经过几年的理论攻关，理清了中国地名历史文脉，揭示了中华地名文化博大精深的内涵，初步构建了地名文化科学体系，为我国地名文化建设搭建了一个平台。各级地名主管部门，开始关注地名文化建设。有的通过挖掘、梳理本地域地名文化内涵，组织编辑出版地名文化图书；有的组织专门班子，通过对本区域地名文化的研究，编制地名文化保护与传承规划；有的在编制地名规划中，强化了地名文化的保护工作。地名文化建设，已经成为地名学研究的新课题，成为地名工作的组成部分。

二是，对地名文化遗产的保护。历史悠久的古老地名，不仅是中华民族历史的见证，而且是中华优秀文化的载体，是宝贵的民族历史遗产。由于社会对地名文化遗产保护的意识淡薄，随意更改或废止地名的问题历代有之、当今也时有发生，致使一些地名文化遗产消亡，失去了对中华民族历史与文化的见证与传承功能。在联合国地名组织的推动下，民政部实施了中国地名文化遗产保护工程，率先开展了"中国地名文化遗产—千年古县"的宣传保护活动。通过理论与实践相结合的途径，地名文化遗产保护活动成效显著，得到了联合国教科文组织和地名组织的高度评价与关注，得到了国内有关领导的充分肯定与支持，得到了地方有关政府及有关部门的积极参与和配合。中国地名文化遗产保护活动，已经成为地名文化建设的一个重头戏，成为地名工作的一个组成部分，成为挖掘、整合、保护和传承中华传统文化的一个途径，成为在国内外传播、弘扬中华优秀文化的一个窗口，成为地方经济社会发展和文化建设的一个平台。

四、地名史源理论的研究

地名的形成、演变与发展，源远流长。原始先民创造了语言，既是地名的发端；文字的出现则推动了地名的演变与发展。因此，通过地名史源的研究，对古老地名溯源和考究地名的历史文脉，是地名学的一个重要课题。

一是，探究地名源流。通过对原始社会形成和原始先民生活的考究，追溯地名的起源和研究原始地名形成、特征及功能。从而，揭示中华大地地名的源流。

二是，梳理地名的历史文脉。通过研究中华民族历史形成、演进的沿革，以及历代先民生存的自然、政治、经济环境，研究中华大地上星罗棋布的各类地名形成、演变、发展的过程及其与所处各种环境的关系。从而，梳理中华地名发生、发展的历史规律，增进对地名命名、更名和社会功能的传统认识。

三是，研究地名学史。通过对有关的历史文献的查考，从中研究作者对历代地名记载、解释、考证情况，了解历代历史、地理、民族和语言学家对地名的研究成果。从而，了解我国对地名学启蒙研究的悠久历史，为继承和创新地名学理论研究提供借鉴。

第三节　地名学的研究方法

地名学的研究并不只属于地名学家，同时属于相关学科的专家，更属于广大地名工作者。因为地名工作者在工作行为中都或多或少、或深或浅、或宽或窄地遇到地名中的问题，自觉或不自觉地都在进行着地名学的研究，并伴有条理性的认知和升华。地名科学研究，有时是主动积极的、有目的的，有时是偶然地、不自主地、下意识地在研究。这其中有经验的感悟，也有赞同的认知；有条理的归纳，也有假设命题的求证。当把这两种"真实性"结合起来的时候，就构成了科学的认识，出现了新的学术论点和研究方法。其目的在于回答"什么"和"为什么"。正如400年前，弗兰西斯·培根在《伟大的复兴》一书的序言中，曾经这样写道："希望人们不要把它看做一种意见，而要看做是一项事业，并相信我们在这里所做的不是为某一宗派或理论奠定基础，而是为人类的福祉和尊严……"。科学研究需要蚂蚁的勤奋负重，需蜘蛛的推理织网，更需要蜜蜂的中道变化过、消化过的本领，将实验与理论结合起来，科学成果的产生就有希望。

一、地名学研究的基本观点

地名学的本质属性，是一种研究方法，是认识论的表现，对地名事像一种由表及里的解读与推理认识过程。地名研究重在"寻找理论资源，发现理论困难，创新理论思路，做出理论论证"，研究同时是对地名景观系统由感知到逻辑认识的过程，从而把握地名文化的极为丰富的内涵。从多领域、多方位、不同视角，而且要在各相关学科成熟的成果上，来认知地名是中华优秀文化的一部分，从而自觉地保护地名文化，并正确推进地名标准化的步骤和进程。积极主动而又有效地参与社会的进步与文明。研究者乐趣正如诗言"众里寻它千百度，蓦然回首，那人却在灯火阑珊处"，从而使研究成果超越"自在"和"自为"达到自由。

（一）要树立历史唯物主义观

地名是历史社会的产物，所以地名研究和管理，应当从中国地名形成的历史和现状出发，以历史唯物主义观点正确对待约定俗成的地名。地名标准化，并不是地名理想化，更不是"大翻盘"。从理论上总结过去，是为了指导现在，当然不可能在一个早晨就改变过去的一切，何况过去的一切未必都需要改变。除文艺作品中的地名之外，现实地名都存在着名和实的关系问题。名和实是同一的，又是对立物。名与实又同一又矛盾，就构成了地名学的研究对象。对于地名整体的、类型的、区域的、历史的或横断的地名景观系统的研究，同样要坚持辩证唯物主义的观点。树立整体化观念，是地名研究中要把握的主要理念。社会进步使科学的分工越来越细，而得出规律性认识，常需要多学科知识的综合。地名是多面体，既可以从某一个学科领域研究地名的一个侧面，得出某一学科领域的认识；更要注意把地名景观系统作为一个整体，进行综合的研究，从中把握住事物的本质，并进而做理论上综合性质的探索。单项学科视角的认识与综合性研究认识，有时相同、相近，也许存在差异，这是难以避免的现实。

（二）要维系中华文化传统

中华民族是世界上最优秀的民族之一，有悠久的地名文化并具有独特魅力。地名作为历史的产物和文化的载体，是中华优秀文化传统的见证。改革开放学习他国文化之长的同时，更要维护中华民族文化传统，在地名学研究中，要重视对地名文脉的传承，坚持继承与创新统一的原则，使中国地名成为继承与光大中华优秀文化的载体。

（三）要有中国特色

汉字是属于非拼音文字，这个事实就具有中国特色。地名的构词有中国汉语的特点，地名词有语言义、指位义、地理义、指类义等，而且地名专名中每一个汉字都有其意义。这在世界属于特例文字。中国地名学史的研究，要体现中国文化的特点，作为中华文化的一部分来研究。在应用地名学的研究领域里，要体现中国地名管理，有浓重的"以人为本"的特色；中国地名文化是世界地名文化的一部分，而且是优秀的一部分；汉语拼音是一种创造，要进一步发扬光大，不能回头去寻"威妥玛式拼写法"。

（四）坚持边缘性学科的综合观点

地名学是地理、历史、语言、人文等诸学科中的组成部分，在各学科中又处在边缘，而与多学科相融，具有明显的综合特征。地名和人类的语言文字同时产生，而现代地名学的兴起是近十几年的事儿，那么是不是说明地名学突然而降呢？显然不是。地名的研究早已孕育在相关的学科之中。牛汝辰先生在《中国现代地名学前期研究概念》一文中，提出了早期地名研究的事实，包括"地名结构"、"地名变迁"、"地名比较"、"地名文化"、"地名地理"、"地名群理论"、"地名与相关科学"、"禹贡地名"、"甲骨文、金文地名"、"地名考证与译著"、"地名工具书"、"地名译写"等史实，说明了地名的研究历史悠久。多学科、边缘学科的观点，本质上就是综合研究的观点，具有创造性、自由性、群体性、开放性、时空性的特征。

1. 创造性。创造性是科学的本质，综合是一种创造形态，学科之间需要相互扶持、借鉴、补充、融合。就这个意义上讲，综合是在吸取相关学科之长时，是一种融合术，是积极探索地名学研究的一个桥头堡。创造性是灵魂，没有创造就不会有真正意义上的研究成果。"昨夜西风凋碧树，独上高楼，望尽天涯路"，这是科学工作者的心理描述，只有在有意识的创造性的前提下，才能导致地名研究的创造性，才能形成地名文化的飞跃性发展，进入一个新的天地。

2. 自由性。选题要自由，科学没有国界，也没有永远不变的学科体系"长城"。就是说科学研究没有禁区也没有边界，科学研究是开放的、自由自在的。因为只有自由才能创造，这应当成为地名研究的又一基本点。自由不是没有约束、没有限制的想入非非，那是出不来成果的。"问题"常常就是限制，要承认限制，要克服限制，克服了限制就得到了自由。要把自然界"人化"，在自然界向文化世界的转变的历史必然性中间，发挥地名研究的作用。在研究中要自主、自为，而这自主、自为的前提是自觉。自觉来自意识，自觉中含有科学研究的动力。科学的"论点"不是由别人开"处方"，而要发挥自己的主观能动作用。要自己去寻觅、去发现、确立研究题目，要制定达到目的的路线图，通过不间断的努力从而达到"梦"境。有"为伊消得人憔悴，衣带渐宽终不悔"之行为，方能从"难得糊涂"中而变得自为、自由。

3. 群体性。科学文化不是个体性的事物，而属于社会。人的群体是分层次的，因此每个人对地名认知不同。地名体有大小之分，区域不同之别，称谓各异等，故地名景观每个层次都拥有特定文化。地名是社会交际的产儿，不是个人命名的行为，本身就具有较强的群体性。一个区域的地名，反映了区域内的群体性文化。地名不仅要进行个体的研究，更应当把地名个体放在群体环境之中去研究，只有如此，研究的结论方能更贴近现实。群体性亦是研究路线的重要支点，取众家之长，欢迎众家参与，"众人拾柴火焰高"，三人行必有我师矣。

地名研究的过程常表现出个体性。然而，从社会的背景看，任何研究都是人类整体科学文化的一部分，离不开群体性的创造舞台，甚至可以说不能单独存在。地名研究成果吸收了整体性文化养分，而地名研究成果，又被相关学科所利用。如地图离不开地名，为了提高地图的质量要研究地名，但这不等于说地图学就是地名学，反之亦然。虽然地名离不开地图，没地图难以表达地名体之间的占位关系与相对的数量关系，然而不能说地名学就是地图学的分支。相关学科的互相补充，互为利用是学科之间的必然现象。因此，地名的研究要吸收所有学科一切有效的研究成果和研究方法。通俗地说，一代骄子要站在上一代骄子和当代相关学科巨人的肩上，才会站得高、望得远。侯仁之、谭其骧、陈桥驿、史念海、吕叔湘、曾世英等大家，不是地名学家而胜似地名学家，他们的研究成果是地名学的高平台。因为任何一种新理论的创造，总是以社会继承为条件，争取社会承认为宗旨，以承认的广泛性、深刻性为成功的。科学文化归根到底就是一种以群体性的形式存在。群体性也是一种继承的意识，要吸取先人们（包括国外）研究成果并取得其精华，为我所用。聪明的地名研究者，将以地名研究者的视角，学习与吸收与相关学科的优秀成果时，能与地名学嫁接起来，使学科之间产生了一种合力，在合力中起化学反应而产生巨大张力。

4. 开放性。在科学研究领域里总是开放的，不能设想有这么一个人，把所有研究题目列出来，告诉你研究方法，取得什么结果。假说常常是研究的侦察兵，认识是无止境的。任何一种科学结构，总是一定历史阶段人类认识的表述形式。新的学科结构建立，会出现多种意见、意见之间会有不同、会有矛盾甚至针锋相对，这是正常的，科学真理是在争论中成长、成立的。而几百年前，人们把"地"说成是"方"的、天是"圆"的，也是常识。旧理论不能阻挡新理论的充实和取代。而新理论总是在继承中存疑又在悖论中艰难前行。一些科研成果可能时过境迁，然而仍可闪射出智慧的光芒。我们尊重前辈，从他们的学说中吸取养分。然而我们还要有所进步，向前走，这就是开放，没有开放就没有科学的发展。"山穷水尽疑无路，柳暗花明又一村"的景象，在科学研究百花园中是一种常态。地名学研究领域已有造诣很深的学者颇受尊敬，发表了颇有见地的著作和论文，与语言、历史、地理、人文等大学科比起来，地名学还尚未形成权威理论。这个事实为地名学的创立增加难度，却使年轻的地名学者、工作者放开手脚，无束缚的去假说、去研究许多新理论、新观点。地名学家的新秀，期待着从"60后"、"70后"、"80后"这代人成批量产生。

5. 空间与时间。所有的地名，都存在于一定时间内的空间，具有极强的时空性。地名是一种文化的形式，随空间区域不同，形成了不同的文化层次、文化类型，这些不同类型的地名文化，又反映出不同的文化群、文化圈、文化区等。

地名具有时间性的特点，有自身的起源、演变、变迁的过程和规律。这些过程印记着历史的痕迹。由于各个区域的生产力水平不同，文化背景不同，在同一个历史时期，可以见到区域内地名，怎样受历史文化影响的影子，成为地理区域比较研究的重要素材。地名地理区域成果从这里产生。

二、地名学的一般研究方法

方法是任何一个学科领域中的行为方式，是用来达到某种研究目的与手段的总和。正确的研究方法，是出研究成果的钥匙。方法是取得成果的手段，方法就是路线图。地名的研究，通常有以下几种研究方法：比较研究法、历史考证法、地理区域研究法、调查法、归纳法、演绎法、综合研究法、结构研究法、数理统计法及其他方法等。

（一）地名研究选题的设计

科学研究是一项探索性质的事业，在探索中有多种途径。这些途径有难易之分，远近之别。首先要确定研究题目——选题，题目定了，随之要确定研究方法，方法有多种，要对几种方案做比较研究，确定最佳方案。

1. 研究题目。研究目的可分为以下几种类型，即探索性的，描述性的，解释性的。

探索性研究：主要是研究尚无人涉足的题目。探索是科学的本质点，正如爱因斯坦所说："提出一个问题往往比解决一个问题更重要。因为解决问题也许仅是一个数学上或实验上的技能而已，而提出新的问题，新的可能性，从新的角度去看旧的研究题目，却需要有创造性的想象力，而且标志着科学取得每项进步的真正开端。"如，王际桐"关于地名的定义、地名调查与地名标准化"理论，谢前明的"地名规划原理"，陆耀富关于"泛论地名通名"的研究，杜祥明关于"我国地名通名中的几个问题"，叶岱夫的"试论地名在历史生态中的应用"，李炳尧关于地名管理的重点在城镇和地名法制管理讲座，王际桐和杨光浴共同提出的地名要素是"地+名"的结构式论点，褚亚平教授提出的地名定义、地名景观学说，杨光浴提出的"街路门牌是点状地名"和"住址是组合地名理论"，刘保全关于"地名文化保护"的论点等，均有其理论的探索和创新。刘保全提出的"地名是历史文化遗产"的理论，得到联合国地名专家的认同，有着深刻的历史意义与现实意义；他提出的地名立体结构理论，很有创意。上述诸多理论观点（还有好多）在国内均是第一次提出来的，也许某些论点存在一些不同认识或些许论据不充分，然而属于探索性的研究。新理论的提出不遭到非议，是不正常的。

描述性研究：对一个区域或一类地名进行描述性研究。如王兆明先生对《吉林省市、县地名的分析》，按渊源分类就属于描述性质的研究。《地名学史话》（徐兆奎·中共中央党校出版社出版），总体上属于叙述性研究。然而，其中不乏探索性与解释性研究成果。

解释性研究：对描述的现象为什么是这样的，而不是那样的解释，就构成了解释性研究。由于多方面原因，同一个现象会出现不同的解释。李如龙的《闽台地名通名考》一文就属这一类研究。从闽台通名相同的描述，进而分析出因"环境相似，语言相通，历史相关"的解释性的研究成果。

无论是探索、描述、解释性研究，其主要论点是十分重要的。论点，即作者对所论述问题的观点、见解和主张。论点是研究的核心，是贯穿研究始终的主题词，亦可以说是论文魂。在总的论点之下，可以有若干分支论点，来支撑总的论点，要避免的是不要支权太多或喧宾夺主。

2. 论点，即关键词。一要准确。想说什么要表达清楚，首先要文对题，全篇论点要一致。二要题目新颖、深刻。有作者的东西、理由充分并使人折服。要善于思考，从新的角度立意，标新立异，不人云亦云。要善于揭示事物的本质。三要论点集中。紧紧抓住想说的论点，由表及里或从多个侧面把论点说透。不要中途易辄，论点转移。

（二）研究单位的设计

地名数亿计，类属繁多，研究单元有多种划分形式。地名学的研究可以对总的系统，亦可以按国家或大区域切分；在一个国家或特定区域内，按类切分。总之，对研究单位，在研究之始要明确。一般地说，研究结论适用的越广泛就越有意义。然而，在实际研究中，很难把所有地名收罗在一起，一次研究总是从个体到个体域、一个区域、一个类型地研究，进而进行对地名景观系统作整体研究，从整体上将认识上升到理论。在确定研究单位之后，题目界定要贯穿始终。不要分析是一个"单位"，结论却是另一个"单位"，要防止"变脸"、中途转换题目的现象发生。

（三）时间尺度

时间尺度，分为同一时期的横向研究和另一类的历史延伸的纵向研究。横向研究的设计，集中在一个平行的时间点上，研究某种现象的横断面；而纵向研究，则把研究的目标放在一条历史线上。有一个时间的范围，如唐朝至清朝，或者从远古迄今。孙冬虎的《清代地名研究的成就与历史借鉴》属于断代的横向研究；牛汝辰的《中国现代地名学前期研究概论》相当于纵向历史性的研究。

（四）资料准备（论据的准备）

在确定研究的题目之后，要准备相应的资料，或去做实地调查。"论点"的支撑点是"论据"，论据充分，论点才能站得住脚。在准备论据中，要筛选正与反两个方面的例子，防止偏颇。一般地说，每个人对已有定义的词或有约定用法的成语，也常常要加上自己的想象。由于经历不同，讲的同一个定义，各自的解读未必相同，这就是社会科学家提出的"简约论"。简约，指在理解人类行为时采用过于有限的概念或变量，做出的只适用某一方面的结论。地名这个事物，语言学家说是一种语言现象，地理学家说是地理事物，历史学家可能说是历史时空的痕迹等，都是对的，均属于"简约论"。

论据，分为事实论据和理论论据两大类。所谓事实，包括具体的事实和概括的事实两种，以及相应的统计数字。如通过对一个区域唐代地名的语义研究，近而对同一区域现代地名的语义比较研究，通过"事实"可得出命名渊源那些相似和那些不相似的解释。所谓理论事实，即指经过实践检验并为读者所认可的理论，包括科学定理、名人名言等。这些理论常常已被实证证明，反映了客观事物的本质和规律，讲得深刻，言简意赅，易被人认可。在论文中，引证名人著作的论点，就属此类。引证常常能提升论点的认同度，用引论导己论，似顺理成章，在论文中常见。当然，有的定理难免有历史的、知识等方面的局限性，引之不当者也有之。

论据，一定要真实。无论是口传的，书中写的，不能听之便信，信之则引，引后方知有错。故要防止讹传。论据要典型、要能反映本质的事实，有其代表性。论据要充分，要严密、周全，能说明问题。论据要新颖，语言要生动、有趣，防止老生常谈，即使学术著作亦不必总板着面孔，喜闻乐见的著述形式更佳。总之，论据要为论点服务，两者要一致，紧紧相随，不能若即若离。

（五）精确论证

论证，是把经过筛选的论据，科学地、严密地组织起来，去证明论点的正确。这是一种逻辑方法，讲道理的过程就是论证过程。一般有两种形式，平行论证和层次论证，或者在平行论证中含有层次论证，在层次论证当中含有平行论述。除此之外，也许还存在其他论证方法，如统计方法等。不管何种方法，都要紧紧扣住主题，围绕论点讲话。论证分为立论和驳论两种。

立论，也叫做题目，均需要证明。分为例证法、引证法、分析法、对比法、类比法、喻证法等多种。例证法，是用典型事实做论据的方法，通常说的举例证明，在逻辑上属于从个别到一般的推理方法。从许多个别事物的分析中，归纳出一个共同性的结论——论点。引证法，引用经典权威的言论、定理以及格言等，证明论点有据，而且可信的方法。用引论方法做论据，用不着从头说起。引证可以引全文，也可以说意思，但均要正确表述原作者的论点和意向。分析法，通过分析以事明理，揭示论点和论据之间的因果关系。这种方法要与例证法结合使用，效果会更好。喻比法，是用人们熟知的事实打比方的方法。这不是证明，但可以使抽象道理具体化，深奥道理通俗化。使文章生动活泼，引人深思。

驳论，是和已公开发表的论文、著作中的立论相背对应而言的。是对某个新的立论有不同意见或反对意见而发表的立论，建立新的论点或理论体系的立论方法。一般"商榷"文章属此类。驳论，也是立论。不同的是，驳论是针对某一立论而言的，常常是针锋相对。如，高阁元同志发表在《地名知识》上的文章《地名是人类的交际工具吗？》就属于驳论性质的。这篇文章是驳常呈斌同志的《试论地名学与语言学》（《地名知识》1984年1期）提出的"地名是人类的交际工具"这一论点的（注：这里举此例，只说明什么是驳论，不是说谁的论点正确与否）。总之研究设计的目的，是要知己知彼，立论是否已把握，资料、数据已在手能否驾驭，其设计的研究路线图是否可行，在方法、内容上要考虑周到，其中亦有研究者的兴趣、能力、资料占有程度以及个人的学识和经验等是否在发酵。

（六）在比较中立意

比较，是对于两个以上事物，考察其相同点或相异点的研究方法。首先，要研究事物之间的某种联系，有什么可比点。比较，可以是横断面的比较，即横向比较；也可以是纵断面的不同历史时期的比较，即纵向比较；可以是同时的，可以是历时的；可以作全面的比较，也可以作部分的或一个点的比较。通常说的纵向比较法，即比较同一事物，在不同历史时期，某一类具体形态及其变化；横向比较法，即比较两个以上事物，在同时期又在同一个标准之下，加以对照，并指出其相同或相异点的方法。比较，是为了把握事物的本质，认识事物间内在的联系及不同之处。

如在论述街路门牌地名属性的时候，引进现代语义学的语义分析法，通过语义义素的分析，比较街路门牌与聚落名、行政区域名……在几个主要特征上，有完全一致的共同点，证明论点成立，这就是比较法的具体应用。

（七）在继承中发展

在继承中求新、求发展、是带有普遍性原则，属于历史唯物主义的研究法。历史唯物主义研究法，是按照客观对象自身历史发展的自然进程，来描述和分析对象的方法。用逻辑的和历史的原则，应用于具体的研究和表述之中，体现逻辑的方法和历史辩证方法的统一。基本特征是历史性、对比性、具体性。如研究地名命名在各个历史阶段的不同形式，就是一种历史的研究方法。历史研究法，多用于地名沿革的研究。《中国历史地图集》（著名教授谭其骧主编）就是用历史研究的方法，以地图为手段，展现了主要地名的历史演变。

地名的发展是一个漫长的过程，这个过程始终伴随着地名文化沉淀和积累的过程，在地球表面上形成了地名文化景观，一代一代传播，或生或灭。然而，只要我们仔细看来，就会发现地名的历史文化层次。在《方言与中国文化》（周振鹤、游汝杰著）的第六章"从地名透视文化内涵"中，就提供了一种历史的、逻辑的研究方法。

（八）在综合中求新

综合研究法，是将地名学立论研究与相关科学的立论成果融合起来，以"草船借箭"的方式，建立地名学的理论体系。如地理地名学、语言地名学即如此。地名地理研究法是用传统地理学的方法，研究地名的结构和地域分布，以及各类地名发展、变化的规律、名与地的关系等。地理研究法是一种广泛的研究方法，在现代地名学研究中很有成效。史念海主编的《中国历史地理论丛》，褚亚平先生主编的《地名学论稿》中的《地名与地理》中的第二段"地名研究对地理研究的作用"，刘耀荃《民族识别与地名研究》都是地理区域研究的成果。其理论框架可成为地名学的论点、论据。

地名语言学是应用语言学的理论与方法，研究地名语言现象。地名词及其音、形、义形成原因及特点，语言的约定俗成与地名的约定俗成现象的相同与相异，地名与方言的关系等。在一些语言学的著作中都谈到了地名。李如龙教授在《汉语方言学》（高等教育出版社出版）第十一章"为地名学服务"一段中，论述了方言对地名语词与发音的影响。语言学中的训诂学的研究方法，对于地名通名的字源研究，以及对于历史地名的音、形、义的研究，都有应用价值。

（九）在统计中立据

用数学的方法、统计的方法对地名进行定量研究分析的方法。文明陵的《聚类分析在地名研究中的应用初探》、陈艾荷同志的《浅谈地名信息量测度》和《群体地名的模糊聚类分析》等，都类属于这方面的研究。

地名研究的方法论，亦应借鉴国外相关研究。《普通地名学》（前苏联 В．А．ЖУЧКЕВИУ 著．崔志升译），是有一定深度的地名学专著，其研究的方法可参考。该书在"总论"讲道："地名学是研究地理名称的辅助学科。某个国家和地区的专有地名的总和，称为这个区域的地名总汇。因为地理名称是遵循一定语言规律而形成的一部分语言词汇，所以地名学被认为是语言学的一部分。然而，这些名称又是地理学的语言，并总是表示具体的区域，反映地理规律和概念，因而地名学也属于地理学。地理名称非常稳定，保持久远，成了独特的历史文献，所以它在一定程度上又属于历史学和史料学。地名学的任务是研究地理名称，即研究表示各地理事物、反映独立的地理概念的词和词组。"有人下过这样的定义："地名……是一种专有名，根据地点、时间、语言和文字的不同，在相应的上下文中，可用地名来把某一地理事物与其他地理事物区分开"。该书在讲到地名与语言的关系时称："地名学与专有名有关，因此，从语言学家的观点来看，它是专有名称学的一部分。而专有名称学又是语言学的一个分支，它研究各种专有名，包括人的姓名。根据这一点，有的语言学家为了突出本门专业，有时用地名名称学这个术语来表示作为专有名称学的一部分的地名学"。该书还讲道：

"地理名称不是偶然形成的（而人们有时就是这样看待它的），地理名称的出现和采用服从于一般的、有时是相当复杂和自相矛盾的规律"。从上述引证中，可以说明前苏联地名学的研究和我们现在的研究方法及内容有诸多相同之处。该书还提出了一些概念和名词术语，如"地名模式"、"地名后缀"、"地理名称反映地理概念"、"原地名"、"小地名"、"后地名"、"地名景观"、"区域地名系统"、"地名系统"等术语，其定义域也值得人们研究和借鉴。研究不同国家与区域、不同民族对地名学的研究成果，是比较地名学的内容。

第二章　地名性质·特征·分类

地名是一种社会现象，地名文化是社会要素综合作用的映现，故对地名的研究，有着极为广泛的意义。中华地名学的兴起，成为科学殿堂的新秀。地名，是中华文化的一个元素。"地名在英语中一般称为geographical name或place name，又称toponym，后者来源于希腊语topos（意为"地"）和onyma（意为"名称"）。地名学称toponomastics，也称toponymy，其他西语大多同出一源"。

第一节　地名的界定

什么是地名，怎么样加以界定？历来为地名学家所关注。总体上可分为传统的界定说与现代界定说两类。除此之外，还有一种属于实指类说。应当说，用"实指"的方法对地名的认定是很容易的，如北京、天安门、长安街、黄河、张各庄……是地名。问题是"实指"不是定义。要对地名予以界定，则要把地名抽象起来加以概括，就不那么容易了。到目前为止，在学术层面还没有一种地名的定义，能够"统领三军"，讨论还在进行中。地名是"地儿"的名称，这是最朴实无华的一种定义。"地儿"，包括地方、地点、地域、地址、地带、地段、地界、地盘、地区、地势、地物、地形等，都可能成为地名族类。除这些之外，还有南极、北极的地域称谓、海底的地理实体的称谓、宇宙天体的星座星体及表面地域称谓、地下建筑设施的称谓、几十层大楼中分区、分层、分房间的地方称谓等，所有这些是否属于大地名概念的范畴呢？认识不断地在深化。许多老地名工作者还记得，1990年在吉林省白城市召开的城市地名研讨会上，争论十分激烈的一个问题是，城市中街路门牌是不是地名？当时有很多人摇头，包括名家都持否定的态度。经过实践，取得共识，认为街路门牌号码是点状地名。虽然，在地名工作系统内对此认识基本上统一了；然而，在一部分地区户籍部门仍然认为街路门牌不是地名。这种地名定义范围的争议，导致地名管理部门的多元化。从这个意义上说，完善理论也是必要的，同时也是重要的事情。从理论与实践结合来看，地名是有层次的、呈中心向外闪射状态，并逐类分层级的。一类地名存在于中心，而另一类地名则存在于边缘地方。世界上有些事物，存有不确定性或称随机性，很难下精确的定义，尤其边缘带，具有"模糊性"。而人们总想将定义理想化，因此会有多种关于地名的定义。尽管有如此多的界说，仍觉得不完善，覆盖度不够。还有的名称虚虚实实，又处在似是而非的模糊状态中。当然，处在模糊状态下的某些地理实体，常常是地名界定的关注点，地名管理中的延伸点，也许是地名学研究的新的生长点。既然定义概全难，莫如偷闲取其易。什么是地名？即地儿之名也。用权威部门定义为："地名，指地球上地理实体的名称（→name）；在特定情况下与→topographic name 或→toponym同义"。又"地名，地形实体（→topographic feature）的专有名称。是地球地名（→geographical names）和地球外星体地名的（→extraterrestrial names）的总称"（引自联合国《地名标准化术语汇编》339号）。"地名（geograpical name），人们对各个地理实体赋予的专有名称"（引自国家标准《地名分类与类别代码编制规划》）。本章讨论的地名，偏重于汉语称谓的地球陆地表面的地名。

一、地名的特征

地名，从语言学讲述，是专有名称；从地理学讲述，是定位和指类的符号；从社会学讲述，是指向的工具、交往的媒介；从信息学上讲述，是信息的载体。总之，地名是一种社会文化形态。

（一）地名指代的对偶性

地名在语言中，是用来说明某一个地理实体，与另一个地理实体不同区位的差异，以及载体区别的符号。这种区别主要表现在，在什么地方，是个什么样的地方，位置的不同，范围的不同，载体信息的不同。这里所称的"地理实体"指地球表面地形实体（→topographic feature），是作为一种惯用词型使用的，包括自然地理实体。本书简称之谓"地名体"。地名体与地理实体的关系，本书将在"地名地理学"中作深入的讨论。

"地"与"名"是什么关系呢？是一对一相对应的指代关系。一个"名"指代着相对应的一个地名体，既具体的个体地理实体或者地方、地址等。地址、地方等所称之"名"，常常特殊一些，指代时要由一束地名组成（将在另一个专节中论述）。"地"与"名"犹如"对象"关系，没有"地域"则无"地名"，有"地域"而无名者还是"地儿"，这样的地方常常"自恋"，而尚未被人类所关注。有"名"，指的不是"地儿"，则不是"地儿"之名。一个地方有两个以上的名称，有的是不同历史时期的曾用名，有的是同一历史时期的又名，属于时间与空间的历史对应，其本质还是一名代表一地。有的名书写形式相同，然而是两地或多地，通过谱系可区别，故同样是一对一的指代关系，是确指的，每个名都存在上限词。如"南京"这个地名在使用的时候，表明是指那个历史时期与朝代，那个地方的南京，现属江苏省。即"制名指实"、"实之征"、"以名举地"、"名，实之谓也"。"地理实体"、"个体地域"、"地名体"都是作为一种习惯型用语，在不同地方及文章中使用，均需要解说其语词意义。整体上讲，这几个词都是指具有特定位置及范围的地方，虽然占地面积相差悬殊，然而每个"名"指代之"实"都是独立存在的，一地一名，不具有泛指的属性。只有"地名"、"山名"、"聚落名"等这些抽象词，才属于普通名词，并且具有泛指的功用。在网络与文艺作品、电视电影中的地方名称，常常是虚拟的，然而同样是一一对应的指代关系。

（二）地名指位的网络性

一地一名，就是指地名所指代的地名体，均处在地球表面网络系统中（含海底岩石表面部分），才具有一定方位和范围，有其比较清楚的边缘与稳定的位置。这是地名产生的内在因素。偌大的地球，几百万平方公里的国土，方圆数十平方公里的村村寨寨，都需要起个"名"而指代，本质上是地域的"占位"现象，其终极是将地球表面分割殆尽。几大洲、几大洋将地球表面体分尽，各国又将各大洲分尽……指位的表示方法有多种，诸如参照物之间互注法、行政区域与自然区域序列（含聚落）表示法、线点定位表示法、地理坐标表示法等，所有方法都是在设定的排列指位网络中。以精确而言，地理坐标表示法最为科学，并具有普遍性的意义。但是，在地球表面看不到经纬线。

一般而言，能成为地名体的地方，是有条件的，不是任何一个什么地方都会成为地名体，而是那些醒目、方位鲜明、又易被识别的地理实体或个体地域、地方等。也就是说有名的地儿，是人们最留意、最在乎的地方。地名的指位功能，常常需要人们的背景知识，尤其是地理知识。如欧洲和欧盟地区、北约成员国等，所指不同，国家组成是否重合，要有知识底蕴方能理解。地名指位功能，常常需要组合地名的表述。不同的地名表述方法，指位的方法亦各异。总之，各类地名都处在特定网络系统中的层位上。正如欧洲、欧洲共同体、欧元区、北约成员国等，属多个网络系统层位，并非属于一个网络系统。

（三）地名指类的谱系性

地名指类功能，是人类文化进步的标志，是对地域识别的超然运用。文明人在给地方以指称时，常常附有对地名体性质、类属、层次的认识。因为地名指代的实体，大多处在类层次之中。在完整的地名词中，可以无误地区分出行政区域名、山名、河名、湖名等。一般地说，地名的通名担任着指类的任务，并且可以划分为行政区域类通名、水文类通名、山文类通名等。当代的通名序列，以行政区域通名序列较为完整，区分了层次，省—市（地区）—县（市、区）—乡（镇）等很分明。在聚落的通名使用上较为繁杂，无统一的通名序列，城市型、城镇型、农业（林牧）型等，尚未有统一划类标准序列。由于借注形式的普遍存在，无"通名"或有"通名"并不指类的情况，并非个例。通常说的"专名"指位、"通名"指类，并不总是具有普遍的意义。因为通名有时是"客串"担任起"指位"的角色。"吉林省"与"吉林市"，由于专名相同无法指位，把指位任务让给了通名，由通名标示的行政区域类层次，表示地名所称的范围（即位置），这类地名如不注有通名，常常达不到准确指位的目的。即，通名并不指类的情况普遍存在。河在水系中是分类的，一级、二级、即，三级等，而地名则不能。还有尾字是"山"字、"江"字的，并不是指"山"指"河"，而是整体成为聚落名称，此类通名景观是成群结队的存在，数量可观而并非个别，可以说是无处不在。

二、地名的时空观

地名大多发生在特有的历史时间与空间，其名所指代的地名体，是在历史时空内所占有的空间，一般不是恒定的指代词。山西、山东、河南、河北等省的区域范围，在不同的历史时期是不同的，行政区域与聚落的名与实，总是处在变化之中。名未变、实在变，或名与实共变的情况是较普遍存在的。特定的历史时间，指代同期的地域，研究环境及变迁是地理学的研究领域。然而，这与地名学研究有异曲同工之妙。"名"相同（指名与实同一的，不含一名二地情况）而含义变了，或"音"同"形"变，也存在着在历史时空所发生的"名"变"实"未变，"实"变而"名"相沿，或者"名"与"实"共变等史实。地名"名"与"实"的变，是普遍的、广泛的，追寻地名的变，既是沿革地理的考证要点，亦是地名时空观的研究成果。

三、地名的层次排列

地名所指代的是地名体，存在形态千差万别，其名称的表述均处在类层次之中。也就是说，在国际、国内交往十分频繁的现代社会，地名的使用不再是封闭式的自给自足经济时代的有限的活动范围。"去李家村"、"我住在王庄"，可单独使用的状况很狭窄了。而现代人是地球村的人，日行万里不再是神话，国际间交往成为新时尚。因此，地名的单独使用，变成是有条件的，要在具体的语言环境之中，否则无法准确指位，常常达不到交际的目的。因之，在人们交往当中，地名须呈线状排列，如在美国给北京市的朋友写信，单说"北京"是不行的，要说"中国·北京"（英文和拼音）；如果在外省给家里写信，只写村屯名不行了，要写Ｘ Ｘ省Ｘ Ｘ市（县）Ｘ Ｘ乡Ｘ Ｘ村，方能将信函送达到家中。省、市、乡、村就是线性排列的一种形式。通常把这类地名串叫"地址"。地址写法基本属于使用者自己编排的，存在着不规范，甚至是不正确的问题。以民政部地名研究所为例，其地址为：北京市西城区二龙路甲33号新龙大厦六层。这是由一大串地名组合而成的，或者叫一束地名组成。地址，无法确定哪段是专名，哪段是通名，哪部分是指位的，哪部分是指类的。又如某人租住的民房地址是：北京市西城区西单北宏汇园小区11栋楼7门104室。在认定地址的时候，同时要认定这一串8个称谓的准确性，其中含地片名。住址数量是惊人的，因此把地址、住址作为地名的最基本的理论研究，其意义十分深远。

第二节　地名的社会性质

地名是人类社会最普遍的一种社会元素。这种社会现象除具有"指位"本质功能以外，还有其他一些特点，诸如社会性、地域性、继承性等。

一、地名的社会性

地名是一种社会现象，是社会需要的产物。地名的社会性有自己的特定意义，诸如地名产生的必然性、地名形成的随机性、地名使用的广泛性等。

（一）地名产生的必然性

人与一切动物一样，要在行动中求生存。动物不自觉地要动用自己的生理机能，去寻觅食物的路线。而人类主要用视觉认路，用语音传递识位的信息，有了文字之后，地名被记录在工具上，能在更广泛的范围内传递，在认路的行为模式上与动物分离。人类处在蒙昧时代时，用语音指示方位上的目标，可能是水源、猎物的地点，许多自然地名就是这样产生的，也许这是地名的始祖。随着寻物和掠夺的需要，部落之间需要彼此了解，又扩大了地名的数量。人类定居之后，又产生了聚落地名。原始社会解体之后，分封制与封建制出现，产生了行政区域名。可以说，凡是有人类居住、活动的地方，各类地方的称谓就随之发生。地名的产生是人类的进步、文明的扩展，地名亦随之而发展变化，这是一种普遍的规律，"以名制实"是必然要发生的社会现象，变是主旋律。

（二）地名词形成的偶然性

一个地名的产生，有许多原因和理由。同样是以姜姓5个家族而形成的自然村屯，这个村叫了"姜家村"，而那个村却叫"五门姜"。因此说，地名产生的必然性，是通过称谓的偶然性发生的。也就是说，一个地名常常不存在一定要叫什么的问题。地名作为在一定区域内人们生产、生活交际中的工具，"约定俗成"是地名社会性的主要标志之一。地名在古代的形成大都要经过很长的时间，要经历口语地名繁杂演变的阶段，有时要经历手势语的辅助而逐渐形成。在尔泗先生《北京胡同丛谈》著作中，早期北京胡同名，几乎都是俗成的，而俗成地名的定格，要经历数代，其间会有几种叫法并存的阶段，有的地名存活延续，而有的地名被舍去或曰丢失了。通过上述地名的分析，说明地名的形成并不体现一个人的意愿，而是一个语言集团逐渐共识和妥协的产物。这里并不排除一些行政区域名称命名的特殊性，尤其是县名，是由朝廷圈定，常常体现统治阶级的意愿，使地名命名进入泛政治化。然而，此类地名所占份额很小。

（三）地名使用的广泛性

地名应用的广泛性，或称公益性，是地名社会性的又一种表现形式，体现在地名形成和应用过程的始终。由口头语言而俗成的地名，常常含有不确切的成分，在划类上并不十分清楚和严谨，如"南沟"，何地之南？因此，所有地名并不反映实体的全面情况，具有很大的模糊性和概括性。这说明地名在形成中的随意性，并且有一段从不稳定到基本稳定的过渡时期。在过渡时期，常常存在一种或两种以上的称谓。然而，当地名一旦形成稳定词汇，国内国外、各行各业都要使用它来进行交际，不管喜欢与否，都要"背书"。你不这样做，就不能达到交际的目的，这是地名社会性所使然的。地名，作为一种社会现象，存在历史现象的共变，因为相关科学给地名以养分。人们文化与思想观念的与时俱进，给地名以深层次的影响，地名家族不断地在扩充、发展、变化。例如，民政部下达《加强城镇建筑物名称管理的通知》后，有的省在行政管理时，也把构筑物的名称列入了管理范畴，什么是建筑物与构筑物的名称？也需要界定，要研究建筑物名称的繁杂情况。地名使用的广泛性，名称呈现的多元状态与纷争，吸引相关学者的注目。地名的公共事物性质，客观需要政府介入，并加强地名管理，表现出社会性特征。人类社会造就了地名，地名为人类社会服务。社会要管理地名，为此联合国设立了"地名专家组"，因地名使用已在世界的大范围内流行又十分广泛，故提出了地名标准化的命题。

二、地名的区域性

地名作为地名体的指称，常常受区域内语言、地理环境、民俗的约束，呈现着较为明显的地域（地区）特征，常常映现着区域内各种因素综合作用而呈现特征语词。

（一）地名是地理特征的描述

地名常常是地理环境的素描。白山黑水是东北区域的代表，而"长白山"、"兴安岭"（满语，意"极寒处"），则是北国风光的真实写照。生动描述草原景观的"乌鲁木齐"（蒙语，意"优美的草原"）则是牧业地区特有名称。长江以南是地理环境比较复杂的地区，约定俗成而现存的地名，充分反映了复杂的地理环境，尤其是反映了多河、多桥的特征。地名的分布常常与地理景观有类似性。浙江省地处中亚热带和南亚热带，土壤的红壤化作用十分强烈，全省大多数地方属于红壤、黄壤土质，所以全省地名中冠有赤、红、朱、丹字的多于其他区域，表现出地名区域化特征。

（二）地名印记着区域性语言

地名的区域特征，明显表现着一方水土养一方人、说一方话。地名存在于具体地区，与区域各要素相关联，属于地方的语音、语言文字代号，属于地域性交际符号系统。地名作为语言，传递信息时有两个要素：一是语音，一是语言含义。即常说的音、义。当人们在给自然界打上印记的时候，开始是以民族的、区域的语言文字、语言图像进行的。同样见到"河"这个物体，思维（概念）相同，而表现的形式则不同，这是因为词义和概念两者既有密切关系又不是同一现象。概念属思维范畴，词义属语言范畴，词义是处在某一语言词汇系统中，它的形式、意义、色彩都为该语言词汇系统所制约，具有区域性和民族性。区域与民族语言的不同，表现了地名的多样性。因此，不同语言而刻下的地名痕迹，恰是民族开拓、居住、繁衍、变动的证明，常常成为领土归属的要素。地名常常表现着区域方言，因为方言作为全民族语言的变体，有明显的地域性。方言为封闭的自然经济地区的人们所共同使用，在长期发展过程中形成了自己的特点。地名，反映了地域性语言的特殊发音和用词习惯。因此，地名常常可以帮助方言学家找到遗失了的语言，找到方言的边界。

地名是历史现象，切开地名形成的历史截面，可以帮助我们观察到不同历史阶段人类的心智，反映区域的信仰和民俗。所以说，地名是我们窥视历史的窗口，说明了地名是语言和意识共扼的产物。我们的祖先早就总结过"百里不同风，千里不同俗"的普遍性，这在地名上留下了痕迹，得到了印证。

三、地名的继承性

社会继承是这样一种因素，它在人们的意识里，集中了物质文明和精神文明发展的结晶，从而构筑了人类社会历史的发展和进步的机制。在理解人类生存和进步的本质点上，社会继承是一个最重要的范畴。正如列宁所说："历史唯物主义认为社会存在不依赖于人类的社会意识，在这两种情况下，意识不过是存在的反应，至多是存在的近似正确的（恰当的、十分确切的）反映"。从这一理论出发，地名是一种口头文化、语言文化，总之是属于非物质文化，并且已列为联合国教科文组织非物质文化遗产名录。

（一）地名继承是历史现象

尽管每个地名都有语言意义，从地名文化层面上看，常常受到重视。然而，多数人们在使用地名时，常只重视地名的指位功能，看作是一个地名体的指代符号，所以含义尽管有不妥的（如果没有行政干预），原地名一直仍会沿用下去。尽管"原始语言"带有比"现代语言"更多的具体成分，或者是"语义不确定"，缺乏准确性，诸如地名含义为"上边"、"下边"、"红白"等，没有主语而词不达意。然而，人们并没有过分的注意这些，而只注重"符号"的作用。有些地名虽然含义难以考证，而原地名的声音图像大体上保留下来，同样是一笔文化遗产。如，江浙一带地名中保存的于、无、余、句（音勾）、姑等字，都是古越语的发音词，以此声音命名的"于潜"、"余杭"、"句容"、"姑苏"等地名流传至今。从这些古老地名发声上至少可窥视古代文化的多元性。

（二）地名继承是一种规律

地名的继承性是一条规律。地名一旦被社会认同，就会承继延续，这已成为一种"规律"。继承，意味着"地名"不能随意改变，谁想破坏它都要碰壁。如王莽篡位之后，对郡、县一些地名五易其名，最后连官员都不能记，造成一片混乱而告终。"文化大革命"中大范围地将地名"红化"、自然村名连队化，也只是一阵子，群众并不认账。他们说得好，到处是"红旗"，分不清楚说哪里。尤其是已有几百年、几千年历史，迄今尚存在并使用的古老地名，是宝贵的地名文化遗产，应当作为一笔财富加以保护。

第三节　地名的语词结构

地名属于语言中的名词，在名词中属于专有名词类，在专名中属地儿的名称，与人名、影视名等相别。从语言学的角度讲，地名的研究可以属于名称学的研究。因此，在研究地名语词结构的时候，首先把地名放在专有名词一类名称之中，比较其相同和相异，进而找出地名语词的特征，丰富语言学研究的内涵，这有利于地名标准化、规范化、科学化。

一、地名词的特征

地名词在形成中，有俗成、科学约定以及政令推行等几种主要模式。不同模式表现出各类地名的特殊构词特点，同时可映现地名个性化的组成、结构、性质及其变化规律。

（一）地名词的专名化

地名词的专名化，也就是地名的个性化，属于"私名"性质，不具有一般名词的属性。地名，主要不是用来说明这个地名体与另一个地名体有哪些特征，而是代表可指认的"地名化"了的地理实体。地名体是名与物体一对一的存在，据此说它是专有名词，也就是说它是被个性化了的标记。如叫"黄河"名称的河流有许多处，然而每个"黄河"都是个性化的，每个人称"黄河"的时候，都是实指一条具体的"河"，并非泛指"黄色的河"。因此，这个专有名词受历史时间和空间的制约，存在"名"与"实"对应的时空关系。地名语词中所展现的对地名体一些特征的描绘，受时间的约束，是历史性的表述。因此，时过境迁是地名的又一个另类表现。地名通名具有普遍名词的属性，各类通名多有科学的约定。如行政区域通名、地形区通名、地理区通名等，而地名通名亦是名词与专有名词中个性化的表现。

（二）地名是社会化用语的固化

江河湖海、地形地貌、岛礁等，是自然界所固有的，而"名"不是，它是人类在共同的物质生产活动中相互联系时发生的。地名不是一个人所进行的命名行为和认识行为，而是人类生产、生活集团化、社会化的结果。"约定俗成"是多数地名形成的基本形式，从地名的初名到名称的定格、固化，即定型化，其间要经历较长的过渡期，甚至存在着未"定型"的情况，如王家屯、王家窝棚（堡）一直并用。由于现代大比例尺地形图出版，加速了地名定型化的过程。地名词的形成受民族的、区域的语言习惯影响，有着民族语言和方言的印记。地名反映用语习惯的差异，以及对某些事物的偏爱。如对颜色的喜好、信仰的推波、用词上的范式等。其中，地名词上出现的齐头式，通名在前、专名在后。"通名+专名"的构成式，是明显的区域语言的表征。

（三）地名在约定俗成中的"趋简"与"求别"

"趋简"与"求别"是社会发展的普遍现象，也可以说是一种规律。这种规律作用于地名，表现为初期叙述型的地名，如"有棵大榆树的地方"简化为"大榆树"，而"宋家洼小前屯"简化为"前屯"。表现出地名在求简中而失去原字面意义。各类地名受语言"简化律"和"区别律"的约束，通常表现为最小量用语。地名应用集团化，表现出地名在"求别"中"趋简"、在"趋简"中"求别"的定律。加之地名的"假借"和"转注"等形式，使地名经常失去字面语言义，甚至出现语言不通、语义和实际不符等情况。仍然以吉林省的吉林市为例，吉林省取吉林市名，吉林市取驻地名"吉林"。而"吉林"是"吉林乌拉"的趋简，原意为"沿江"，简化后变成"沿"了，"沿"什么呀，不通。吉林省会"长春"，俗称"春城"，而与"昆明"亦称"春城"的含义是不相同的。又如，"丰收"一词一旦做了地名，就不再具有"粮食丰收"的普通名词的属性；叫"王家屯"的未必住户都姓王，在有多个王家屯又相距不远时，为区别，很自然就会加上"东王家"与"西王家"方位词，并省去"屯"字通名。"读起来上口"是地名变化的一个因由。

二、地名词的初始形式及演变

地名，是人类在共同的社会活动中相互联系时发生的，有着社会的属性。汉字的词，多数单个汉字都有含义，不宜使用同音字替代。文化人常常注意给地名以汉字表层意义，故形成地名文化。

（一）地名是社会的产物

地名是同一语言集团的命名行为，这一点和人名有着明显的差别。如果说地名语言是"约定俗成"的，表现在使用什么语言指"地"上，是人群集约的结果，"约定俗成"是地名初始的普遍范式。阶级社会产生之后，才产生了由统治者直接命名行为，常常反映统治者的意愿。然而，这种命名行为是个别的、部分的、有条件的，到了现代有了政府主导下的地名规划，地名意义优先原则，才具有了普遍性质。然而，"约定俗成"尚未间断，在广泛的意义上说，仍有约定俗成地名的发生。在人类没有使用文字之前，地名的主要语言要素是"音"和"义"，流传下来的最原始的地名是靠口对口相传完成的，难免常伴有微妙的变化，与原始的语境相脱离，出现"将错就错"的画像，一部分被认可并流传。这是地名的特殊性，是其他"专有名词"不具备的。

（二）地名词组是变化的

在汉语早期地名中，出现过以单字为多的地名，由于地名数量增多，为识别需要出现双字地名，到后来又出现了多字地名。总之，地名形式的结构是多样化的，并没有固定的语词结构形式。地名较为固定的结构形式，是随着人类的视野的扩大，以及认识的深化而出现的。初始的专用地名，演变成地名的类名即通名，这是地名文化的一大进步，是智慧之光。若干年之后，随之出现了地名的语词"专名+通名"的结构形式。这种结构式也在发生变化，由量变到质变的过程。邮政编码的产生是地名形态"质"的飞跃。邮政编码属于地名代码，是地名家族中的新的另类。"地址"作为地名新的表述形态，反映了地名文化与社会现代化的同步。地名的表述出现了新的情况，成为地名走向现代的台阶。地名和地址数码化，可能会成为地名学研究的聚焦点。

三、"专名+通名"结构式的形成

地名的"专名+通名"结构式形成，经历过二千年的漫长的历史时期。早在商代，我国地名的基本构词形式、地名的命名原则就比较成形了。从学术界对甲骨卜辞研究中发现，已有通名用字。可见春秋战国及以前的地名已有通名，这个结论是写实的。中国的汉字属于非字母系文字，它是由象形文字发展而来的。汉字的字数由少到多，《说文解字》收入汉字9350多个，涉及地名用字450个左右。在一些古籍中单字地名，大多是古汉语书面语言的省略式。某些地名用字，是音、义的结合体，偏旁变为意符，专名表现为声符，二者组合成一个形声字来表示一个地名。如住地名"邑"字变成形声字的意符，"夹邑"就成为"耳刀"。现代汉语中偏旁带"阝"偏旁的，常与居住地名有关。说明"阝"旁是地名类属"固化"的表现形式。也许这是"固化"的第一代类地名形式，表现在造字上。尽管地名词的"专名+通名"的结构形式，早已存在于历史长河中，然而历史文献又证明，地名存在过单字词结构阶段。《说文解字》："河，水出敦煌塞外，昆仑山以源，注海"；"沱，江别流也，出岷山，东别为沱"。初期"沱"即"沱江"。当时，以意符代替"江河"，单字成为河、江的名字。后来又加上了"江"，成为"沱江"，"沱"成为专名了。由个别到一般，表现了祖先认识的阶段性和逐步深化的轨迹。循序渐进符合人们认识事物的规律，即从单字地名，变为"专名+通名"，后又演变为类名，类名又作通名，这是祖先的巨大进步，是从具体到抽象的演进。可以说人类开始认识的江、河，都是具体的，命名行为是针对看得见、摸得着的具体的江、河。当人类看到无数江、河之后，才使用通名"江"、"河"。有"类"的概念之后用"江"、"河"、"山"、"邑"区别各类地名体时，是人类知识累积厚度的一个例证。汉字的"意符"是归类的一种文字创造，推进了人类对事物从微观到宏观，再从宏观到微观，反复渐进、螺旋式上升的认识过程。地名的通名，就是人类认识自然、认识地理事物的进化过程。是"求别"的法则起作用的必然结果。地名 "专名+通名"的结构式，把地名所指代的地名体的层次、属性较为明显地区别开来。

四、地名语词结构的普遍形式

经过漫长历史岁月的发生、发展，"专名+通名"成为有普遍意义的理想结构形式。这种形式增添了信息量，给地名体以类属划分。

（一）洲名及国家名构词形式

如，非／洲、中华／人民共和／国、美利坚／合众／国等。

（二）行政区域名构词形式

如，河北／省、石家庄／市、大兴／县、胜利／乡等。

（三）聚落名构词形式

如，东风／街、湖滨／路、胜利／屯等。

（四）自然地名构词形式

如，泰／山、长／江、黄／河、太平／洋等。

（五）地址构词形式

如，北京市西城区二龙路甲33号新龙大厦六层民政部地名研究所

（六）台、站、港、场名构词形式

如，沈阳／站、大连／港、北京／机／场、胜利／农／场等。

这种专名+通名结构形式，能够较大限度地发挥指位和指类的功能，便于区别和识别不同位置、不同性质的地理实体。即通常所说的"专名"指"位"、通名指"类"。从这个意义上讲，地名的命名行为不仅仅具有"指位"功能，而且在很大程度上表现为对地理事物类型的认识深化。在命名行为中的某种相似性，原因是多方面的，这在地理区

命名上表现得十分明显。

在一般情况下，"专名+通名"的结构式，不仅是理想构式，而且是俗成习惯式。除"简名"或个别语境和条件制约外，"专名"的单独使用，就表现不出地名的独有特征。如胜利乡、东风街、平安屯，把"乡"、"街"、"屯"省略了，"胜利"、"东风"、"平安"就成为普通名词了。在具体的语境中，省略类名是存在的，如甲问"你去哪"，乙答"我去胜利"。这种省略式不会引起歧义，因为在语境和一问一答的对话中，把"类名"点出来了。因此说，通名指"类"是地名词内部结构微观的区分。就整体而言，专名离开通名的指位是不确切的。又如，甲问乙"你去哪里"，乙答"我去上海"，这就不行了。因为上海有市、县之分，上海县的驻地在莘庄，说去"上海"，不是很明确。又如"牡丹江"就有河名和市名的两层意思，离开通名常常是不行的。这种现象是地名"约定俗成"所致，必然出现的地名词的不完整式和变形式。

五、地名结构的不完整式、变形式

地名词的结构式，存在着不是"专名+通名"的线性排列理想式，表现为通名省略式、类名失真式、类名重叠式、"专名+类名"固化式、通名倒装式、地名叠加重复式、通名共用式等特殊形式。地名结构的研究，是为地名标准化做理论上的支撑。然而，理论上的研究成果，回到现实工作中的应用，是两回事。理论上的贡献，就在于为社会应用做了认识上和程序上的准备，而实际上的运用还须具备社会与管理部门认知等其他因素。

（一）通名省略式

只有"专名"而省略通名的构式，多数出现在聚落名称上，尤以自然村（屯）名称为多。如在《中华人民共和国地名词典·江苏卷》聚落地名类中，二划条目有"八巨"、"八里"、"八路"、"八土"等，而"八路"作为地名，要问"八路在什么地方？"这在语言中有另义。"北京"作为聚落名称是完整式，专名"北"、类名"京"。"北京"的"京"，即是"北京"的"通名"，同时"北京"又是"北"与"京"的通名固化式，即"北京市"。"沈阳"可以作为沈阳市的省略式，而作为聚落名，就呈现出不完整式。在通行领域里，全国的聚落通名还不完整，在通名上还没有形成一套科学系列，来反映聚落的不同区域及属性，反映聚落的差异与层次。为什么此种状态仍存续呢？这是因为求简后的地名并未影响使用，或者说影响的程度尚可接受。

（二）类名失真式

类名失真，指地名中的类名，失去了指类的作用。虽然说，"失真式"不是地名理想构式，然而尚无办法改变，"类名失真式"在地名中是非常多的。如"桥"是桥名的通名，然而很大一部分是以"桥名"借注成为聚落名的，使通名失去"指类"的作用。聚落通名是"山"、"岭"、"岗"的，而地名体不是山、岭、岗，其原因是被聚落所借注，故常会使地名类名失真，影响使用。因此，在使用地名时，诸多情况下，要注意地名的类属。

（三）专名借注与通名重叠式

通名重叠排列较为普遍。如沙市市、郑家屯镇、鹿乡镇等，都属于通名重叠。通名重叠式的产生，部分是行政区域名称变化后的直接借注。在借注的时候，有时是全词"专名+通名"，整体借注，如"北京"与"北京市"、"吉林"与"吉林省"。有时只借注专名部分，这种借注常常出现地名通名的混乱，弊端较多。仍然以吉林为例，吉林省与吉林市同名，是借注而发生的，在1954年前，当时吉林省会驻吉林市，省与市在同一城市，专名相同只靠通名示异，虽然有些不便，而问题不突显。1954年之后，省会迁驻长春市，问题接踵而来，吉林省、吉林市电台，只差一字常发错电稿；吉林医学院在吉林市、吉林工学院在长春市，经常通信失误。去"吉林"常发生误解，是去"市"还是去"省"？在全国同类情况尚有多例，故因专名相同使人走错地方，寄物品而邮错地方，这样的事儿经常出现。总之，由于借注而派生的地名，是地名标准化应当关注的一种现象。

（四）"专名+类名"固化式

专名与类名的固化，是又一种类型的地名形式，属于整体转注的另类形式。这种全词转注的地名，加上新的通名，使原地名的"专名+通名"成为一种固化的形式。即原类名不起指类作用，与专名固化，而成为地名的专有名词。这在自然名又转化为住地名者为多，如牡丹江／市、黑龙江／省、二道河子／区、头道岗／乡等。牡丹江、黑龙江、二道河子、头道岗等，整体成为专名，其原来的通名"江"、"岗"等被专名固化了。

（五）通名打头式

一些地区受方言的影响，或区域族群语言惯性，形成通名在前、专名在后的"倒装式"。在海南、云南、广东、广西等省、区，这种情况较多见，如那合、那满、那良等。"那"是通名（意为"田"）。

（六）"专名十通名"重复式

通常表现为二个以上名称的复加。如"二道沟北屯"、"响水河西沟"等地名，都是地名的复加形式。这种地名在使用中极为不便，有必要进行标准化处理。

（七）通名共用的特殊式

在北方地区对"沟"的使用，属于这种共用型。这是由于通名"沟"的多义性所造成的。"沟"不仅用于水体、山沟，也用于聚落。还有的通名在使用中，演变成专名，其中以"城关"、"城郊"、"城厢"等名称的专名化为常见。全国以"城关"作为专名的"城关镇"，在70年代时期达数百个。通名专名化，使地名专名大量重名，从而失去了地名词的个性。在行政区域通名中，还存在指示范围及级别的模糊性，如"市"是省级、地级、县级？"区"是地区、市属区，还是县属区（如西藏尼玛县双湖区还辖乡）？还有的叫"区"是指区域，不是行政区而是经济区等。综上述，存在着的这种多义情况，应当进一步探讨。

通名是人类认识地理事物深化的一个标志，是"求别"的产物，已经成为地名词中不可缺少的组成部分。通名的序列化、标准化的研究，早就提到日程上来，而信息化显得更迫切了。

综上所述，地名的理想构式为"专名+通名"的形式。不完整式的地名，应当在地名标准化中，着力研究办法、妥善解决。地名标准化中的有些问题，看似简单，其实很多属于较深层次的问题，不是短时间能奏效的，尚需要做舆论上的张扬。

第四节　地名的要素

要素，是组成物质的基本元素，或者说是组成一个事物的基本条件。所称地名的要素，是讨论能组成一个地名的基本条件。要素，属于地名学的基本概念，这个概念的论证，有助于正确理解地名标准化的涵义，推进地名标准化的进程。

一、地名要素的定义

什么是地名要素，已有一些论文发表，并提出了地名要素的定义。在《地名学审稿会讨论记述》一文中提到："地名基本要素的讨论中有三种意见：一种是音、形、义三要素；一种是音、形、义、位四要素；还有一种是音、形、义、位、类五要素。三种提法虽有不同，但基本内容是比较一致的。经过研究，多数人认为还是三要素的提法较为稳妥，但在解释的时候，需将'位'和'类'的意思包括进去"。还有一说为"名、音、义、位、性五要素"，以及"名、音、义三要素"，认为名、音、义是指代地理实体的基本要义。其中"名"可理解为标准名称，通常是一个地理实体一个标准名称，这就是常说的一地一名。而在《地名学简论》一书中又有了简化说法，认为："地名是一个地理实体的专有名称，属语言词汇的一个组成部分，是以语言的形式指代地理实体的"。从这个意义上讲，地名只有"名"和"地"两个基本要素。"名"，可以包括有文字书写形式，也可以包括只有语言而无文字书写形式的两种；"地'，即指具有一定方位、范围和属于某种性质的地理实体。"名"指"地"而言，"地"由"名"而指代，这就是地名的基本要素。显然，有"地"才有"名"，有"地"无"名"还是"地"，两者缺一不可。王际桐先生在《地名基本概念》一文中亦倡导地名有两要素说，认为一个是"名"，一个是"地"。有人认为，两要素说，似乎太简单了些，但朴实无华，有较强的概括意义。

二、"地"的要素分析

"地"的"名"，区别于人名、影视名、书名、企业名等。最明显的、最本质的区别，是以"名"举"地"，以"地"与"人"、"书"、"企业"等名称相区别。所以说，地名的要素首先是"地"是很明白的，无"地"则无地名是显而易见的。因此，我们只能把地名、人名、影视名、企业名……放在一个层次上进行比较，从中去发现最本质的要素差别在哪里。或者说，能成为地名这个事物的最基本的条件是什么。将地名放在所有的专有名词当中进行比较，找出其相同点和相异点，即相同点中的某些差异，不同点中的某些相同。这种方法就是通常说的"种差+邻近的属"的比较分析方法。

长时期有一种观点，认为地名的"地"相同于地理学的"地"。其实，地名与其他专有名称的区别主要是"从地"、"排列"、"指位"，也区别于地理学对地理景观的研究。研究地名的要素，不是要把地名所指代的"实体"纳入地理学的研究范式，这样做就混淆了地理学和地名学的不同研究对象。诚然，地名中所指代的都是地理实体。然而，地名学不是去研究山名所指代山体的地质构造、岩石构成、地貌成因、植被生成等；研究水名，不是去研究水的生成原因、水质、流量、流速等；研究聚落名，不是去研究聚落的形成地缘因素和内部结构特点等。也就是说，山文地名的研究，不能替代山理学的研究；聚落地名的研究，不等同于聚落学的研究，更不能替代城市（聚落）学的研究。这个道理是显而易见的。至于地名词典中，有名称、位置、地理描述三个内容的模式，这属于地名词书编辑学的研究对象，不能说地名词典的内容就是地名的要素。地名要素的"地"和地理学中的"地"，内涵是不同的。当然亦不能否认，历史地理、沿革地理学传统上涵盖地名沿革的研究。地名学与地理学在研究内容上时而相同、时而相异、时而交叉，在研究方法上存在相同、相似、相近的现象。也可以说，地名要素的"地"，主要研究"位"及类属，所以以"地名体"代替"地理实体"来表述更确切。

三、"名"的要素分析

地名词是语言文字的代号，具有一般语言的特点，和其他专有名词一样，具备着语言的音、形、义三要素。地名的三要素，不是语言科学的泛论，而是放在名词中进行讨论。名词～专有名词～地名词之间的差异研究，进一步分析地名的构词特点，与其他专名词与普通词的音、形、义，相同与相异，探求地名词在专有名称中的个性表现，有着什么样的不同的特点。

（一）"名"的构词法分析

地名与人名、书名、影视名等第一位的差异，是名称所指代的物体不同，地名的指代体是"地"。除此之外，这些专有名词中，名的构词形式也是不完全相同的。"人名（汉族）=姓+名"，你叫什么名？这一问话，不是只问"名"，包含着"姓"。企事业名称一般为"住地名+企业专名+企业通名"的结构，当然有一些企业，如商号只有"专名+类名"，北京的"同仁堂"、"沙锅居"等。还有的商店只有专名，如"鼎丰真"、"义和祥"等。在书名中，除小说名各有千秋外，在一些业务书籍中，多为"学科名+属名"，如"电子学入门"，"电子学概论"，"电子线路"等。影视名更具有文学艺术特点，在构词上并没有一定的格式。尽管如此，文学艺术作品的名字和地名有着显著的差别。地名从总体情况分析，是由"专名+通名"所组成，而有的影视名称，就是以地名的符号意义为名，如《上海滩》、《插树岭》等名称，属地域的个性化。

（二）"名"的音、形、义

地名作为一种语言现象，受着语言规律的支配。"求别"和"趋简"，即"区别律"和"简化律"交替的在地名形成中起着作用。文字地名的"音"、"义"、"形"改变了初始的言语形式。这种改变，有时是"音"变"义"未变，有时是"音"与"义"共变，有的"音"未变"义"与"形"变等多种情况。以自然村为例，现代化的年产值几亿元的"华西村"早已不再是原来的"村"的意义。已建筑了地标式高楼，工业已具规模。还有近年城市扩容而出现的"城中村"，已没有了聚落的原始村的形态。还要指出，在地名中有一种极为特殊的情况，就是"将错就错"的现象，这在其他专有名词中是不大存在的。人名的音、形、义是固化了的。你改变了这个人名的音、形、义，反映的就不是同一个人，就无法取得共鸣。唐朝诗人白居易，你写白居义，没了"长安米贵，居大不易"之典故，别人就不知其所指。而地名常常发生音变、意转的情况。地名"蚊子沟"是因为蚊子多且大得名，后来这个沟内迁居住户，年久人聚，屯里人以谐音改成"文字沟"，变成读书人之乡，"蚊子沟"被淘汰，"文字沟"被承认。就这个意义上说，地名的音、形、义变化，有将错就错的借"音"改"形"的顺势。

第五节　地名的分类

地名分类是一种研究方法，是对地名多面体进行剖析、认识的过程，是建立地名家族系统的思维方式，是地名管理、地名工具书编辑、地名档案管理的一个不可或缺的理论支撑。

地名分类和地名学分类是两个不同的概念，研究的方法和内容也不尽相同。然而，地名的分类与地名学分类是相关联的，在某种意义上讲，地名分类是地名学分类的前期准备和基础。总体上可分为按"地名体"分类与按"名称"分类两大类。

一、按地名体的地理性质分类

地名要素既然由"地"与"名"组成，则按地名体的地理属性及性质分类，是分类学中最基本的分类方法。所谓地名性质，是以"名"所指代的客体"实"的属性来分类的。亦可以说，是引入地理学的传统分类。《易·乾文言》云："本乎天者从上，本乎地者视下。则各从其类也。"初始地名，常表现为人类对地理事物萌发的认识阶段。随着人类对自然界认识的深入，经分析、提纯之后，地名通名表现为地理事物名称表，两者存在着明显的对应互补关系。把地名按性质分成类，再按"量"分出层次之后，就会发现地名通名与地理类名是那样的相似。

（一）自然地理实体名称

①自然区、地形区等；

②山文（山脉、山、峰、隘等）；

③水文（海洋、江河、湖泊、泉瀑等）；

④岛礁等。

注：水库、运河、某些水利设施等，虽有人工建筑成分，依大类似应归属在"水文"类中更适宜。

（二）人文地理实体名称

①行政区域（政权中心）等；

②居民地（含城市、城镇、农村）、地址与住址等；

③交通（含陆路、铁路、公路、水路、空路）等；

④名胜、古迹、纪念地等；

⑤有地名意义的各类名称。

注：地名意义属于限制词，根据需要，相对而言把地名意义小些的微观地名略去了。

二、按地名体形态分类

地名体均各有其范围和存在状态，抽象概括为"面状"、"线状"（带状、条状）、"点状"三种形态。按形态分类，可视为性质分类的补充形式，用在性质不同的地名景观系统中，建立塔式的层次结构，借以分析各层次地名的效用、使用频率及其相互依存关系。面状、线状都具有复合的性质，点状较为单一，区域性地名使用频率是最高的，而点状地名才更便于定位。任何人坐上火车、汽车经过路的延伸，总要到具体的点，点状地名使面状和线状地名更有定点意义，使面状和线状地名更清晰。面、线、点是相对的，对地球体而言，一个省、一个大城市也许被看做为"点"，而换另一个底盘，如国家范围，省是个"面"了。同理，对于一个自然村而言，有时亦是"面"，每栋房则成为重要的点。

（一）面状

①大洲、国家、行政区域（划定的政治范围）；

②自然区（自然属性范围）；

③区片（约定俗成、模糊范围）；

④城市聚落（划定范围）；

⑤复合型岛礁（近似清楚范围）。

（二）线状

①水文线；

②山文线；

③交通线（含城市街路）；

④线状建筑（长城、柳条边等）。

（三）点状

①居民住址、地址（单位）、自然村、居民楼（群）；

②文化设施（名胜、古迹）；

③水利设施（水库等）；

④山峰、隘口等；

⑤岛礁（单一型的）；

⑥城市街路门牌等。

注：面、线、点是个相对应的词，如北京市是个直辖市，就国内范围是面状的行政区域，而在世界范围内或者中国小比例尺地图上就成为了"点"状地名体了。

三、按地名发生的时间空间分类

地名作为一种历史现象，个体地名各有其形成年代与历史环境，存在着时间与空间同一，地与名是历史性的共存与演变，又常常具有连续性的特征。地名的字面义，常烙印着历史时代文化的印迹，以及不同朝代的思维方式，受科学文化水平的制约。将地名按形成年代，放在历史的纵向剖面上，进行动态的梯度分析，可以窥视一些社会现象。因为，在研究一个个地名的演变、湖海江河的变化、自然环境的变迁中，会惊奇地发现，地名是何等的重要。地名，它就像古化石、古物、古铜钱一样，成为历史地理学家、考古学家、民族与语言学家……的宝贵素材。语言学家通过对地名历史时期分析，会拾到遗失的语言，找到民族方言的边缘带；通过对古代地名音、形、义的分析，并与现代地名语言相比较，可见到古代命名方式、古今语义的差异；考古学家可从地名语义分析上，找到古迹地的蛛丝马迹。

按时间分类，引用历史学分期方法，分为古代、近代、现代，并可细分到帝王纪年。历史地名是历史人物、事件的空间标志，是人和事活动的舞台，并互为印证。这种分类方法，可窥视地名的历史时期的横断面，从而重现历史上演绎的生动画面。从实用地名学的角度，还可以将地名分为现名与曾用名，凡是历史上用过的地名均可称曾用名，借以与现在使用的地名相区别。现在使用的地名的"辈分"相差极大，地名发生的时间差大者达数千年之久。

四、按地名词的音、形、义分类

地名作为专用名词和语言一样，由音、形、义组成。按此分类，实际上是语言学分类的再现，属于逻辑学中因果分类的一种形式。这个地名为什么是这样的音、形、义，而另一个是那样的音、形、义；为什么景观相同而音、形、义各异；为什么有重名；为什么会一地多名、一名多地等，从而分析地名文化景观分布的差异。地名作为一种语言现象，造就了千万个不同的地名，即使是相同的事物，人们也会抓住一个事物不同的侧面去求别，一方水土养一方人，一方人又有着各自的地名命名思维方式。

在《中国地名学源流》（华林甫著）一书中，对《汉书·地理志》中地名溯源做过分类，以故国、以旧邑、以山水、以方位、以人物、以物产、以部族等7类。《元和郡县志》上4千余条地名，有的学者做过分类，提出因水、因山、因乡（原）、因年号、取嘉名、因事、语源等7类。按地名因由分类较为深入，散见于地名学著作。在《地名学基础教程》（褚亚平等著）"地名分类方案"中作了详细论述。在专名分类中列举了因地、因水、因天、因物、因人、因史、因政、因文武、因经济活动、因民族、因宗教、民俗、因日常生活、其他原因等15类，概括很全了。此外，按音、形、义分类，亦可简要分两大类，汉语与非汉语，非汉语分为外语与民族语，汉语又有地方音的问题。按义分类，大体分为触景感物而发描述类，借名抒怀意愿期盼类，组合或其他因由而名者等三类。借景物名者，含山、水、地形、物产、颜色、史迹、故国、人物及移民、方位、形象景物、描述（触景生情）、天文气候、对称、数字等；意愿期盼类，属精神层面的意识形态，含美愿嘉名、避讳、神话与传说、纪念名等；其他类为上两类无法概括者，如讹传、因由不详、多义组合等。"音"与"形"如何分类更为繁杂，还未找到一种更加科学的方法。

按地名的音、形、义，研究地名的个体名称演变是复杂的。地名初始形式、地名转注、派生、侨置地名的产生及原因也是千变万化的。有些地名词义很难概括。有的地名，是很长的句子，含义不是单一的。有些地名按词义分类并无多大意义，而且会产生望文生义的弊端。因此，在按词义分类的时候，不仅要注意字面义，更要注意研究"名"与"实"的关系。要和民族、区域的历史结合起来，只有进行综合性的研究，可能是适宜的，也是最有益的。

21世纪对传统地名、地名文化遗产等的提法更抢眼，并从保护地名文化的视角提出了新概念，而地名新的一类不断地出现，使地名管理理念进入更高的层面。

五、其他因由分类

各主权国家地名与世界公共领域地名，如海底地名等；地名体真实存在的地名与地名体为虚拟地名的，如网址。

总之，地名分类方法，是随着研究题目而设计的，无固定范式。

第三章　传统名学与地名特例

以哲学的观点，探讨地名的定义，研究名与实的关系，认知特例地名出现之必然，是有意义的。在中国传统文化中，战国时期的名学，其理论成果至今仍受到中外逻辑学界的注视。《公孙龙子》一书中的"白马论"占有重要地位。传统名学、哲学、结构学、符号学等，都是地名基础理论的支撑结点。

第一节　传统名学与哲学观

马克思说，"在哲学语言里，思想通过词的形式具有自己本身的内容"，"语言是思想的直接现实"（《德意志意识形态》）。哲学不仅是一种理论化和系统化的世界观，更是对自然知识和社会知识的概括和总结，同时也是怎样看待人与世界的方法论。本节想借用哲学家的观点来扣问地名的学问，地名这个概念所具有的深层次的意义。从哲学层面来理解什么是地名、什么是地名意义，包括常识的、科学的、哲学的地名图景。认知专有名称的特殊属性和意义，把握地名在历史文化中的地位和作用，以地名为支点，将地名学研究融入社会科学洪流之中。归根到底，地名词是人们思想的反映。这个观点对理解地名命名与更名，具有现实意义。

一、传统名学与地名

中国古代的哲学、逻辑学，包含在战国时期的名辩学之中，保存在《庄子·天下》篇内，《白马论》占有重要位置。"白马非马"是公孙龙的有名之言，在历史文化和哲学、逻辑学层面上有较大影响。

公孙龙，字子秉，（约前325~前250）战国后期赵国人。为赵国贵族平原君门下客卿，相当于今人时称的学术顾问，主要为平原君出谋略、献计策。公孙龙当时为一派学术代表人物，强调事物之间或概念之间的差异性，又常常否定事物与概念之间的同一性，"坚白之辩"、"白马非马"命题，彰显其方法论。据说，有一次公孙龙骑马过关，马吏说："上司有令，马不准过。"公孙龙说："我骑的是白马，白马非马。"依此词过关。公孙龙著有《公孙龙子》，其中有"白马论"。以"从概念的内涵"说道"马者，所以名形也；白者，所以命色也。"故曰："白马非马"（白为色、马为动物、白马为动物之色，白马不等于马。）而"从概念的外延"说，"求马，黄黑马皆可致。求白马，黄黑马不可致……故黄黑马一也，而可以应有马，而不可以应有白马，是白马非马矣。"马的外延是一切马，无论何色皆可，而"白马"与"马"外延不同。从共相角度说，"马固有色，故有白马，使马无色，有马如已耳。安取白马？故白者，非马也。白马者；马与白也，白与马也。故曰白马非马也。""马"与"白马"共相不同。"马"作为"马"不同于"白马"，故"白马非马"。在各历史时期，均有学者对《公孙龙子》注疏，到现代"白马非马"之说，又称为《白马论》，仍在泛论中，言是者与言非者皆有。《太平御览》"公孙龙六国谋士也，为守白之说。假物取譬，谓白马非马。非马者，言白所以名色，马所以名形也。色非形，形非色。"庄子说："以指喻指之非指，不若以非指喻指非指也。以马喻马之非马，不若以非马喻马之非马也。言以'指'喻'非指'，不若以'非指'喻'非指'也"。"故彼彼止于彼，故此止于此，可。彼此而彼且此，此彼而此且彼，不可。"（屈志清.《公孙龙子新注》湖北人民出版社.70页）据此，"黄河非河"可立，河为形，黄为色。总之，"白马论"是名学大题目，非地名学所能为，"白马论"所提出的理论，帮助我们去扣问地名学中的名与实的关系、概念与实体的关系、主体与客体之间的关系、感性与理性的关系等。通过对"白马论"的理解，从而激发人们对理论的兴趣，"拓宽理论视野，撞击理论思维，提升理论高度，树立理论框架"。

二、古哲学与地名

古代哲人的理论，尚未见到针对地名学的论述，多是治国安邦的大道理，儒家倡导的天、地、人三者并列，认为是"万物之本"。强调人本位，地名上有反映。名家一些论点，对地名学研究有意义。后王之成名：刑名从商，爵名从周，文名从礼。散名之加于万物者，则从诸夏之成俗曲期（方言）；远方异俗之乡，则因之而为通。正名，儒家之学也，亦名家之学也。认为"名无固实"，"约定俗成"成名，谓制作名词，包有"审定"与"创造"两义。下文"若有王者起，必将有循于旧名，有作于新名。循旧、作新，皆成名之所有事"。以上古名家之言，皆指全社会而言，然而亦含地名之命名导引。因地名之形成，多为"约定俗成"，属"散名之加于万物者"，地名体是地名词产生的物质基础。同时道出，人要注视到物质、物体，而之所以能成名，"所以知之在人者，谓之'知'。知有所含谓之'智'。"此两'知'字，一指知之'本能'言，一指知之应物处而言。名与实的关系论述，是中国传统文化中的哲学命题。包含"天人关系"引申的道与器、知与行、动与静、名与实等。把世界本源归于"气"，主张"形具而神生"，"形存则神存"，"形谢则神灭"，物质属于第一性的形神关系相联观点。"立天之道曰阴曰阳，立地之道曰柔曰刚，立人之道曰仁曰义。"（《周易讲座》金景芳．吉林人民出版社．91页）在地名上有极广泛的反映。如，地名中河南为阴，河北为阳，成为一种定律。地名中的上下左右、东西南北，其中就含有"中"，东南西北为动向，就有"中"之为基准，动与不动何尝不受传统文化的启迪。"既有太极，便有上下；有上下，便有左右前后，便有思维，皆自然之理也。"（《因知记》罗钦顺·卷二）任继愈在《老子新译》中说道："道，可道，非常道；名，可名，非常名；无名，天地之始；有名，万物之母。"自然界与大地原本自在无名，有了"地名"，才有地儿 "地名体"的表征形式，不管你有没有名字，"地名体"客体存在，不能说"无名"而不存在"地名体"了。有地名体无名，即未进入人的思维，物也未人化也。阴阳与五行学说，是中华先祖传统的宇宙观，用于解释宇宙的起源和变化。《周易》认为，阴阳为支配一切事物的两种对立消长的元气，一阴一阳谓之道。《尚书·洪范》一书，用木、火、土、金、水五种物质，来说明宇宙万物的起源。"凡物之形，阴、阳，刚、柔，逆、顺，向、背，奇、偶（耦），离、合，经、纬，纪、纲，皆两也。"以阴阳的思维方式，作用于地名者谓之多见。"乾即太极也"，吉林省之乾安县名出此矣，然"乾方"为西北方也。古代哲人孔孟极为重视知行观，"我非生而知之者，好古，敏以求之者也。"子曰："盖有不知而作之者，我无是也。多闻，择其善者而从之；多见而识之，知之次之。"（《论语释注》杨伯峻. 中华书局1958年版. 77～79页）。地名者，其名产生于见地名体之后，物为第一性，名者，对客体的描述，谓之认识。之初常律以变化、切磋，最后使名称人格化、格式化。谓"阴阳之道，一向一背；天地之道，一升一降。故明暗相随，寒暑相因，刚柔相形，高下相倾，动静相乘，出入相藉。"（《八卦大演论》四部备要本）汉语地名有此意境者，非寡也。传统哲学家认为，"名无固实，约之以命实"，约定俗成谓之实名，而地名中的村庄名，常受原住户姓氏影响，"约定俗成"和"名从主人"之理，常常是不谋而合。梁山伯中的"祝家庄"以姓为地名有普遍性意义。言"名以订实，实为名源"，"有实则有名，名实一物也"（《二程集》1981年版129页）。地名体是地名之源、之因，地名多为地名体的不全景的描述。据《中国地名学源流》（华林甫著）讲《汉书·地理志》的地名渊源解释，有"以故国为名"、"以旧邑为名"、"以山水为名"、"以方位为名"、"人物为名"、"物产为名"、"部族地名"等，都是侧面的描述而非全景。在人类有地名后，很长时间尚未出现地名与地名体完全相脱离的抽象意义的地名。地名约定俗成时期，尚未出现祈望类意识主导型地名，诸如"幸福村"、"丰收邑"、"红卫"、"和平"等名字。说明在古代，名实相依，名反映实体的某些特征带有普遍性。嘉名（美名）倡导者，首数东汉应邵，后李吉甫有所继承。"武德五年分置都昌县，以县北有都村，配以'昌'字取嘉名也"。这种嘉名的出现，经历了很长的历史时期，反映了命名者意识层面，是阶级意识作用于地名意义的先期动向。

总之，地名之始，皆以对"地名体"有感知而发，地名常常是地名体特征的不完全的模拟或曰反映。多是借助已有的词语，这些词语是不精确的、模糊的、似是而非的、暂时的文字含义，是历史文化的伴生物，不是地名的本质，是附着的描述艺术或梦想表现。

三、名称与概念

用哲学观点认识地名特例很有意义。德国哲学家弗雷格说"始终要把心理的东西、主观的东西和客观的东西区分开来。绝不要孤立地去问一个词的意义，仅仅在语句的语境中才能去问一个词的意义。决不要无视概念和对象之间的区别。"（转引《逻辑学是什么》陈波著．103页）所有地名都是从对实实在在的地名体认知开始的。地名语词意义是在具体的语言环境中产生的，包括对话时社会背景与地理环境。"地名"是一种概念，属于名词。在"专有"名称和"类名"之间，存在着明显的区别。一个专有名称，都是实指的。"地名"作为名词，是泛称，是指一类的所有地理实体，其数量大于一。专名还存在"所指"事物的意义，存在意义与理论意义等。首先是存在意义，以"名"指"实"，其"名"与"实"共存，而类名常常不受此限制。"月亮"与"地球"一样，属于"专有名称"，月亮和地球卫星、石家庄和城市不是一回事，在哲学意义上，一个为"名称"，另一个则是超过"名称"而走向"概念"。在实际生活中，我们看不到"概念"地名，看到的是具体的、实实在在的地名体及其名称。人们说"我看见月亮了"，不会说"看见卫星了"，人们眼见的是黄河、北京、长白山、石家庄、月亮等，不会说我看见地名了。我去"北京"，不能说我去"地名"。地名都是实际存在的实体，抽象地名在哪里呢？似不存在。就这个意义上说，可谓"白马非马"、"地名非名"由名称到概论，涉及到逻辑学了。列宁说，黑格尔的《逻辑学》让人头痛，之所以头痛，扯上了名称与概念是一种什么关系的问题，这属于内涵逻辑，是思想自觉为思想的逻辑，是把"名称"升华为"概念"的逻辑。正如当说鸟巢是地名时，有人不同意，"鸟巢"是国家体育场，怎么是地名呢？犹如门牌号码不是地名相类似。因为，从"鸟巢"到"地名"，是由实指升为概念了。

根据华林甫《中国地名学源流》一书中说，"地名"术语一词，最早出现在成书于战国时期的《周礼》之中，"邍师，掌四方之地名，辨其丘、陵、坟、邍隰之名"。（《周礼》同卷中还有"山师，掌山林之名"和"川师，掌川泽之名"的记载，山林之名和川泽之名都各有其类，都在当时"地名"概念还未见诸于文字。在《战国策·魏策》中出现的"天地名"，系整个天穹各类实体的专称而已。直到东汉初，《汉书·地理志》（班固著）出现"先王之迹既远，地名又数改易"。"地名"概念从笼统模糊变得逐渐清晰起来。通过此段的论述，人类对地名的认识，都是具体的、有形的、有特征的，涵盖的具体地名是变化的、发展的。当人们把无数河的内涵汇集到大脑中的时候，似乎有了"河"的概念，而初始时，问到什么是"河"时，会指"黄河"说，这是河、黄河。这在哲学上叫做"名称"式的把握形式，还不是"概念"式把握形式。因为黄河是大河，与小河不同，与运河不同，与时令河不同，还不是概念式的把握形式。

概念，是思维的高位形式。抽象思维的概念式，首先要自问，地名、城市名、山名、河名，如何定义？据此，这个定义用什么样语言加以表述。怎样用最小量用语，根据经验与知识，使用适当的词，给地名、河名、山命等以确切的定义。以河流为例，首先，从土，其二特质是水的汇合，河构成有一定长度和宽度（深度），其三有源头和入水处（内流河有尾端），还有地理位置等。本来什么是河流，思维正常者用实指方法很容易认知，属自明性问题。然而一抽象，提升到概念化时，需要下定义就不那么容易了。定义，是属于学者做的事情。像人，谁都可以实指，而人的定义多达几十种，社会学的、生理学的、物理学的、化学的等定义，让人头晕。韩民青著的《文化论》中，将人定义为，人＝动物＋文化；文化＝人类－动物，这是关于人类与文化最简化的定义。从语言学的观点来看，表述某种能识别的实体，需要把握某种可识别的实体性质、共现、连续可观察到的空间关系，就可以把邻近的实体相区别开来。对于地名的概念，传统的说法，"地名属于专有名词，是人们赋予个体地理实体或个体地域的指称"（《实用地名学》王际桐主编.24页）。"地名，顾名思义即地方的名称，英语写作place names或称地理名称Geographical Names，地名是人类对地球上和其他星体上表示特定方位、范围的地理实体赋予的一种语言文字代号，或者说它是区别不同地理实体所代表的特定方位、范围的一种语言文字标志"（《王际桐地名论稿》）。诸亚平教授在《地名学基础教程》中用最小量用语，将地名定义为"地名是个体地域的指称"。联合国地名专家组的定义是，"地名，指地球上地理实体的名称（name）在特定条件下与→topographic name 或→toponym同义"，"是地球地名和地球外星体地名的总称"等。从哲学出发，要扣问地名这些定义是"真"的吗？"真"的，为什么不同的学者表述的语言形式会不同呢？在人们的经验意识中，"概念"只不过是关于某类对象的泛指名称，而具体"名称"与所指示的"对象"是确定的、稳定的对应关系。而作为"名称"的概念，是形而上学的思维方式。要超越形而上学思维方式，就须超越经验意识，在对地名"概念"这个矛盾的、发展的理解中，构成哲学的辩证智慧的思维方式。我们对"地名"的理解，如何做到辩证理解呢？就要与地名的定义所用的语言较劲，对其进行深入推敲，还需要反思、创新，从而建立常识的、科学的和哲学的地名图景。科学的形成与发展，是科学概念的形成、确定、扩展的过程，是认识深化、更新与革新的历史。概念之网，常帮助人们从整体上去认识世界。问题是所有概念，都是历史的、文化的，存在着时与空的坐标，是发展的、变动的，很少见到一个概念，是固定的、恒久不变的，而概念使用的语言文字也需要解读。现在就有人扣问，何谓"个体地域"，何谓"地理实体"，以及何谓"地域"、"地方"、"方位"、"范围"，以及何谓其他星球？上述问题如何理解又如何解读？或说这些词如何定义？也就是在问，现有地名概念是否正确反映了"客观对象"，存在"有没有"问题，同时存在对地名"本质的"认识概括"对不对"的问题。事实上，用于界定地名的语词，也需要界定。诸如，"地球"这个大家伙也属于"个体"吗？街路门牌号码也是个体地域吗？国家大剧院的每个厅，厅内每个"座位"是不是"个体地域"呢？还说"北京市西单新龙大厦甲33号"这一串由地名组成的符号，是不是地名形式呢？《红楼梦》书中的"大观园"是不是地名呢？宽带网络上的"网址"是否属于地名范畴呢？这是在寻求"意义"的扣问，在哲学层面上看"概念"（真理）有没有、对不对、好不好的问题。这涉及到存在论、认识论和价值观等的统一认识。"同天人"、"含内外"、"穷理尽性"、"万物皆备于我"是对自然世界认识的超越。超越"名称"式的把握，进而达到"概念"式的理解。不断地反思和追问"自明性"的东西，构成一种"反思的智慧"。哲学反思，存在把简单的东西变得复杂起来，而一般意义上的科学，是把复杂的东西变得简单起来。因此，从哲学层面上讨论地名能指与所指，表面上看上去似有点无聊，或者像无病呻吟。不是的，这涉及到哲学上的主体和客体的关系问题，人类是认识的主体，而地名是被认识的客体。存在着感性认识与理性认识关系，我们看到的地名，是客体的表象，而理性认识是客体的本质，任何地名的本质是"指位"的。某某流域是对地球表面划分的形式。"现象"与"本质"是一对矛盾，看到的东西不一定立即能理解，而理解了的东西才会深刻感觉它。如东莞，若干年前是个小镇，现在成为地级市，镇与镇之间道路连接，昔日的县城面容皆非。人们知识库或感知库无此表象，今天却出现了。会觉得新奇或不解，在"东莞"这个名称上含有量变到质变的过程，"东莞"城市形式成为"现在时"，真有点儿颠覆"城"与"镇"这个概念了。《说文解字》说，"城者，所以自守也。"现在讲开放式城市，城市表象有了新的"模式"。原城市定义，显得落伍，表示性质的词，现在看来有些过时了，不够准确了。东莞市内自然村，早不是过去农村定义的表象，已完全城市化了。因此"地名"中若干个子类的定义，都出现了新的考题。故对特例地名的认知需要哲学观。

人们的认识是从实践中来，概念常常印刻着时间与空间的认识。人类的智慧总是在不同的历史阶段，把千差万别的千变万化的事物区别开来，然后在新框架内又统一起来。区别律和同一律交替运行，构成人类螺旋式认识。正如爱因斯坦所说："提出一个问题，比解决一个问题更重要"、"想象比知识更重要"。在专有名称中的"指位"类属尚存在着"这"、"这里"、"现在"、"我"等，以自我为中心的特殊词，以及"远"、"近"、"过去"、"现在"等。这些自我中心词，在地址对话中，常常使用。如，甲问你去哪里？乙答我就来"这儿"办点事。"这儿"成为地方的代词，因为此时讲"这儿"合适。又如，两个朋友在街上走散了，一人打电话问"你现在在哪儿？"另一人答"我在'这儿'"。显然，"这儿"不科学，可他代替了具体地址组合地名，起到"实指"地址的作用。有些地名，如前屯、东屯、后屯等地名，就是在问话中形成的。"这"、"前"、"后"、"东"等，是在特定的环境中使用的词，当被固化为地名时，没有了语境中参照物，已失去原有指位的相对意义。作为地名学是概念名称的创造与累积，如地名体是新的概念，借以代替地理实体，表述时就更清楚、准确。而地名板块、景观等，都是新概念的引入，有助于地名学术语结构网的建立。

总之，从哲学层面，地名存在多种语言定义形式，这是难以避免的。而这些不同表述形式，不一定存在谁对谁错的问题，只有谁说的更贴近真实或更概括。"地名"二字出现，已经过提纯，就这个意义而言，地名，即地儿名称，用于指位，专名的一种，也许更概括。因概括性较强突出了"功能"指位。虽然过于简单，好像什么也没说清楚。然而，常常是不十分具体的定义，更贴切于事物本质，

四、地名"变"与"不变"

变，是哲学的命题。变，是永恒的；不变，是相对的。毛泽东主席说："人类的历史，就是一个不断地从必然王国向自由王国发展的历史。这个历史永远不会完结……在生产斗争和科学实验范围内，人类总是不断发展的，自然界也总是在发展的，永远不会停止在一个水平上。因此，人类总得不断地总结经验，有所发现，有所发明，有所创造，有所前进。"（《人民日报》1964年12月31日）。中国传统文化中的哲学发展观，左右着人们的辩证思维方式。《易》曰："大哉乾元，万物资始；至哉坤元，万物资生；资始资生，变化无穷。"《易》又云："穷则变，变则通，通则久。"

地名的变与不变，怎样表现的呢？变化的地名是多方位、多层次的，"名"与"地名体"均在变。命名思维方式在变，地名结构在变，地名的单体在变，整体也在变。然而万变均属地名（个体与整体）表象的形式，不变的是"指位"的本质。由于"指位"的需求，地名的类属在增加，范围亦有所扩大。以行政区域地名为例，就存在着"名"变"实"未变、"实"变"名"未变、"名"与"实"共变等多种情况，表现形式上出现了街路门牌号码、邮政编码、数码化地名等；出现了整体性命名的"地名规划"，以及对海底地名、南北极地地名、月亮及星体表面地名的命名形式等。这些变化都提出了地名理论与工作实践中新的命题。总之，地名的变，存在于命名的形式，"名"与"实"之间的互变，地名的覆盖范围之变等。一切在变，我们地名学理论要适应这种

变化，就要创新理论、创新实验、创新行为方式。月亮表面地形命名，不可能约定俗成，命名思维要创新。现在对地名指"地"，也在变，要求人与地的统一，地与单位的统一，并建立新的地名码。

总之，变，无法避免。地名理论、管理等都在变，要追上去，主动地适应变、引导变，不能怕变，要使变的结果越变越好。

第二节　地名符号说

地名符号说，已有论文提及，而地名结构、层次、板块等说，已在各地《地名规划》中施行，而这些理论是很有意义的。我们想以"结构主义与符号学"的理论框架，研究地名学，提出"地名符号说"新的理论支点，以新的视角来剖析地名事物，再问"简单"与"复杂"以怎样的过程由名称到概念，从而对智慧本身进行追问，以反思的智慧，去探索创新之路。

一、地名符号的意涵

引入符号学理论，意指地名亦是符号，故在地名标准化中，不宜过分追求语义个性化层面，而应追求好找好记的符号层面。同时说明"过往式"地名，均有"符号意义"。

符号学是近百余年来发展起来的一门新的学科。《结构主义和符号学》（特伦斯·霍志斯著·翟贴鹏译）译者讲道："我们生活在符号的边界里，而且是生活在处处都是符号的世界里，对这种处境的日益增长的意识，已经使现代人的视野发生了极具的变化。这种视野的变化迫使人们承认，这个世界的'现实'本质上不属于物自身，而属于我们在事物之间发现的关系。所以'结构主义'和'符号学'的思维方式和分析方法，已经成为理解那种现实的核心原则。"

1725年，意大利法学家詹巴蒂斯塔·维柯出版了《新科学》一书，认为"科学"正是人类社会的科学。维柯认为，"原始人对世界的反映不是幼稚无知和野蛮的，而是本能的、独特的、'富有诗意'的，他生来就有'诗性的智慧'（Sapienza poetica），指导他如何对周围环境作出反应，并且把这些反应变为隐喻、象征和神话等'形而上学'的形式"。"人们学会的最初科学应该是神话或者是对寓言的解释。因为，犹如我们将看到的，任何民族的历史都肇始于寓言"。这段论述，在地名词的产生与发展上得到充分的印证。在地名语义层面上，所显现的神话传说、寓言、故事等，均证明了人类诗人般的智慧，这种智慧似乎是存储在人脑中的信息符号库，故而出现神女峰（珠穆朗玛）、美丽的草原（乌鲁木齐）等史诗般的地名符号。人类创造神话（图腾）、创造生活和社会制度，同时在创造名称及地名等专称来感知自然的世界。在改造客观世界的同时，也改造了人类本身，使人类的认识不断地得到升华，其本质上是"结构"的过程。结构的定义，皮亚杰在《结构主义》书中如此说："人们可以在一些实体的排列组合中观察到结构，这种排列组合体现下列基本概念：①整体性概念；②转换概念；③自我调节概念（整体性，指内在的连贯性，受一整套内在规律的支配；结构，不是静止的，是可转换的，具备转换的程序；结构，是可以自我调节的，可以有效地进行转换程序，维护内在规律）。"在任何既定情景里，一种因素的本质就其本身而言是没有意义的，它的意义，事实上由它和既定情景中的其他因素之间的关系所决定。总之，任何实体和经验的完整意义，除非它被结合到结构中去，否则人们就感受不到。"词不达意"即是对结构的离散现象的描述。地名平面的词义的离散表现影响指位作用。对此亦有地名俗成中的体验，亦是地名命名走向"地名规划"必然性的体验，因为"规划"即是科学结构的形式。无论是"地名"或"地名学"，都需要借助结构的理论，构筑地名学科体系。没有结构就很难形成地名学的学科体系。有结构方有系统、结点与符号系列。

什么是符号学呢？索绪尔在《普通语言学教程》中说："我们可以设想有一门研究社会中符号生命的科学；它将是社会心理学的一部分，因而也是整个心理学的一部分；我将把它叫做符号学（semiology）。符号学将表明符号是由什么构成，符号受什么规律支配。因为这门科学还不存在，谁也说不出它将会是什么样子，但是它有存在的权利，它的地位预先已经确定了。语言学不过是符号学这门总的科学的一部分；符号学所发现的规律可以应用于语言学，后者将在浩如烟海的人类学的事实中，圈出一个界线分明的领域"。有的学者认为，符号学涵盖逻辑学，逻辑学在一般意义上讲，只是符号学的别名，是符号的带有必然性的或形式的学说。"符号的科学"这一概念，已经成为新的科学概念，成为整个结构主义事业中最负成就的概念之一。符号学的范围极广泛，从对动物的交流行为的研究（动物符号学），到诸如对形体交流（对人的行动和空间的文化需要的研究）、嗅觉符号（"气味代码"）、美学理论和修辞学这类指示系统的分析等。

在人类社会里，语言是起支配作用的交流手段。有哲人说，符号学所发现的是支配任何社会实践的规律，它具有的指示能力，即寓于所有的表述。任何言语行为都包含了通过手势、姿势、服饰、发式、香味、口音、社会背景等这样的"语言"来完成信息传达，甚至利用语言的实际含义来达到多种目的。因此说，每一种文化形式和每一种社会行为都或明或暗地包含着交流。这些交流靠的是各种符号。因为，每一个信息都是由符号构成的。因此，称之为符号学的符号科学，研究那些作为一切符号结构的基础的一般原则，研究它们在信息中的应用，研究各种各样符号系统的特殊性，以及使用那些不同种类符号的各种信息的特殊性。对符号系统的研究，来自可以直接感觉到的指符，另一个是可以推知和理解的被指。本质上为索绪尔对能指和所指的论述，符号学的理论与应用，对地名的能指与所指是很有意义的。

符号学中研究的表现体或符号、对象和场所对地名学作为符号来研究是相通的。现实世界中的现实实体，以场所的类型为基础。这种关系中一种叫做图像（icon），它是某种借助自身和对象，酷似的一些特征作为符号发生作用的东西；另一种叫做标志（index），它是某种根据自己和对象之间，有着某种事实的或因果的关系，而作为符号起作用的东西；还有一种叫做象征（symbol），这是某种因自己和对象之间，有着一定惯常的或习惯的联想的"规则"，而作为符号起作用的东西。如，2011年10月，美国民众发起"占领华尔街"运动，反对社会不公。"华尔街"，就是美国百分之一富人左右美国社会的地名符号。因此，有的学者认为，任何事物只要它独立存在，并和另一种事物有联系，而且可以被"解释"，那么它的功能就是符号。在图像中，符号和对象的关系，或者能指和所指的关系，表现出某种性质的共同性，由符号显示的关于图像某种一致性或"适合性"被接受者所承认。因此，地名图画或绘画（如黄河长卷、黄山百图等）和其主题具有图像的关系，因为它和主题相像，它以图像模式成为其主题这个所指的能指。如，黄山的迎客松图画。

在标志中，关系是具体的、现实的，通常是前因后果关系。能指对其所指的关系，是以标志的方式体现出来的。地名是某人与某人交际时对地儿指说的标志，而烟是火的标志，风标则是风向的标志。就象征而言，能指和所指的关系，常常是武断、任意的。它需要解释者的创造指示关系配合。假如，看见房子，是人居村庄的符号，这个"村"字的形成，是可以这样或那样的（英文与汉字不同，"村"与"屯"汉字形亦不同），之所以这样的，这个词形不是自然物，如何写常常是人们强加上去的结果。正如这个地方叫这个名，那个地方叫那个名，无论什么因由，均是人们给予的，是人脑天赋智慧的展示，没有范式，且用之不竭。

任何符号学的分析，必须假定能指和所指这两个术语的关系，即它们之间不是"相等"的，而是"对等"的关系。我们在这种关系中把握的不是一个要素，导致另一个要素的前后相继的序列，而是使它们联合起来的相互关系。就语言而言，这种形象（能指）和概念（所指）之间的"结构关系"，组成了索绪尔所谓的语言符号。就非语言的系统而言，这种能指和所指的"联想式的整体"构成的只是符号。一束玫瑰花，可以用它来表示激情，玫瑰花就是能指，激情就是所指。两者的关系（联想式的整体）产生第三个术语，这束玫瑰成了一个符号。我们必须注意，作为符号，这束玫瑰不同于作为能指的那束玫瑰，这就是说，它不同于作为园艺实体的一束玫瑰花。作为能指，一束玫瑰是空洞无物的，而作为符号，它是充实的。使其充实的（用表示行为）是我自己的意图，和社会常规认知的渠道的本质之间的结合，这种常规和渠道为使人得以达到自编、自导、自演，并且为此而提供了一系列的手段。虽然挑选的范围广泛，却是惯例化的，因此是有限的。

就地名神话来说，发现上述那种鼎立的指示活动的"能指"与"所指"，以及它们的产物—符号。然而，神话非同一般，因为它必定作为第二级的符号系统发生作用。它建立在它之前就存在的符号链上。在第一系统中具有符号（即能指和所指的"联想式的整体"）地位的东西，在第二系统中变成了纯粹的能指。因此，如果说语言为我们所谓第一级指示行为（如在一束玫瑰那个例子中）提供了模式，那么第二级的（或神话的）指示行为的模式则更为复杂。《山海经》中的各种图画提供了地方、人、神（图腾）的关系。地名、人、神、物等形成一幅图画，通过第二级指示而起作用。

概念，应用于习惯称之为"外延"和"内涵"的有效性。所谓"外延"，我们通常是指使用语言来表明语言说了些什么，属"言外之意"；而"内涵"则意味着，使用语言来表明，语言所说的东西之外的其他东西。地名"集安"语言所述的是平安集合、平安永续，而内涵则是中朝边界鸭绿江边的城市。它又是"辑安"更名后的形式，涉及的地名语词词典义和地名发生时环境义之间的关系，以及语词与地名体特征意义之间的关系。当然，"内涵"是语言"文学的"或"美学的"使用中的主要特征。内涵与外延之间存在"换挡加速"，就如同神话是普通指示行为的"换挡加速"一样。这样，当那个从先前的能指与所指的关系中，产生的符号，就成了下一个关系中的能指时，内涵便产生了。

人类活动的任何方面都具有作为符号或成为符号的潜能；符号就是任何可以拿来"有意义地代替另一种事物的东西"。比如，"大寨"是山西省一个村庄；毛主席说"全国学大寨"就具有了符号意义，同期间的人们对大寨有崇敬、有依恋，更有遗憾。在"大寨，红色怀旧村庄"（《参考消息》2008.7.15日15版）有所表述。而"深圳"是改革开放三十年，由渔村变成大都会的奇迹，邓小平理论的丰硕成果，是《南巡讲话》里程碑式的地名符号。深圳荔枝公园南部耸立的邓小平巨幅画像（已成为地名标志），到此地人们多是久久站立而敬望，这也是一种符号，表示对领袖的怀念。二、三个字的地名词是符号，长地名亦是符号，门牌号是符号，住址表述亦是符号。

二、地名符号的格式化

地名符号的意义，在地图上的表现十分明显。因为地图，是符号的设计与运用的集合，不同的符号形式，代表着不同的事项，地名是地图的主要符号。地名与之相对应的地名体，是地图的主要内容。由此，便产生地图语言与符号集。

地名图是用点、线、面等符号组成，为格式化的逻辑作品。其中，除以符号代替地名体之外，还以地儿名称代表、代替对应的地儿，名称成了符号，即能指与所指的第二级系统。还有给予的意义符号，用箭头指示河流的下流方向、用普染法代表大海等。又如"一叶知秋"的落叶也是"符号"，提示秋来了。"天安门"是北京前门的一个地域与城门之名，而它的影响出现在电视时，则代表着北京，有时又代表中国，极具地名符号的象征意义。

三、地名的模糊概念

在语言中有许多词是模糊的。因此，出现了研究模糊语言的作品，并相继出现了模糊数学等新的学科领域。所谓模糊性，并不是对事物的性质弄不清，而是在量化的定义上不那么精确。我们讲地名的模糊性，是说地名存在边缘地带；类名存在概括上的困难；个体地名所指并不十分清晰，等。

（一）地名范围的模糊性

《地名管理条例》第二条"本条例所称地名，包括：自然地理实体名称……各专业部门使用的具有地名意义的台、站、港、场等名称。"这就是很原则的规定，并没有概括全部地名类。比如，古纪念地、革命纪念地，常常是作为地名对待的，它们属于哪一类呢？有的地名志把它划入"文化地名类"，如果这样分法，学校也有相同属性。另外，有文化地名就应有经济地名。其实，人们在使用这一名称时，不是从概念出发，当人们不单独使用"地名"这两个字的时候，也不必去研究地名所称范围，只作为用以识别事物的记号，一种引人注目的标志。我们用它来代表事物、说明事物，以便使事物完整地呈现在我们面前。人们为了确切说明事物，名称的数量越来越多，存在概括上的困难，如行政村。又如，"水库"、"人工运河"、"水渠"等名称，严格说来，不能归属于自然地名中的水系类，因为运河是人类创造的。还有更难以划分的是各专业部门使用的具有地名意义的台、站、港、场名称。其实台、站、港、场无论是大是小，是独立存在的，都具有指位意义，区别是场的大小不同、要素不同，知名度不同罢了。由于台、站、港、场等名称包罗万象，导致地名家族难以容纳。后来又加限制词，地名只收那些"独立存在的、重要的、起地名作用的"……照样是没有"量"的规定，各地在处理上不一致就成为自然的事情了。

通过上述事例的分析，认识到地名的概念，是用语言定义的，并不具有数学定义的严密性。地名定义的"边界"，只能是大致的清楚，而不可能是完全的清楚。故地名标准化中的"标准"、"化"等均有着一定程度上的模糊性。

（二）类地名层次上的模糊

人们在给地名体命名的时候，总是在"求别"中"趋简"，又在"趋简"中"求别"。然而，我们的祖先无论如何，也预见不到现代科学对地名呈现层次的要求，这是不能强求古人的。这就出现了地名同名类层次不清的状况。如，"河"几代同堂，相差很大了。

（三）地名所指"给定范围"的模糊性

在现实生活中，人们在用地名指位的时候，是具体的，又带有很大的模糊性。例如，"我到了北京"，是既具体又模糊。我到了黄河，这句话也是既具体又模糊，黄河千里之遥，总不会从上游而下吧，只到了某一河段，甚至是坐车而望。

地名的模糊性还表现在名没有变，而地名意义与地名体，即名所举之实变了。例如，北京的"海淀"已经不是初名的"海淀"了。

地名的模糊性概念，目的是促进人们树立一种发展的，不断寻求各种数值正确的观点。在地名的概念中，避免不了用模糊的语言，去说明事物的本质与现象。这种说明有时是贴切的，有时就不甚贴切，甚至感到似是而非。也许这是无奈。

第三节　特例地名

地名，或者称为地理名称，它必须是指代有一定方位和范围的地名体，而不是泛指。地名属于名称的范畴，而名称又是使用语言文字表示事物的一种符号，或者说它是一种特殊的标志。由于地名不仅出现在地球表面上，已进入太空，对地球以外的其他星球（如月球、火星）上的地理实体也进行了命名，所以说地名这个词汇已越出了地球，进入了宇宙。

综上所述，可以概括地说：地名是人类对地球上和其他星球上表示特定方位、范围的地理实体赋予的一种语言文字代号，或者说它是区别不同地理实体所代表的特定方位、范围的一种语言文字标志。这种认识有助于判别街路门牌编码、地址、邮政编码等的地名属性，是地名的理论支持。

一、街路门牌编码是地名

城市的发展，大都经历过农村聚落、集镇、城镇、城市的演变过程。如果把农村聚落，视为"点"状地名，发展到城市时，已成为"面"状地名了。任何一个地方，当人口聚集达到一定的密度，地域空间发展达到一定广度，产业发展达到相当规模程度时，就成为城市。城市的交往已非农村聚落所能比拟，客观上要求每个单位、企业、甚至住户，能予以定位。这种定位是一种社会的统一机制，每栋楼、每个门，一门一户都定位的科学形式，通常称为门牌。门牌编码是城市中用来建立相邻关系的符号系统，以脱离"人格化"的农村聚落为特征。因此，社会化品格的街路门牌的产生就成为必然。

（一）街路门牌编码是城市定位系统

街路门牌是城市地名网络的微观层次。城市地名是个系统，由城市名（面状地名）——街、巷名（线状地名）——街路门牌（点状地名）所组成。这是城市地名较为普遍的网络结构，使城市中地面（含地下）建筑物邻街巷的一门、突出建筑物（构筑物）都能予以定位，形成城市地名网络系统。这种网络系统的出现，经过较长时间的发展演变，由不自觉到自觉地发展过程，与街路名称一样，是由地名的"指代物"发展而来的，即通常所说的"约定俗成"。这种现象在北京的街名上，体现得十分明显，表现为以"庙宇"、"衙署"、"工区"、"贵族门第"、"人名"、"市场"、"水道"、"水井"、"桥名"等转注街、巷名随处皆是。实际上这就是人们在交往中以"参照物"指示方位的俗成结果。这种广泛使用"参照物"而"指位"的现象，孕育了街路名和门牌的产生。

1980年地名普查后，全国许多城市和县城镇，都设置了街路门牌，这种突变的发展，不是哪个领导和个人认识的行为，而是城市的聚集性、高效能所决定的。诸如，房产编号，工商企业住址注册，户口、身份证住址注册，水电、煤气均需编号管理。编制街路门牌，不仅是城市科学管理的组成部分，而且成为国际社会国家之间、国内省之间、城乡之间、城市与城市之间、城市内部各行业之间、企业之间等，人们交往所不可缺少的机制。

（二）街路门牌编码的地名属性

街路门牌的地名属性，经历了较长时间的认识过程。在1990年之前，多数人并不认可街路门牌的地名属性。《中国大百科全书·地理卷》在讨论"地名学"条目时，对"地名"曾给予如下表述："地名是人们赋予各个地理实体的专有名称"。显然，街路门牌属于这一定义域的范畴。首先，街路门牌是"人们赋予"的、是社会命名的、是公认的；其二，符合"各个"的内涵，门牌是街路上的个体，是一地一名、一名一地，有明显的指代性；其三，门牌所指代的是建筑物单元的水平分布，明确反映了"名"与"实"的指代关系；最后，街路门牌是"专有名称"，以"名"举"地"，属于专名的范畴。

街路门牌的地名属性，符合地名是人们给定的景观的指称，给定的（地名）景观在时间、空间具有唯一性，处在不同的层次之中。街路门牌是城市地名景观的微观层次，是由"面"到"线"到"点"的定位过程。显而易见，数十平方公里的城区，几里、十几里长的街路，没有门牌是无法迅速确定每个单位和每个人家的"坐标"位置的。有人说，街路门牌不能单独存在，"9号"、"10号"，怎么能算地名呢？其实，各类地名的微观部分都要层次排列，很难单独使用的。在一个县的范围内，在讲到我住在"李家屯"时，至少要说，我住在"胜利乡李家屯"，而在一个省范围内还要加上"东丰县胜利乡李家屯"。因为任何一个地名都在类地名的层次之中，层层切割才能确切地"指位"。如山峰名，总要讲到什么山脉、山岭时，才讲到最高峰的名字，亦有线性排列的特征。地名的基本功能是指位。"地名者，从地也，万物所陈列也"（《说文解字》）。地名是万物在地面上分布的指代符号系统，以"从地"、"指位"与人名、书名等相区别，并具有稳定、统一的品格，显然街路门牌具有城市"坐标位置"的特性。

在《努力发展中国的地名学》（《地名知识》1984年第4期）一文中，讲到地名的音、形、义三要素，显然街路门牌是具有三要素的。然而，我们觉得音，形，义三要素似乎不是地名本质要素。因为音、形、义三要素，是语言文字的三要素，此贵冠戴在"地名"头上有些大，做不到把地名、人名、书名的要素相区别开来。音、形、义是一切语言文字的要素。因此，用音、形、义做为地名的基本要素有点定义过宽了。王际桐先生在《地名基本特征》一文中所述："地名在语言中不是用来说明某一地理实体与另一地理实体相区别的那些特征，而是代表具体的地理实体，因此说它是专有名词，也就是说它是被个性化了的标记。"因此，地名的字面义是次要的，"个性化了"的标记是本质的内涵。用现代语义学的观点，透过地名词义表面，在微观层次上进行观察，对词义进行义素的分析，对于廓清地名要素是有益的。这是因为，词义并非凝固一团，在内部隐藏着类似原子的最小粒子——义素（或者叫语义特征），构成了词的整体意义。在专有名词中，地名的基本要素是什么？只要把地名与众多的人名、书名、单位名、动物名等做比较，从比较中就能找出相同和相异点。通过义素法的分析，在专有名词中，地名与其他专有名词的义素相比较后，其相异义素主要有："从土"、"指位"、"约定俗成"、"连续性、继承性"等项。最基本的是二项，一是"从土"，二是"指位"，即"排列也"。《说文解字》用"排列"点出地名的特征是贴切的。"排列"即各类地名体（人文的、自然的）相互关系的映象，类似于经常使用的术语"相关位置"。包括：使用经纬度表示的"数理位置"，以行政区划序列表示的"政区位置"，以自然区表示的"层次位置"，以地形、地物、交通之间关系表示的"相关位置"，这些都是一种地表关系的"排列"。只是"从土"和"排列"应赋于新的解释。"约定俗成"作为地名的一个义素，主要说明地名的形成中不是"个人"的命名行为，"命名"和"用名"有较强的社会品格。现代地名的形成，有自己的层次网络。"连续性"即"继承性"，表现出地名的特征，地名可以超过原始社会、奴隶社会、封建社会、资本主义社会使用百年、千年。这点与其他专名相比较是突出的。"指类"不是地名的主要的义素，不能作为区别于其他专有名称的特征，因为大多数专有名词都有"指类"的功能，只是这个"类"指的内涵不同罢了。"转注"而引起地名字面义变了，倒是一个特点。街路门牌具有明显的"从土"、"排（陈）列"指位的基本功能，而且是城市（镇）指代符号系统的点位层次。

（三）街路门牌编码的语词结构

地名中的专名和通名，是汉语地名最基本的结构形式。通常表现为"专名+通名"的惯用式。类名的使用是人类认识事物由个别至一般认识的升华，汉字的意符出现是汉字发展的必然结果。随着人类认识事物向深度和广度延伸，对同一类事物需要层次概念，从而产生了地名中同类而处在不同层次的通名。如，海～湖～泡；山脉～山～山峰；省～市～县等。这是"求别"的规律现象。街路门牌的构词特点，除具有一般地名的"专名+通名"排列形式外，表现为线性排列的特点，即门牌号与街路名的黏着式。除在特殊语言环境外，门牌号码不能单独使用。门牌号码与铁路上的站名一样，某某车站是附着在铁路线上的，都表现为线状名和点状名的结合使用，呈现为"线"——"点"结构的坐标形态，以此发挥指位的功能。

"街路+门牌号码"的线性排列式，是地名个性化了的表现形式，字面义被忽略了。因此呈现语义的矛盾。如，北京—西直门—45号；白石桥—20号；五棵松—5号等。从语义分析上看，通名即是"门"、"桥"、"松"，已是"点"了，"门"、"桥"何以分号呢？表述似不通达。这就是前文所论的，"西直门"、"白石桥"、"五棵松"是"转注"的形式，"指位"和"语义"已发生了变异。"五棵松树"、"白色石桥"已不存在。"白石桥"、"五棵松"成为不完整式的街路名，或者说是通名省略式的街路名称。这种现象在其他一些地名中也存在，是地名"借注"、"转注"方法表现出的弊端。街路门牌结构的顺序原则，是又一明显特点。以数码反映"排列"的相关位置。以门牌号码的形式，使街路长度得以相对稳定，并要求门牌号码的起点封闭，排列连续，双侧延伸等。"副号"多是排列变化的一种结果。新建一个自然屯可以随意起一个名字，而在街路上多一个门，就不能自己编个号码，必须按顺序，表现了明显的社会化的特点。现在一些城市创新了编码方法，采用原点延伸至新点的米长度，避免了副号、支号发生。只是号码有时达5位数，似乎长了些。

（四）街路门牌编码的功能意义

城市人口集中，工商业交往频繁，其功能来源于城市的自补性、开放性、互补性。城市各行业、各部门相互关联，联系十分密切。城乡之间、城市与城市之间，关系也来往频繁。因此，提供理想的城市地名网络系统，成为十分紧迫的任务。只有如此，才能使地名工作加入到城市高效能之中，并为之服务。

1. 整体化观念。城市是一个整体，城市地名需要一体化网络结构，并且呈现科学序列，使各部门及自然人群均乐于接受使用，以此消除各单位各自为政的一门多号的现象。整体化概念，要树立网络概念，在地名结构上要层次化、序列化。在旧城改造中，应重视层次化、序列化的规划，并逐步实现群体化。

2. 功能性观念。城市地名应当以好找好记为最高原则。城市已非"人格化"，邻居之间大多不相往来，单位之多已非人脑所能记，必须研究城市地名的功能。要把街路名称层次和序列的原则放在突出的重要位置，使"专名"、"通名"都成为有序的组成部分。要研究一条路名的适当长度，一条路上排到上千号是不好查的。在路名和门牌号码之间增加类似"段"的层次，也是不易找的。以号代"巷"的办法，是一个值得关注的方法。

3. 立体化观念。城市地名的立体化趋势已明显表示出来。地下铁路、公路、空中轻轨、高架公路及地下商场、住宅、工厂、旅店等均已经出现，这就给城市地名网络系统提出了新的课题。门牌号码的编定，如何随之而变，是城市地名学研究有实践意义的新题目。期待着城市街路地名学的创立，尽快拿出研究成果。

街路门牌的地名属性问题，1982年提出来之后，得到了地名同仁的逐渐认同，但并未得到社会认同。最先抓门牌的吉林市地名办公室，受到吉林市领导表扬，认为市地名办公室，街路门牌工作抓得好，为人民做了一件实事。吉林省公安厅、建设厅、地名委员会联合行文,肯定了吉林市地名办抓门牌的经验。事实上，它明确了街路门牌属地名办公室的管理权限的问题。1986年11月7日，吉林省政府又发布了《吉林省地名标志管理办法》，以法规形式明确了各级地名办公室管理街路门牌的职责与权限。1986年8月17日，在辽、吉、黑、冀、鲁等五省举办的地名办主任训练班上，重点讨论了街路门牌地名属性问题，引起普遍赞同。

"街路门牌"不只是指标志本身，而是指门牌内涵的属性。街路门牌是一个习惯性用语，"街巷门牌是城市中一类建筑物水平排列的编号形式。是街名、路名、巷（胡同）名的延伸，是城市地名景观系统链上的端点单位，类属于点状地名"（《应用地名学》杨光浴著）。街路门牌，区别于自来水牌、煤气牌、电表牌等，主要特征是具有社会统一化的特点，"指位"是它的本质功能。褚亚平教授将街路门牌定位为"微观地名"，亦是贴切的。

街路门牌不是业务部门的单一的记号，而是把城市街路分解定位的形式。街路门牌，不是一般的编码，它具有社会一体化、连续化的特点。"是高位整合过程，是实现名称区别律最科学、最有效的形式"（王云贵：《试论地名整合》〈地名丛刊〉1990年4期）。历史上都有哪些部门管理过街路门牌，并不能说明地名属性。在1977年以前没有专门地名机构，产生的门牌，有的城市公安部门管，有的城市房产部门管，有的规划部门管。更有甚者，延吉市曾由邮政部门管理。

二、地址的特殊结构形式

地址，是自然人和某种社会团体居住或通信的地点。地址（含住址，下同）属于地名的范畴。"城镇街路门牌号是地名"的论点，同时叩问了为什么要编门牌号码呢？回答是为了给地址更确切的定位。因此，"地址"是门牌号产生的因由。反之，没有门牌号码，地址就缺少点穴的构件，就无法准确定位。归根结底是社会需要地址的准确表述，门牌号码才应运而生，这是社会进步的标志，是社会管理需要的共识。"地址"是地名家族中的又类，是由一组（一束）或一串地名组成，是地名的"四代同堂"，使用频率高，其地位显赫，犹如地名家族中的"大宅门"。

（一）"地址"是地名

地址是个人、一户或集体人群居住的场所，是又一类地理实体。地址，用最具体而详尽的语言文字表述的住所或场所，是有形的、个性化了的地名体。地址的命名和使用，有明显的社会化的特征。地址，首先它是供全社会人群使用的，不是只供自己或家人使用的个人的命名行为。地址，属于社会化的公共服务事务，有社会全方位的需求，为不可或缺的社会元素。地址，在结构上，有行政区域名称、街路巷名称、门牌号码（楼、单元、楼层号等）或行政村、自然村等。地址，是地名串的组合，有明确的指代功能，属于地名中的集束类。地名串组成的地址，一名指一地更分子化、单元化，和户籍管理相融合，一户一个地址，极大地方便交往、通邮和行政管理。应当说，地址是完整的又是最实用的地名形式。

地址，是居民身份证、户口证、房屋产权证、工商营业执照、土地使用证、事业单位注册证、税务证等，各种法律文书上的要件。这些文件上必备有地址或住址一栏，因此地址使用十分广泛。地址是数亿地名群星中最显赫的一族，是颗最耀眼的明星。名人、名事、名胜、名山、名水、名城、名园、名店、名品、名村、名镇、名产、名企等，地址都与之相伴。尽管地址的表述形式各异，其指位的作用则十分明显。地址在政府行政管理中的重要性是无可替代的，成为无时不在、无处不用，成为无与伦比的宠儿，居各类地名之首，称得上是地名之明星。

地址，是社会管理的重要因子。上面已经提到，地址是诸如居民身份证等法律文书上的要件，同时是社会交际、工商活动往来、货物运输、通讯邮寄、旅游观光、寻祖还乡、政府公务活动、"110"报警、"120"寻医，地址都显示出极其特殊的功用，一些法律纠纷亦常常涉及到地址问题。地址在人类社会中的因子地位是不容忽视的。

地址，是地名家族的四代同堂。地址是由一串地名组成的，是地名的大屋，显示出他的雍容华贵。还以民政部地名研究所为例，其地址是"北京市西城区二龙路甲33号新龙大厦六层"。一共由六个地名组成，含行政区域名称、街路名称、门牌号码（因该楼有多个门面街，故又增个"甲"字），这个"甲33号"又住有多个单位，故必须写楼层号码。我们讲地址是四代同堂，是想说明三层意思：其一，在地址中的地名排列是分辈分的，是有层次的。"北京市"是家长，"区"名为二代，"街"在这个地名串中属于第三代……类推之。一般而言，地址结构中，任何一个层次都是不能省略的。其二，每个地名的书写形式是法定的或经过标准化处理的，也就是说"法定地址"须由法定地名组成，地名法定是地址组成的条件。其三，地址作为地名家族一员，有自己的特殊格式，注重系统、准确、简约、规范。

（二）地址的意义

地址认知总体上尚未到位，因此在管理总体上也没有到位，失控问题严重。由于地址在社会活动中的重要作用，失控将导致严重后果。例一，在楼盘销售中，开发商利用地址无需政府认可的漏洞，将位于城乡结合部的郊县楼盘，采取移花接木的手段，有意冠以城市中的街路名称（的延伸），借以提高地价和楼盘的品位。当受骗上当的购房者入住后，发现楼盘的供水、供电、供气及孩子的上学等诸多问题，需要到市区或县城办理，感到受骗了，出现法律纠纷，这种情况在各地均出现过，已不是个别现象。还有一套住房编二个住址，找二个"婆家"。办理这类案子的律师到地名办公室询问，单位或住户的地址有没有法定的手续或证明文书？当听到回答没有时，他们建议应当有确切的文书。故地址应当法定。这是保护弱势群体利益，推进社会信誉的一个举措。例二，2004年4月19日《京华时报》转发新华社报道，温家宝总理批示严查轰动全国的阜阳劣质奶粉事件时称："经初步调查，阜阳市查获的55种不合格奶粉共涉及10个省（自治区、直辖市）的40家企业，既有无厂名、无厂址的黑窝点……"北京电视台在新闻节目中披露了此事，然后记者按工商执照上的地址，却找不到生产致命奶粉的厂家。如贝乐康乳业有限公司，2002年领取营业执照时，标明地址是在平谷区平谷镇府前街31号，却未在当地生产。维尔乳业有限公司生产的"乖乖宝婴儿奶粉"外包装上的生产地址是"北京市怀柔区幸福大街52号"，而这个名不是厂所在地，真实地址是"北房镇幸福西街18号"。2004年5月17日媒体披露的广州假酒命案也存在假地址问题。这些不法厂家能轻易注册假地址的事实，已经说明建立"法定地名"、"法定地址"的管理体制很必要，并具有广泛的社会意义。例三，据某市消息，由于地址不确定，120救护车找不到患者的住址，急救车串街转巷30多分钟，患者失去了救治的时间而不治身亡。还有的地方由于地址管理不到位，影响企业注册，产生司法纠纷；还有的地方，因为地址不明，使许多住户两年落不上户口。

地址的法制化，须以地名的标准化为基础，以全面进行地名法制化为前提，在技术层面上进行规范化处理，按层次化的科学结构，以合理、简约、唯一的形式，组合成法定地址。地址的重要性已被社会所认可。然而，地址在《地名管理条例》中未作规定；1996年民政部发布的《地名管理条例实施细则》中第三条明确了"楼、门牌号码"属于地名管理的范畴；同年民政部又发布了《关于加强城镇建筑物名称管理的通知》。这些法规为住址的编排科学化创造了前提条件。然而，"地址"始终是法规管理的缺位和空位。长春市政府实行了门牌号码使用证制度，为地址"户口化"迈出了可贵的一步。遗憾的是，尚未做到对地址的认定，所以说管理还没有完全到终点位。其一，地址管理还存在体制上的障碍。在表述地址的一串地名中，有的市县还分别由民政、规划、公安和城建等诸多政府部门管理，这种"九龙治水"的状态，造成相互掣肘，需要进一步协调。其二，亟待建立地址的注册制度。地址的注册要有法规的许可，而且要完善地址书写上的规范及科学的格式。要研究可行的注册程序，地名部门才能做到依法行政、科学理政，按程序执政。颁发住址证件，像户口证一样，一户一个住址证明，成为具有法律效力的文书。

地址注册是个浩大的工程，也是技术性很强的工作，社会上反响会很大，不能轻视。中国有13亿人口，按4口人一户计，就有3.25亿住户地址，加上各种单位、企业、游艺场所以及具有地址的建筑物等，约10亿计，这是一个十分庞大的数字。——注册谈何容易？然而，这是各级政府应当关注的公益性事物，否则将造成社会巨大的显性和隐性损失，造成时间上、物质上的巨大浪费，会引发公众对政府为民服务形象的质疑。

（三）地址面对的问题

地址，首先要科学简约。地址是否科学，首要条件要看是否好找好记。要简约，去掉地名串中可有可无的成份；要实现街路门牌号码编排，小区和大单位楼群的编号科学化。目前有的地方仍然存在着门牌编号和楼栋编号几个部门各行其事，出现一个门几个号码的不正常状态。有的大城市门牌很不完整。《人民日报》曾发表消息"北京无门牌现象普遍"，讲述了行路难所造成的时间浪费和误事。不少城市群众给地名办公室写信，反映门牌编的乱，造成行路难。有的大单位楼栋号是按建筑年代编号，号码相连的楼距离却相当远，达几百米或几千米。有的门单元编号、户层编号极不科学，根本无层次、序列可言。为了使住址简约、科学，需要制定门牌编号、楼栋编号统一的科学编码方法，并作为一种国家的标准强制执行。如此，才能保证地址的科学和简约。

地址存在的集束格式。在计划经济的年代，人是单位的人，通邮大都以单位为坐标，ＸＸ单位宿舍ＸＸ栋楼。户口上住址则主要是ＸＸ市Ｘ区ＸＸ办事处ＸＸ委ＸＸ组。城市街路门牌不完整，覆盖面很低。"ＸＸ县ＸＸ乡ＸＸ村ＸＸ屯"这种以行政区域名称系列表述地址的格式，在农村还是普遍的。在较大的村或工业发达的村，已开始进行户（院）的门牌编码，在操作层面上尚需进行技术上的指导，才能做到编排有序。在城市地址的理想格式是"长春市朝阳区应化路18号"，形成（一级政区～市）面状名、（次一级政区～区）面状名、（再次一级～路）线状名、（末位门牌）点位名，这是城市地址表述的最基本形式；"北京市西城区西单北宏汇园小区11栋楼7门204室"，这是前述基本形式的变形。这里值得提出的是"西单北"这是一个片名，是非行政区域的区片，这类名称有知名度，历史悠久而又不因区划变动而变动，这是一个值得研究的实用地名学的命名问题。"204室"显然是二层楼的4号房。一层已不从"土"，与"地"之名有了距离，这就是地名抽象概括中的模糊地带，抽象定义不能覆盖其全部类属，可能有普遍性。尽管"204室"属地名的边缘地带，仍然是地址中不可少的。

三、地名数字化形态

地名数字化，是地名形态的语词变形。是依据地名结构排列形式与地名体位置，而进行的符号创造。变"形"而不变"位"，达到识别或传递地名信息更准、更快、更科学之目的。

（一）邮政编码

邮政编码实施多年，率先将地名数字化。这个创新极大地提高了邮件分检和投递的效率，生动证明新理念、新方法、新技术就是生产力。邮政编码的实施，是使用地名的部门创造出来的，由此可证明生产需要是研究的动力。因此，地名研究应当倡导开放式，为各学科、各部门参与地名研究提供帮助。邮政编码不仅具有"电眼"检验的现代化优越性，而且减少了因行政区名称的改变，需要调整邮政投递路线图的弊端。邮政编码本质上就是地名的数码化，然而这个数码要延伸到"地址"还有一段不短的路要走。地名文化就赋予的语言意义而言，属于外延部分。我们所做的地名标准化工作，就是在回答公众所问"敢问路在何方？"答，"路在脚下。"地名管理的现代化是人民的期待，是经济发展的要求，是巩固国防的需要。伊拉克战争充分说明地名、地址的重要性。联合国五年一次的地名标准化会议和二年一次地名专家组会议，说明了地名与国际接轨的迫切性。因此，需要举国家之力，建立起以"地址"为重点、以地名标准化为前提、以高新技术做支撑的现代化地名信息咨询服务系统，为民服务、为社会服务，将被边缘化的地名工作，融入全球化经济潮流之中。

（二）道路名称数码化

道路名称的数码化，已成为惯用的公路命名法，建筑路段起止点地名首字联用，为线路地名。北京至哈尔滨国家公路，名为京哈公路。近年以数码化为道路命名形式在普遍推行，用阿拉伯数码表示国道、省道、县道等。国道，为三位数，101、102等，西藏自治区道为S304、S305等，县道为X502、X503等。国道以北京为中心向四周辐射的道路，均"1"打头，"101"（北京、承德、沈阳）、"102"（北京、山海关、沈阳、长春、哈尔滨）；"2"字打头的为南北方向的纵向国道，"201"（鹤岗、牡丹、大连）、"202"（黑河、哈尔滨、吉林、沈阳、大连）；"3"打头的为东西向横向国道，"301"（绥芬河、哈尔滨、满洲里），"302"（图们、吉林、长春、锡林浩特）。国道的五纵七横即由此而来。而"4"打头的为自治区道路或省道。数码地名是地名体一种代号形式，在指位上更明确，表述起来简捷、有效。有的国家市区内的道路数码化，一号大街、二号大街等，有它存在的合理性。

（三）数字化地名

数字化地名是地名信息化的产品，是时代、国家与社会的需要。数字化地名是适应中国社会信息化的快速发展，建立以计算机为主，结合地图矢量化等现代化技术的地名信息系统，具有快速实现地名查询、动态管理、图表与文字结合并联动的可视化、数字化的高新功能。地名信息化已向我们走来，地名数字化已出现在我们面前。

　　《地名分类与类别代码编制规划》国家标准的发布，使地名数字化有了规则和标准。已出版的《地名信息化概论》（刘连安等著）一书，从理论与实践上阐明了地名数字化的重要性及程序、方法。

第四章　地名标准化

地名标准化是联合国地名标准化会议提出的命题，其动因旨在研究一种方法，使各国之间的地名能尽快地被识别和相互应用。地名标准化，包括地名国际标准化和地名国家标准化两部分，而国际地名标准化是以地名国家标准化作为基础的。

第一节　地名国际标准化

地名国际标准化，是经济全球化的产品，是适应各国相互了解、传递信息、加强交往的需要。

一、地名国际标准化内涵

（一）地名国际标准化概念

联合国第二届地名标准化会议，就"国际地名标准化"一词，曾做如下解释："地名的国际标准化是一项旨在通过国内标准化或国际协议，使地球上每个地名和太阳系其他星球上的地名的书写形式达到最大可能的一致，其中包括不同书写法间达到对等的活动。"各国均应先寻找一种书写形式，使国内地名一体化、标准化，采用非罗马字母语言的国家提供一种罗马字母拼写形式，并制定有关国家公认的不同书写系统对应的转写法，以便将地名由一种语言转写成另一种语言的形式。

（二）地名国际标准化背景

据统计，世界上有6000多种语言，这些语言可分为八大语系，各国使用的文字有罗马字母（如英文、法文）、斯拉夫字母（如俄文、南斯拉夫文）、阿拉伯字母类（如阿拉伯文、阿富汗文）、民族字母（如希腊文、缅文）和象形文字（如汉字）。有些国家使用两种以上的官方语言。地名的拼写各式各样，地名的混乱在各国出版的地图上表现十分明显。在这种情况下，一些国家相继呼吁在国际上解决这一问题。1959年经社理事会要求秘书长成立一个咨询小组，来考虑各国地名标准化的技术问题。1960年组成了地名专家组，在专家组筹备下，于1967年召开了联合国第一届地名标准化会议。

二、地名国际标准化途径

联合国地名标准化会议及专家组，提出9点意见，以推进地名国际标准化。

1. 地名国际标准化以各国地名标准化为基础，因此要求各国必须都要建立地名机构，积极开展地名的统一和译写规范工作，同时要进行资料的审定、出版和人员的培训等。

2. 各国应制定国内地名拼写和命名及国外地名拼写的法则，为地名标准化工作提出指导方针，确定地名标准化书写形式。非罗马字母国家要提供一种国际使用的罗马字母地名拼写方案和罗马字母拼写的标准形式。

3. 对少数民族语和方言地名，要制定一套实用的统一的拼写原则，并确定按国家主要语言书写的固定形式。

4. 尽量减少地名的重名现象和外来惯用名。

5. 编制出版地名录、地名辞典或标准地名图，并向各国和联合国制图处进行交流。

6. 由联合国地名专家组和地名标准化会议，确定地名罗马化和超过一个主权国家的地理实体名称标准化问题，如海洋、海岛、河流、山脉和宇宙、海底地形要素的名称，并制订其命名原则。

7. 由联合国经社理事会制图处，负责进行地名国际标准化的组织和协调工作，由联合国地名专家组负责地名国际标准化的具体实施工作。

8. 每两年召开一次专家组会议，每五年召开一次联合国地名标准化会议，讨论和解决地名国际标准化的有关问题。

9. 联合国地名专家组与有关天文、海洋、南极等国际组织进行协作，研究解决国际公共领域中的地名标准化问题。

三、地名国际标准化会议

联合国首届地名标准化会议，于1967年9月在瑞士日内瓦召开。之后每5年召开一次。会议作出多项决议，讨论了下列几个主要问题：

（一）地名国际标准化机制

首先要建立健全国家地名机构，制订标准化原则，并具体指导地名标准化工作。在进行地名调查时，应了解地名的现势书写形式以及曾用名、口语及含义；了解旧地图、文件中的书写形式和其他部门使用的书写形式。在确定地名的语音时，应记录当地的读音，并以国家地名机构审定的标音法标音。

（二）书写法

地名相互译写可分为四类，即表示文字的译写、音节文字的译写、罗马字母的译写、非罗马字母的译写。地名译写方法有两种："转写"，"音译"。会议要求在国际交往中，地名要采用统一的符号，并能进行系统的对译，非罗马字母国家根据科学的原则，确定一种国际公认的罗马字母书写形式。

（三）地名录

地名录按其使用的情况分为供本国使用的国家地名录，供本国使用的外国地名录，以及区域性地名录等。同时要编辑供国际使用的国家地名录、联合国地名录、简明世界地名录等。

（四）外来惯用名

外来惯用名是采用地名所在地区以外的某种官方语言拼写，它的拼写不同于地名所在的地区官方语言的拼写形式或地方语言的拼写形式。联合国地名标准化会议决定，建议各国要尽量减少使用外来惯用名，如需沿用时，也可括注当地或官方的拼写形式。

（五）术语

地名专家组认为，在地名工作中，统一地名标准化使用的名词术语的概念是必要的。地名专家组进行了词汇的编辑出版工作，并用联合国正式使用的五种语言书写，得到第四届地名标准化大会会议的认可，现已出版发行。

（六）信息化

为了达到地名自动检索和地名更新、编目、地名录编辑的自动化等目的，采用现代化自动处理的方法是很有价值的。联合国地名标准大会要求，从事地名资料数据自动处理的国家，要相互交换资料，并建议专家组考虑各国编制供地名录使用的地名资料系统和地名数据自动处理系统一致的重要性。同时，还建议专家组认识数据自动处理产生输出方式一致的重要性，以便各国的使用者在得到打印的地名资料外，还能得到其他形式的地名资料。

（七）国际合作

地名国际标准化工作，必须加强国际合作。由地名专家组和联合国制图处受理各国地名标准化信件和有关资料。加强与国际有关专业组织联系，处理国际间公共领域中的地名标准化问题。

（八）超过一个主权国家的地名标准化

为了使两个以上国家共有的地理实体名称有一个统一的标准化写法，最理想的办法是有关国家能够达成一致的协议，但往往不易实现。会议认为对争议中的每种语言的地名书写形式，都应予以承认。

（九）关于海底、海上、宇宙地形要素的标准化

鉴于世界各大洋、南极和空间（月球和太阳系行星）的研究和考察的速度和工作量正在日益增加，需要国际协议来确定，超过一个主权国家地理实体的命名和选名的原则文件，否则就会导致混乱。特别是海航事业的发展，海底、海上地形要素名称的国际标准化对加强航行安全，以及交换海洋科学资料是很有必要的。会议要求地名专家组研究海底、海上地形要素命名的术语及其定义标准化，并为将来发现确定和辨认出新的海洋要素而制定出国际标准化命名的程序、方针和原则打下基础。目前，已确定了一个供国际使用的海底要素术语和定义表。

（十）其他事项

第二节　中国地名标准化

中国地名标准化，表现在依法对各类地名进行正音、正字、正义及罗马化。

一、中国地名标准化内涵

联合国地名标准化会议认为："用本国官方语言或用其他语言统一地名的书写形式并固定下来"，即是地名国家标准化。国务院在颁发《地名管理条例》时，对地名标准化提出了现阶段的原则要求。对不标准化的"问题地名"，规定了清理程序。

二、中国地名标准化途径

为尽快推进中国地名标准化进程，已制订了多项措施。包括：

1. 建立了国家和县以上各级政府地名管理机构，配备专职干部做好管理工作。

2. 各级政府已制定地名法规，依法施政，并对相关部门进行协调管理。

3. 制定了各类技术性质的文件，提高地名管理的科学水平。

4. 普查、调查了地名状况，建立了各级地名档案，施行地名数字化建设。

5. 编辑并出版了地名词典、地名录、地名志、地名图等，推广标准地名。

6. 设立了地名标志，使标准地名社会化。

7. 加强理论研究，办有学术刊物，推动着地名标准化的研究。

三、中国地名罗马化

使用汉语拼音实现中国地名罗马化工作已完成。汉语拼音的定型，中国人经过一百多年的努力，相关学科专家做出了历史性贡献。汉语拼音方案受到联合国地名标准化会议的肯定。

（一）汉语拼音方案

在发布《汉语拼音方案》伊始，有如下规定：

1. 用汉语拼音字母拼写的中国人名、地名，适用于罗马字母书写的各种语文，如英语、法语、德语、西班牙语、世界语等。

2. 用罗马字母拼写中国国名的译写法不变，"中国"仍用国际通用的现行译法（china）。

3. 在各外语中地名的专名部分原则上音译，用汉语拼音字母拼写。通名部分采取意译，或音译后重复意译。文学作品、旅游图等出版物中的地名含有特殊意义，需要意译的，可按现行办法译写。

4. 历史地名，所有惯用拼法的，可以沿用，亦可以改用新拼法，括注惯用拼法。

5. 已存在的以各学科术语注明的中国地名，过去已采取惯用拼法命名的可不改，今后中国科学工作者有新的发现，在定名时凡涉及地名时，应采用新拼写法。

6. 中国地名的罗马字母拼写法，改用汉语拼音字母拼写后，广播电视逐步一致起来。

7. 蒙、维、藏等少数民族语人名、地名的汉语拼音字母拼写法，另行规定。

8. 在电信中，对不便于传递和不符合电信特点的地名拼写形式可以做技术性的处理。

（二）汉语拼音字母拼写地名法

1. 用汉语拼音字母拼写中国地名的汉语地名按照普通话拼写，少数民族语按照《少数民族语地名汉语拼音字母音译转写法》转写。

2. 汉语地名中专名和通名分写。村镇名称不区分专名和通名，各音节连写。例如，黑龙江/省、通/县、台湾/海峡、泰/山、周口店、福海/林场、旧里、王村、西峰真、大虎山、大清河。

3. 汉语地名中的附加形容词一般作为专名和通名的构成部分。例如，西辽/河、新沂/河、潮白/新河。

4. 少数民族地名中的专名和通名一般分写。

5. 少数民族语地名中的通名和附加形容词，习惯上意译或音译的，或音译后又重复意译的，一般都按照汉语习惯拼写，意译的部分按汉字注音，音译的部分按民族语转写。

6. 地名的头一个字母大写，地名分写为几段的，每段的头一个字母都大写。

7. 特殊地名按个案处理。

8. 城市街道拼写按已制定的规则拼写。

9. 城镇街路牌地名汉语拼音书写形式，可全用印刷体的大写字母书写，不标注声调，但不能省略隔音符号。城市中街路牌，不用英文拼写。对外开放城市中的街路牌，也不用英文拼写，也用汉语拼音。

四、中国少数民族语地名标准化

少数民族语地名标准化，含：本民族语言的地名规范，地名罗马化拼写，以及前述汉字译写标准化3项内容。中华民族是由56个民族组成的和睦大家庭，是在长期的历史发展过程中形成的，各族人民在广袤的中国大地上创造了举世无双的中华文明。似满天星斗的各族地名，成为中华文化的重要组成部分。少数民族语地名的标准化，是一项政治性、政策性、技术性都较强的工作。做好这项工作，有助于各民族的团结，有助于民族之间的交流和融合，有助于商品经济的发展，对于国防建设和国家安全亦有着十分重要的意义。

（一）少数民族自治与地名融合

中国以汉族为主体，呈现多民族的大杂居、单一民族的小聚居，总体上呈交错分布的状态。少数民族人口虽少，但分布地区甚广。有广西壮族自治区、西藏自治区、内蒙古自治区、宁夏回族自治区、新疆维吾尔族自治区，还有满、彝、布依、朝鲜、纳西、苗、哈萨克、侗、傣等民族自治州、县，以及民族乡等。

在中国民族杂居的地方，地名称谓出现了一地多名或混合语结构等复杂情况。不仅存在一地多种"声音符号"形式，而且也存在一种通用的"声音符号"形式，被几个不同语言的族群共用的现象。当然，在此着重指出的是，汉民族其实并不是单一的胞族形成的，而是在历史上出现过几次大融合的结果。因此，在识别地名族源的时候，要注意民族融合的历史。汉文化属于中华各民族文化的集合体、融合体。汉语地名中存在着多民族语言成分，是民族融合的衍生品。春秋战国时期，南北朝到唐朝，从五代十国到明朝初，有过三次中华民族的大融合，以及到清朝末代满汉族之间在习俗上已经是满汉一家了。汉语的形成，有其特定的历史环境和历史原因。也可以说汉族是诸多古代民族融和的结果。汉民族与少数民族，有着千丝万缕的联系，是中华民族共同繁荣的一种文化体现。

（二）少数民族语地名识别

对少数民族语地名的识别，目的是复原历史面貌。通过对地名词的结构识别、字义分析、通名判读、区域认证等方法，来确认地名的语言归属。另外，地名是语言集团约定俗成的社会产物。因此，民族语言集团是否与地名的产生历史时期同步，是判定地名语源的根据之一。由于各民族混居，常发生民族语受汉语影响而发生的记音字的演变，如"蒙古族汉语"、"朝鲜族汉语"、"藏族汉语"等。还要考虑汉语和少数民族语受方言的影响，而发生的汉字形的演变，以及口语变成书面语后的演变，因翻译不同出现的字形变异等。

在中国存在用汉字注写少数民族语地名情况，此时要区分为音注和义注两类。原少数民族语地名，有一些汉字音注，大体上保持了原民族的语音流，并可以确认"音"的含义；还有一种是译义的方法，汉字地名与少数民族语地名发音完全不同而含义相同，是"义注"的形式。除这两种形式之外，还存在着音注为主而发生"音变"的情况，或者半音注半译义的情况，或者地名是两个以上民族语的融合后又发生"形变"的情况。这些在地名标准化中均为留意之处。

在出版的地图上，少数民族语地名都以汉字注音（汉字译写）方式出现，这种译写在技术层面上需要标准化处理。诸如，一名多种的汉字译写；大量重名和一地双名；半音译、半意译；注音汉字选择不当，汉字有歧义等。这些在地名标准化中，均属于要解决的技术问题。

（三）民族语地名汉字译写原则

用汉字译写少数民族语地名，是加强各民族团结和促进民族交往的必然，要从有助于民族团结和民族之间的交往出发，站在共同繁荣的角度，正确处理少数民族语地名的译写问题。

1. 名从主人的原则。《中华人民共和国宪法》第121条规定："民族自治地方的自治机关在执行职务的时候，依照本民族自治地方自治条例的规定，使用当地通用的一种或者几种语言文字。"1980年全国民族语文科学讨论会制定的《我国民族名称拼写法》，亦重申要"名从主人"。

2. 稳定的原则。大多数少数民族语地名的汉字书写形式已约定俗成。这些地名是历史形成的，应当以历史唯物主义的观点正确对待。汉字译写虽然不十分准确，属于"可改可不改"的译名不要改，因为地图与资料上已用过的汉字地名，周围群众已经习惯了，改了不利于交往。

3. 便宜的原则。少数民族语地名的汉字注音，要注意易读的原则。少用生僻字。为避免汉字重名，就不必非要"同词同译"了。

4. 制度制约的原则。诸如，污辱性质的地名、不利于民族团结的地名，在边界地区用外国地名，以及把原来居住国的地名带到中国的新住地的地名，都要进行标准化处理。

5. 音译为主的原则。少数民族语地名的汉字译写以音译为主、意译为辅，力求做到规范化。由于各种语言在发音上的多样性和复杂性，采用一种文字译写另一种语言文字的地名，只能达到读音近似的程度，不可能做到国际音标那样准确地表音效果。况且汉字表音功能稍逊，因此，所谓音译也只能是表音近似而已。无论是人文地理实体名称，还是自然地理实体名称，以音译为主、意译为辅为佳。个别的通名，是采用音译或意译视具体情况而定。

（四）少数民族语地名罗马化

国家有关部门制订了《少数民族语地名汉语拼音字母音译转写法》（简称《音译转写法》）。

1. 音译转写法。《音译转写法》是"音译"和"转写"的有机结合。即当被转写地名的语音与文字读音基本相同时，进行转写，为文字形式的转变，这时重"形"轻"音"。当文字和口语脱节时，则按口语的读音进行音译，这时从"音"舍"形"。

2. 音译转写的地名读音。汉语字母的读音在音译转写时，由于不受汉语音节的限制而可以灵活运用，这就产生了如何念的问题。通常按照字母或字母代表的音素去认读。

3. 民族名称的拼写。为了统一民族名称的罗马字母拼写形式，1980年1月第3次全国民族语文科学讨论会上，制订了《中国各民族名称的罗马字母拼写法》。1982年对该拼写法略做修正，由国家技术监督局正式发布，作为国家标准。

第三节 地名命名与更名

地名的命名、更名，是地名标准化的中心议题。《地名管理条例》是对地名命名、更名的制度管理的规定，是几千年的"约定俗成"命名方式的结束。"地名规划"的实行，为地名文化的提升打造了新的平台。至此，初步实现了地名管理前瞻化、地名命名、更名程序化、地名文化保护可控化。

一、地名命名、更名的基本原则

地名命名、更名的基本原则，可概括为政治原则、单一原则、稳定原则、科学原则。

（一）政治原则

1. 政治原则。主要为主权至上原则、民族和谐原则、凝集群众共识原则等。地名事关国家领土主权与尊严。因此，凡是在两个国家边界条约上涉及或已记述的地名，不能随意更名。在边界地区要慎重处理外来地名和民族语地名的关系，同时要维护民族团结。地名用字及含义上，应当是有利于民族团结的、利于宣扬先进文化的、利于爱国主义的。应当迅速剔除违背地名法、丧失国格、崇洋媚外、庸俗的地名，更要严禁此类地名重新出现。在边界地区的地名状态，极其多样而复杂，涉及外事。以两个国家界限为例，就有习惯界限、传统界限、条约界限、争议界线、实控界限、主张界限等，在不同界限内的地名，在使用或标准化中，要十分注意。中国有些地名用了帝王名号，多数是不能改的，如永乐群岛，标志着主权。不能认为，使用了帝王年号就是给封建帝王树碑立传。历史就是历史，要正确对待。

2. 工具原则。地名是为全社会服务的，且具有公益性和历史延伸的特点。地名人人要用，无论是什么阶段、什么观点的人，特别是在对外开放和实行"一国两制"的情况下，地名的含义就更需斟酌。地名是时代的产物，如何处理一个时期的政策和政治术语与地名的关系，依然是个十分棘手的问题。因为，地名的社会特点，要求含义具有普遍性的意义。通常具有较强时间性的流行用语，会随着社会的发展变化而变化。因此，越是时代性很强的词汇，越是不能随着历史的延伸而始终保持词义永久性的公众认同。这有历史事实的感悟。

（二）单一性原则

"指位"是地名最本质的属性，任何一个地名都是排他的，要求具有唯一性。地名的重名，不符合一地一名原则，不便于使用。

1. 单一性原则的阶段要求。地名单一化，是个长期的任务，要逐步实现，在现阶段提出一个县、市内乡镇名不重名，是适宜的，亦是在为更大范围内的实现地名单一化铺路。在一个省内乡地名不重名，有的地方已提到议事日程。

2. 实现地名单一化的方法。地名的命名、更名，是创造性的劳动，要注意避熟忌俗，力戒陈陈相因而没有特色。比如，"北极村"就很有特色，反映了他在中国最北部的位置和日照特点，则无熟俗之嫌。"山海关"这个名字起得好，说明"山海锁钥无双地、万里长城第一关"，既通俗又雅致，可谓命名之精品。有的同志讲山、海、关都是通名，然而在这里已专名化了，做得很精当。地名命名要有创新意识，但要"靠谱"，不能忘祖。地名雅化，是使地名实现私名化，不是"西化"。

（三）稳定原则

地名有着继承性的特征，地名产生后，就成为地理、历史、民俗等诸多信息载体，包括情感记忆。人们对童年家乡的人们、环境、故事都终生难忘。因此，保持地名的稳定是众人所愿。然而，地名的变动是无法避免的。在《地名管理条例》中规定了"保持地名的相对稳定"。又说："……可改可不改的和当地群众不同意更改的地名，不要更改"。这里说的"相对"、"可改可不改"包含着不排除一些地名会更名的现实。中国地大，地名多、语言复杂，有民族语，又有方言；各地民风民俗不同，对一些事物的评议标准、口径不一；历史悠久，有些地名存在几千年；大多数地名所赖以约之成名的因素极为复杂，加之历史的原因，成名之始的含义极其多种多样。这些特点能带来质疑地名含义的理由，从而在地名标准化中申请更名。加之城市建设，要求地名功能最大化、地名文化板块化、地名呈现网络化、层次化、序列化的结构，使用便宜化，对地名进行些许调整，亦是难以避免的。

（四）公众认同原则

科学原则旨在提高地名内在的科学要素，把地名管理作为系统工程，引进当代科学的先进理念和观点，使地名命名、更名实现制度化、规范化。公众喜闻乐见，是对地名意义的要求。通俗讲，地名词要叫起来顺嘴、听起来顺耳、讲起来有趣，引人遐想、耐人寻味。不仅含义稳妥，特点突出，且排列有序，好找好记。应当说，地名能好找好记为第一位的科学性标志。地名含义以中性词汇为宜，这种词义易被全社会所接受，又有易被历史延伸的优点。如，吉祥一类地名，属中性词汇，为历代人民所希冀。

（五）相关学科认同原则

在自然地名中的"山"、"山地"、"山脉"和"山峰"常常有设定解释。在水系名称中，湖没有量的标志，"江"与"河"、"河"与"川"（溪、沟）等只有习惯认识的制约。在地名和地理学类名使用上存在凌乱，常常起不到以名举实的理想目的，应逐步规范。

1. 在城市街路名称中，通名使用没有明确的区分，有时街与巷的使用也比较混乱，有的地方"街"与"巷"通用。实现地名通名层次化，需要多学科的共同努力，尤其需要地理学对地理通名的规范化。

2. 要做到词形的完整性，逐步研究制定和建立各类地名通名序列表。

二、地名命名、更名的科学观

（一）地名结构的层次化、序列化

层次与序列，是物质存在的基本形式之一，亦应是地名体的存在形式。

从理论层面，地名的通名不仅表示类属，亦应表示出在类属中的层次。当下，存在着类名层次不清的现象。

在自然地名中，通名的使用概括过度。如"湖"大者似海，小的似

"巴掌";河与沟、山与岗不分,十分普遍;岛的通名未形成科学的可量化的序列。故,通名表的编制,极具科学化意义,亦是地名标准化深层次工作。层次与序列的概念,亦适用于地名专名的命名思考。在设计地名文化板块的时候,由上而下地进行。

（二）地名文化意义的板块化

过去地名命名、更名,多是跟踪式命名方式,意在区分,难以促成区域之间的地名文化意义认同,存在地名含义的离散状态。新建一条路,跟踪命名一条路,此类名多处于单体意义状态,缺失整体文化意义效应。这,可形容为地名意义碎片化。

河北省廊坊市对地名命名采用整体命名形式,较好地体现了地名文化板块化。示例如下:廊坊市为地级市,地处北京与天津之间,已建有四个开发区,对三个新开发区百余街路进行整体化命名,在指导思想上,注意使地名文化创意区域化、层次化、原创化,建立市地名文化网。不仅使街路名成群结队,模样有异,好找好记。又注重乡土化与时代化结合,创意中导入当地民众的情感世界。全市地名文化定义为:"和谐廊坊、龙凤呈祥、人杰地灵、繁荣富强"。廊坊市南有龙河、北有凤河,并流传着"龙凤呈祥"浪漫而动人的地方传说。"龙凤呈祥"不仅有着中华文化传统继承,且具有浓郁地方特征,故地名规划命名时,分为南部"龙"字文化板块,北部"凤"字文化板块,东侧"繁荣"文化板块。在命名时考虑与城区老街名意义对接,"南龙"与"北凤"路均设计九条,"九"为大,有至上、至高、至尊之意。与原城区"祥云"路相接,又与龙凤相配,在选词时注意语音平面、语义平面、字形平面的受众与美感。云"龙腾"、"凤舞"、"龙盘"、"凤和"等。"龙"、"凤"片配以生存要素,"龙"配云与水,"凤"配以园林与鸟语花香,使"龙腾凤舞"一片祥和,构成地方化又传统化、精英化、公众化的地名文化板块设计。

（三）地址谱系的一体化

为全社会提供自然人、法人的准确地址、住址,应视为地名人的主要任务。使每个人身份证上住址准确、易查找,应该是地名管理部门的责任。当下,身份证上的地址多是派出所民警同志编的。这些地址编码在全国缺乏统一规范，尚有待科学性的提高。另外，亟待建立住址信息库。

在"营业执照"上的地址，多数为自报，并未经政府部门的认定。注册地址造假，或注册后又迁走，出了事情找不到企业和企业法人的现象时有发生。这应当认为是管理的缺失。地址的备案制度当成为地名部门的一项日常工作。

地址与住址编码，是一项科学性很强的工作，楼号、单元号、住户号如何编，看似简单其实不简单，地名部门应负有指导之责，应出台"地址谱系一体化"编制方法，令全国统一起来，并在网上公布，做到最大限度地好找好记，为社会治安将起到积极作用。

三、地名更名的思考

（一）更名不会终止

其一，2011年8月，各报登载了安徽省巢湖市撤销的消息，原辖区、县一分为三。这种行政区划的变动，绝对不是最后一次。政区变动会时而运行。

其二，少数民族语的汉字译写，亦处在变更之中，2004年与2009年西藏自治区民政厅编的两版本的行政区划简册中，乡驻地汉字译写名中变动的约几十处。尽管多为同音汉字替代，变"形"同样是一种名称改变。

其三，部分地名表层意义存在异议，常常因此要改名。如某县所属乡中有个名叫"半截沟"的，在招商中引起非议，"半截"难成功，从而引起更名动议。

除此，因发展旅游产业的动因，一些市县申请更名，以"名山"、"名水"、"名湖"、"古迹"、"景点"等变更行政区划名称，一度成"势"。

综合上述，地名更名之事，还会时紧时缓地出现，一律禁止不可能，一律放行不可取，需要管理部门的智慧与节奏。

（二）更名的历史经验

1. 汉代王莽改名之教训，极为深刻。公元九年王莽建新朝后，大改汉朝地名。实行双字名禁，提倡单名时，地名深陷其中，加之用字之禁，有些地名一改再改，县、道、侯国等政区改名者730余处。郡、县改名者达五成以上。为此，官员叫苦连天，百姓怨声载道。这是历史上最为引以为戒的更名教训。

2. "文化大革命"中，地名红化，自然村番号化，地名文化遭受严重损害，导致人民群众意见很大。

四、地名更名与地名文化保护

地名，既是一种文化形态，又是文化的载体。因此，加强地名文化建设，不仅是地名学亟待开发的新领域，而且是提高地名标准化水平的治本之策。

（一）地名文化的界定

地名文化，主要研究地名语词文化和地名实体文化，这两个层面又构成相互作用与影响。地名语词文化包括地名语词的读音、文字书写（译写）、由来含义和所指代的地理实体的位置等要素，加之地名语词形成、演变的历史沿革涉及的相关知识。地名实体文化内涵，包含了它所承载的历史文化、地理文化和乡土文化，既有物质文化又有非物质文化元素。地名语词文化，主要属于语言文化范畴，是地名文化的外延。地名语词文化和地名实体文化，是相互依存不可分割的统一体，二者构成了地名文化的全貌。故地名文化是一个广义的地名范畴。综上所述，中国地名文化，是以中华民族为创造主体，以地名为载体，在中华大地上伴随着民族文化的形成发展而形成发展。历史久的地名，多具有鲜明特色和丰富内涵，成就了世代相传的地名语词文化和地名实体文化体系。地名的"脸谱"不只表现地名体初始状况，含历史延伸。

（二）地名是民族文化遗产

第5届联合国地名标准化会议提出："地名是民族文化遗产。"这为地名文化遗产作出了基本界定。中国历史悠久、幅员辽阔，古老地名之多、文化内涵之丰富，堪称世界之最。

地名是社会历史的产物，每个古老地名形成、演变的历史沿革，都与中华民族的历史进程相伴而行。所以，每个古老地名都记录了一段中华民族的历史。地名是地理要素，它在一定的自然环境中形成，并伴随着自然环境的变迁而改变，因此地名的命名更名又揭示了所处自然环境的特征。所以，古老地名记录了自然环境的变迁和先民利用自然、改造自然的进程。每个古老地名都沉淀了深厚的文化内涵，见证了一定区域传统文化形成、演变、发展的历史文脉，揭示了所处地域文化的靓点。所以，古老地名记录了中华民族创造的文明成果。每个古老地名世代传承，沿用至今，不仅是传承中华传统文化的载体，而且是记录历代政治、经济、文化建设的载体。所以说，古老地名还记录了中华民族苦难史和奋斗复兴的进程。

综上所述，古老地名不仅是见证中华民族历史的活化石，而且是记录中华文化的载体。地名确是宝贵的民族文化遗产。地名文化遗产，具有文化的传承性、文化表现形式的多样性和多种文化遗产元素的兼容性，有鲜明的非物质文化遗产属性。因此，在联合国第9届地名标准化会议上，联合国教科文组织驻纽约代表发言时，提出"地名属于非物质文化遗产。"据此，联合国第9届地名标准化会议作出"地名属于非物质文化遗产"的决议，进一步肯定了地名文化遗产的非物质文化属性。

（三）地名文化遗产保护工程

由于社会上对地名文化缺乏认知，地名文化遗产保护的意识淡薄，因此对古老地名随意更改和废止的问题时有发生，且屡禁不止。一个古老地名的消失，就失去了它对所指代的地理实体承载与传承历史和文化的功能，这就意味着一个地名文化遗产的毁灭，就是对中华文化资源的破坏。因此，关注和加强中国地名文化遗产的保护势在必行。中国地名研究所会同联合国地名专家组中国分部，于2004年启动了"中国地名文化遗产保护工程"研究工作。鉴于县级政区设置历史悠久、文化底蕴深厚，是中华文化的基本单元，故率先开展了"中国地名文化遗产—千年古县"的宣传与保护活动。摄制大型电视文献片《千年古县》，在国内外广为播放，以此增强全社会的保护意识。

为了规范有序、逐步推进，对各类地名文化遗产分类、分批地加强保护，建立科学有效的管理保护机制，民政部组织编制了《中国地名文化遗产保护总体规划》和《中国地名文化遗产鉴定标准体系》，使中国地名文化遗产的研究与保护纳入科学、有序的轨道。

中国地名文化遗产保护活动进展顺利、成效显著。得到了国内有关领导和专家的关注与支持。中国代表团借参加联合国第24届地名专家组会议和第9届地名标准化会议之际，通报了中国开展地名文化遗产保护活动的情况，提交了《中国地名文化遗产保护总体规划》，得到了联合国地名组织的高度评价与积极支持。认为中国实施的地名文化遗产保护工程和编制的《中国地名文化遗产保护总体规划》，是"令人关注的力作"，对于世界地名文化遗产保护活动，具有重要的借鉴意义。在第25届联合国地名专家组会议上，评价中国地名文化遗产保护活动"作出了令人惊叹的成就"，并决定将《中国地名文化遗产保护总体规划》列为世界地名文化遗产保护的重点项目，予以关注和支持。受此鼓舞，有些市、县在地名规划中，同时列入了地名文化保护项目。

第四节　地名标准化导向

地名标准化是个历史过程。新地名不断发生，老地名不断变化，地名标准化在"化"中难以制定可以量化的标准，仅靠公权力难以制衡；又因地名音义平面形态各异，命名思路始终处在变化进行时，只依靠公权力的"管"很难提升。因此，地名标准化的导向，不仅必要，而且必须。

一、理念导向

在地名标准化过程中，处在不同位置的人们，想法是不同的。或者说，不同的"脸谱"，常常决定思路和行为方式。多数地名词难以判定对与错、是与非，各有所爱，你中有我是常态。

（一）公权力使用，重在服务

1986年国务院发布《地名管理条例》，确认了地名管理部门的公权力。维护、促进了传统类地名标准化。由于地名管理"九龙治水"，各方面出手干预缘故，地名乱象禁而不止。地名标志上甚至出现英文、日文，各行其是一些实体命名等，又缺乏"执行权力"的授权，管理权的使用受阻。有些地方紧紧抓住"服务"这个主题，而展示自己的健康有力，取得了公信力。故地名管理主要是服务社会、服务公众。事实证明这是一条宽广光明之路，最为畅通。

1. 组织相关部门一起，建立有效力的住址、地址信息库，扩充地名档案。积极建立声讯地名咨询系统，服务社会与公众。

2. 编印并提供使用城镇街路巷地名录以及地名图等。

3. 努力实现地名标志社会化，经常检查修复已坏标志。

4. 积极引导并且帮助楼盘、小区命名做到含义健康，并协商建立地名与类地名命名的备案制度，提供"地址"编制的技术文件等。总之，要让社会感觉到地名人工作的存在意义和积极作用。

（二）"九龙治水"，重在协调

地名的"约定俗成"经历数千年，自由自在，自生自灭。城市现代化之后，地名管理进入了政府的视野，政府一些部门，在主管业务中涉及地名问题，顺势就管了起来。民政部管政区名，建设部管城市街路名，水利部管河、湖名，海事局管海岛与海底实体名，交通与铁道部管铁路、公路、线路名及站名，地理区名基本上是地理学家们的认识，楼盘、建筑物、构筑物命名则各行其是。不仅如此，地名主管部门，有的直辖市与省未设在民政而列在了规划部门，有的市门牌归公安部门……这种"九龙治水"的事实，可能会较长时间延续。问题是各部门中的地名工作，单兵作战，均难以列入重点工作，故建立全国地名管理协调机制，显得十分必要。通过定期化联络机制，工作上互相支持，技术上互相补充，学术上积极交流，才能产生小气候的暖流，将会有效地推动各类地名标准化工作。全国地名标准化技术委员会是进行各部门、各省市地名标准化协调工作合法而有力的平台。协调做好了，在地名统一管理的前提下，多部门协同管理可产生优势互补效应。

1. 了解各部门地名管理工作的成就、指导文件、工作规划、程序以及存在的各类问题。

2. 了解各部门对地名标准化的期盼与需要协调的相关事项。如2011年9月19日新华网发布信息，国家海洋局向国际海底地名分委会提交的7个海底地理实体命名申请获准。其中有鸟巢、徐福、温州、方丈等专名，明显含有中国元素，侧面体现了国家综合实力增强。然而，这些地名命名需要协调，建立统一的指导原则与规划。有必要共同建立海底、月球表层、南极等公共领域备用地名词库，并就命名指导原则达成共识。

3. 相关部门定期会议机制。以"会议纪要"形式，规范各类及特例地名标准化工作。

4. 不定期举办学术、工作论坛，加强地名标准化工作。

（三）地名文化提升，重在认知引导

地名产生之时，地名文化就相伴而生。中国传统文化中，把名正言顺作为信条，加深了对地名意义的重视。尤其在县名中引经据典之事，绝非个别。因为，地名天天见、天天念，是一种公众文化。地名命名文化，成为展示地方文化的窗口，或者说是一张名片。地名命名、更名越来越受到公众、精英、官员的重视。然而由于认识论的差异，命名思维常常千差万别。对地名文化的认知、优劣表现以及对地名文化的提升存在落差。问题的答案要从心理因素去寻求，进而从认识层面去引导。

1. 社会从众心理对地名意义的影响。现代西方社会学在研究某些事项的"定量化"与"实用化"的同时，出现了从宏观向微观发展的走势，这种趋势预示了注重对社会心理的研究。这种研究的某些理论成果，有着普遍的引导意义。地名命名、更名中的社会心理，往往起着中心的作用。

"社会心理"是一种广泛的社会现象，潜藏着一种强大的社会力量，左右着人们的行为趋势。把握这种心理状态并积极引导很不易，其理论含义又一直错综复杂，价值取向、审美情趣各异，社会影响大。无论中国或外国，无论是现实世界或者在历史上，许多社会学、心理学者和哲学学者都很注意研究它。人大脑思维从什么地方来、又到哪里去，似乎尚无公认的答案。

有学者认为，"心理是科学家最后靠山"。还有人认为，"心理"是一种"社会心"，是一种"集群精神"，是一种无理性的、不冷静的感情现象。并认为"集群精神"是独立于个人之外的实体。认为，一个人一旦进入集群思维模式，就会被"集群精神"所控制，进而失去理

智。与此相反，有些学者认为，梦、孤独、内向，不应从个人外部去寻找，社会心理现象不是存在的全部或唯一的依据，而应从个人内部去寻找，是"本能"的一种自然力。认为人都在本能支配下行动。虽然这多少夸大了本能的作用，但从行为者内部寻找社会心理现象的根据，使社会心理现象落脚在个体，有利于对社会心理现象的析解。

社会心理，首先是在社会结构中所处地位和作用下，受生产力的水平，以及被生产力所制约的经济关系的影响，是在一定的经济基础上建立的社会政治制度作用下形成的。或者说，一部分由社会经济地位直接所决定，一部分由全部社会政治制度所决定。总之，生产力、生产关系、政治制度的性质将一般地反映于人们的全部心理之上，反映于他们的一切习惯、道德、感觉、观点、意图和理想之上。此外，传统文化心理传承及异化、流行的情趣、时代精神、时代风尚等，是形成社会心理新概念。而家庭成员与生长环境等综合因素的影响，青少年时期的学习、生活、教育氛围，周围朋友素质等，对个人心理形成过程中影响之深不能低估。正是这种心理作用，形成了各历史时期的不尽相同的地名意义层面，反映当时公众主流意识，可以用地名讲历史，可以用地名分异区域，讲述由地名意义携带的人们不同的感觉、感情，风俗、习惯、成见、倾向，信念、情趣、动机、愿望、意志、理想、道德、风尚等。感情是潜意识，是意识活动与生理活动相并而产生的特性产物，情感甚至是更重于生理的因素。而理智则属于清醒的意识，所以才有用理智控制感情之说。社会心理对地名意义选择命名机理、选词等，有着潜移默化的影响。取名与民俗、取名与期盼、取名与审美、取名与价值取向均有关联。多数文化人取名，重传统文化中的兴国安邦、自强不息、厚德载物、建功立业、艰苦奋斗、勤俭持家等理念，以及在起名上期盼忠厚传家、诗书继世、吉庆有余、富而好礼、吉祥如意、幸福美满、积极向上等。总之，地名意义映现人们需求、动机、情趣、信仰、理想、期望、自我意识、价值观、人生观等方面的思考。多数人也普遍追求典雅、和谐、艺术、易读写、富民族时代精神等境界，从而表现出地名文化主旋律。这是民族先进文化引导的结果。

2. 地名命名中的心理活动。由于个人社会地位、经济状况、所受教育的不同，所在地理区域自然环境不同，以及性格、爱好等种种不同，在给地名以意义时，心理活动存在着很大差异，"人心不同，个如其面"，必然产生复杂的心理现象。

如果把名字喻为因变量函数式，那么心理现象就是自变量，每个人的自变量原因均很繁杂。y（名）＝f（x）（注：x为心理变量）。应当说，叫什么名，心理活动是主要因素。其中包括，从众心理与求异心理反复运用和交错作用。从众，易重名或平俗，创新出众，走偏了易忘祖叛道而"离谱"。

①从众心理。从众，是心理学术语，指为适应社会团体或相关群众的要求，而改变自己的行动和信念的过程。从众心理是普遍存在的，看邻居和身边的人过日子的人不为少。约定俗成是在"对话言语"的语境中产生的。说话人的各方相互影响，寻找支持，其结果是妥协的、变化的，因为在对话中含有质疑、反驳、认同、补充以及互相刺激。所以名称的文化结构和逻辑系统不很完整、不很严谨，有诸多的言外之意，考查彼此含意，缺乏开展性，是言语的最简单的初级形式。尽管如此，有许多用语是社团的，语言结构和信息认知与表述也是社团的。民族的、社会的从众心理的暗示，一直在信息传递和社会影响的潜移默化中起作用。这种从众心理，有时代流行文化、传统文化、民族心理、区域民俗等因素影响。因为传统文化理念不只在大书上，而且也在俗语、俚语、成语和童话故事里，在人们不经意的交谈中。有人说是沉积在血液中的永远抹不去的情愫，影响甚至左右着人们的起名思绪，常常构成一种定势。一般而言，"思维定势"是围墙，走出来不容易。

北方人用"窝棚"作通名，不用"那"字即此。又如希望过太平的日子，"平安"作地名分布全国各地，是《中国古今地名大辞典》中出现频率较高的一个字。这是"从众"心理在地名命名理念上的反映。

从众心理，是对是错、是好是坏，要具体情况具体分析。从众，除受文化、民风、风俗、世界观等影响外，"跟风"也是普遍的。近些年由于经济发展，一些人"显富"心理膨胀起来，尤其表现在楼盘地名上，诸如"富豪花园"、"帝王之都"、"王子之城"等。一些人将显富心理推到极致，有的与封建文化思维相衔接，在命名上媚外，确有为没落文化招魂之嫌。有些人是"无意之中"、"不知不觉"中做的，属于无意识的群体认知状态。这种现象更值得关注。

②求异心理。求异、求别、求变、求创新是一些人的必然选择。不愿意起相同的地名是与地名标准化吻合的。然而，有时候将求异心理极致，形成奇名、怪名，就不能赞同了。如表现在街路、广场名称用外国地名译写，有点不伦不类。尤其是洋名化，有些是不妥的。更为甚者，公然为殖民主义招魂，亡国不耻、以奴为荣，这些现象是"离谱"的。

地名标准化需要提倡正面的求异心理，追求审美情趣的上扬。均衡、对称、和谐的字形美，响亮、动听、韵律的读音美，因人、因时、因地的差异美，在近年来的地名规划中得到充分体现。

求异，包括起名中的激励心理、成就心理、满足心理、期盼心理等，这方面倒是很多的。诸如人杰地灵、济世安民、吉祥如意、崇文尚武、生活富足等意涵为名者应当允许存在，有些应予鼓励。求异，更多的要在家乡地域与历史事件、美好传说中去寻找。地域特点、人文价值等，是求异的富矿。

二、程序导向

程序，是保证公务人员正当行使公权力，亦是凝结社会力，维护公众监督权力的约束性措施。

（一）社会力凝结靠渠道

尊重公众对地名命名、更名知情权，在《地名管理条例》中已有条文，当下应疏通渠道，使公众的意见及时上达，有平台参与地名标准化的进程。公众反映地名命名、更名意见有方便表述的地方，且被证明重视有效。在监督地名命名、更名有程序上的保证。目前，多数地名人仍延续"一普"时的工作路线，地名调查亲自做，地名命名、更名亲躬，地名图志亲编，这已不是现代公务员的工作方式和行为方式。这不仅是因为地名公务员知识与能力状态存在缺失，包办事务全部的做法已不适宜。应主动调动社会力量，致力于渠道建设。

1. 设立面对面陈述意见渠道。各地名管理部门应设立群众接待日，定制值班人员，认真记述信访意见，并定期答复，尤其是"地名规划"方案讨论期间极为重要。

2. 召开相关人员座谈会。各地都有一批人士，关心地名标准化工作。尤其当地老教师、老邮递员、方志学者等，对地名极为关注。在

"地名规划"中，连续听取公众意见，是对社会公众的尊重。

3. 网上信息交换。宽带网为政府提供了联系公众听取意见的渠道。因此，地名命名、更名上网征集方案，或对已有方案进行"评头品足"，是简捷有效的方法。应当用心设计"调查问卷"的格式、内容及填写说明。有句俗语，"干活不由东，累死也无功"。谁是东家？是公众。故地名命名、更名，尽可能做到公众满意。

（二）专家参与靠位置

在全国第一次地名普查期间，语言、地理、历史、民俗等相关学者、专家以饱满的热情参加到地名标准化工作中，地名研究可谓盛况空前。全国多所高校开设了地名课，还培养了地名硕士生，出版了数百部地名典、志、图，不只地名专著问世，还有数百篇论文发表。究其原因，当时为学者们搭建了施展学术才能的平台。中国地名委员会成员有相关部委、专家参与，在各级学会中有专家职务，在大型地名词典（志）编辑委员会中专家为主角。专家在其"位"，自然谋其"政"。然而，在地名管理进入政府序列之后，地名研究气氛大不如前。原熟悉地名的相关专家因年事高而退出，年轻相关专家却没有相应平台施展才华。

1. 在地名主管部门主持下，建立地名标准化专家组。专家组中，有各部委主管地名专家，最好有知名地理、语言、历史、文化、民俗等大家加入。关于县（市、区）以上行政区域名称更名，应由抽签组成的专家组评议；设立地名学术语的制定和解释小组，提高地名标准化的科学含量；设立"地名规划"指导与审定小组，建立"地名事务所"并进行"地名规划师"的评聘制度，给项目真扶持。从而提高地名文化的整体水平，把"地名规划"与保护地名文化结合起来。

2. 设立地名标准化论坛制度。联合国每两年召开一次专家组会议，中国亦应两年召开一次专家论坛。每次立一个主题，委托一所大学或研究单位主持，委托知名学者作主题演讲，给学者位置，发挥专家的智囊作用，这样会使学术界关注地名标准化工作。

3. 提高《中国地名》的学术刊物水平。《中国地名》和其前身《地名丛刊》对地名标准化，一直发挥着积极的促进作用。目前，多种原因导致缺乏有分量的文章刊载其中，它的发行量也不理想。地名主管部门应予立"项目"支持。申明在《中国地名》发表有内涵文章，是公务员工作能力水平的展示，是各级地名档案等业务部门人员评定职称的一项成果。力求把《中国地名》打造成为地名标准化的"百花园"。

4. 定期召开地名学术会议。组织地名工作者、相关专家集思广益，深入研讨地名标准化有关理论，充分发挥智囊作用。

（三）共管地名标准化靠制度

现在铁路、公路、海岛、海底、河湖、月球、南极、地域（块）等名称，都由相关部委在管理。其中，不符合地名标准化原则的事例，不乏献身。而这些单位未参加国际地名标准化会议，信息未能共享。更重要的是，地名标准化的推进，应当有一个统一声音，加强彼此沟通就显得必要、必须。如果在全国地名标准化委员会建立协调制度，将有助于地名标准化，更有助于地名外交工作。

三、成果导向

样板，是有形的方向标，人们看到了"脸谱"，化妆就容易了。

（一）出版地名标准化成果

全国"一普"期间，各省、市、县大多有地名标准化成果出版。以国家为例，就有《中华人民共和国地名大词典》（商务印书馆）、《中国古今地名大辞典》（上海辞书出版社）、《中国历史地名大词典》（史为乐主编）、《中华人民共和国标准地名地图集》（民政部编）等。所有著作都凝结着成百上千学者、地名人、编辑等的辛勤劳作，这无疑推动了地名标准化的进程，充实丰富了地名学的理论研究。既然地名标准化成果如此重要，不应出版一次而绝版。地名在变化，新理论在出现，地名标准化应继续。实践证明，这些成果出版需行政"给力"。

（二）《地名规划》立项出精品。

在民政部、建设部的文件发布之后，许多市、县都搞了地名规划，实现了地名意义板块化、地方化、人性化，对整体地名文化提升起到了积极作用。地名规划是一项学术性较强的文化工作，应当推向市场，在实践中培育市场。一个优秀的地名规划成果，应当有宝塔式地名文化的设计，以及一个市区整体文化设计、分区板块设计、图斑文化设计、地名采集等，在设计创意中，有浓厚的地域性色彩，并和已存在的街路名有机结合。注重从地方志、民间故事与传说中汲取有益成分。地名采词反复精雕，有亲切感、美感，个别词有点神秘感、趣味感等。而这一切需要专门人才。公务员职责是管理，加之公务员轮岗制，很难做到地名学术深入。城市规划是请规划院做的，为什么地名规划不请专门部门做呢？地名规划、地名志编制、地名图编制等，应建立政府立项制度。

（三）推介地名标准化优秀单位

中国县以上行政单位都负有地名标准化的职责，各地亦都在努力工作。为鼓励先进、表彰业绩，在一段时间内推介优秀单位，对于推动全国地名标准化工作是有益的。

第五章　地名·语言

著名语言学家吕叔湘先生说，地名是语言学的一个小学科。地名，属于语言学的专有名词，是语言学大家族中一个成员。研究地名与语言的关系，首先要探索地名作为一种言语与语言现象，在生成过程中怎样受到语言规律的共性制约。哲学家艾思奇讲，"一切名词都是现实世界客观事物的反映"。地名在语词中属于专有名词，在专有名词中又属于地名词，具有语言的共同属性，同时又有自身特殊性，有着独特的发展变化历史。因此，需要用语言学的研究成果，来诠释地名言语与语言的音、形、义特征。地名学深层次的语言机理，要到语言学中去寻找，主动引进语言学的研究成果，地名学才能得到升华。语言本身，就是一种很复杂的社会现象，在语言变异、通行、接触、交际中，给地名以影响。尤其是在"语言和社会结构共变"（《社会语言学》陈原．学林出版社．1982）中，地名均有所表现。地名在语言中表现出的个性，是地名语言学的独特内涵。

第一节　地名属于语言学家族

汉语为中国国家主语，其发生、发展的历史是极为漫长的。它一直伴随着、帮助着中华民族走向文明。人一生下来，最先听到妈妈的爱语和唱儿歌，最早是学妈妈讲话，所以人人都在潜移默化中，不知不觉地就进入了祖国母语网，感受到汉语音义结合的结构美妙和造句的韵律，想逃是不可能的。因此，汉语地名就自然地从容地进入了汉语言的编码系统。人们难以避开汉语言的习惯性思维及行为模式。在汉语言中就包含着对世界万物的认识，而表述的言语流是汉语程序。

地名语言学的研究，首先是解读与认知现代与传统语言学的研究成果，进而研究语言学理论观点怎样在地名中的运用。包括，语言的发生、发展，语言的结构、语音、语义、语法、语用、语言与文字、语言与思维、语言与社会等。这种研究包括共时与历时两个概念。而社会语言学对地名语言学有更直接的影响，因为地名与语言一样，首先是一种与社会同步现象。语言与地名是伴随着人类社会发生、变化而发展的。

一、地名是语言早期的家族

地名，是人类有了语言之后才发生的，没有言语、语言，就没有地名词。那么语言是如何产生的呢？马克思主义认为，是人类在社会劳动中创造的。多年来，学者们围绕人类何时、何地又在何种情况下学会了说话这一课题，提出了假说。

汉字，是唯一存活至今的古老的自源文字。汉字的产生有诸多的传说。有人说汉字由伏羲氏发明，从《八卦》演变而来；有人说"结绳"是汉字之始，是神农氏所创造；较广泛的传说为"仓颉造字"。仓颉为人名，曾任黄帝的史官。"仓颉造字"说，先秦时期著名哲学家荀子提出过异议，认为"好书者众矣，而仓颉独传者一也"。《易经》说"河出图，洛出书，圣人则之"。推测，文字的形成经历了极为漫长的历史过程，是几十代、数百代先人聪明才智的累积结果。在黄河、洛河的山崖边发现过一些图形刻画，而附会成天赐的创造文字的蓝本。可见汉字经历过图形、图画、契刻等阶段的演变。当时进入表形的字符时，有象形、指事、会意三种情况。"象形"发展到"表意"文字，而"指事"文字是补"象形"之不足，"会意"文字的出现使汉字进入了新的发展阶段，随之出现了表示共同事物的词。个性事物的词，也许地名词就是此阶段产生的。后来出现的假借表意字符来表音的假借字，而一半表意一半表音的形声字的出现，给地名词的形式以深刻的影响。因为汉字从表意到表音，或者既表意又表音，使汉字成为独特的文字体系，也使地名词这一类成千上万的文字符号系统，相区别成为可能。由于汉字的音、形、义三位一体，统一在一个汉字中，故成为汉语地名的独特现象，而有别于非汉语地名的音、形、义的形式和内涵。

回眸千古华夏，中国汉字经历了甲骨钟鼎、又从金文到竹简绢帛，汉字逐渐线条化，繁衍出史蕴丰厚的方块字。汉字成为有灵性之物，不朽的物质形态，是千年文化思想奔流的大河，是精神家园的鲜卉。表现出对世界的渐悟，字符成为鲜活的人文精神，滋养着民之魄、国之根。地名中"山"与"水"的象形字，多么绚丽。尤其地名通名"京"，成为2008年的北京奥运标识"京"印。然而，字符数量日益庞大，单字逐渐发展，其数量已有五六万之众。汉字的基础部件约有560个左右，故而形成地名的音、形、义极为复杂，指事、象形、形声、会意、转注、假借等 "六书"，亦都作用于地名词中，造成地名用字的难认、难读、难写、难记。地名大多以形声字为主体，如江河中的"水"旁、山冈中的"山"旁、聚落中的"邑"旁等。

地名词，推论应是人类创造的第一批中的语言符号，可追溯到原始人类创造语言的荒古时期。那时候，原始人类劳动、生息、繁衍在辽阔的大自然中。在茂密的山林中采集野果、狩猎，以岩洞为居，借以避风寒、防野兽、储存食物。在布满鹅卵石的河滩上，是他们打制工具、武器的工场。原始的共同劳动和共同享受的社会生活中，要求他们彼此交流、相互呼应，以便顺利地从事各项活动，这样就决定了他们创造语言之初，是识别不同事物、识别不同地方、识别人物开始的。地名起源的另一个必要条件，在于人类对地理环境的认识。"人类的语言似乎是由最粗糙、最简单的表达形式发展来的"（《古代社会》摩尔根）。"根据用碳同位素C_{14}测定，（半坡遗址）汉字大约发生在六千年前"（《古代文字之辩证发展》郭沫若）。又据资料可证明，在语言产生的同一历史时期，人们已经对自己所生存的地理环境有所认识和选择了。目前中国发现的古人类文化遗址，大多分布在河谷阶地或靠近水源的山林间。这些选择都建立在人们对地理环境有所了解的基础之上的，此时有地域的称谓是顺理成章的。

对于人类最原始的地名词的表述形式，现在已不可能作出具体描述，但是可以做一些原则上的理解。由于当时语言简单、词汇贫乏，人们认识水平较低，语言也必然带有具体的成分，即表示具体意义的名词、动词出现较早，而虚词出现较晚，并且词汇的概括性较低。因此，我们可以说，原始地名还只能是一些简单的、粗糙的、以习见现象和事物命名的具体实指词，概括性的通名还不可能产生。这在一些原生态的地名词中，还能见到一些蛛丝马迹。诸如"孤榆树"、"高草地"、"上面"、"东坑"等地名词原生态古色尚存。无论如何讲，地名语言是信息的载体，情感的表述，理智的、逻辑的、推论的符号，古今统统如此。

地名是人类生产活动社会化的结果，人们对于社会化后的地名，要求也是多方面的。概括说来就是简便、易别、稳定、惬意。随着人类社会的发展，地名必须不断地丰富和完善才能满足社会的需要，这就促使原始地名不断地向前发展、演变，我们现在使用的地名，就是从这种原生态出发，经历了万里长征的漫长岁月，才逐渐发展演变成现在的模样。

二、早期已知的地名词

陈梦家先生认为，中国最早的文字约诞生于公元前2300～2500年之间（光明日报.1987年8月31日）。在已出土的甲骨文中，已有地名的记载，诞生在约公元前1300年左右。据传，"逐鹿"与"阪泉"是中国历史上传承下来的两个最为古老的较大地名。在逐鹿镇（今汤鹿县）尚存有轩辕丘、阪泉、蚩尤寨等古迹遗迹。据《中国地名史话》（徐兆奎著）记载，"逐鹿、阪泉是先民流传下来，后经记载的两个地名，真正见于当时记载的地名，则以奴隶社会的殷商王朝为最早"。根据1965年出版的《甲骨文编》中收集的4672个字，据陈梦家先生在《殷墟卜辞综述》中估计，"卜辞中所记载的地名约在500以上"。后来甲骨卜辞减少，青铜器有了发展，在著名的大盂鼎、毛工鼎上，均有地名的记载，它们较之甲骨文、铭文排列整齐。在先秦的货币上亦出现"东周"、"平阳"、"晋阳"等地名。在传说中的禹铸九鼎图上，已铸有山川形势、奇物怪兽。按其文有国名、有山川，有神灵奇怪之所际，是鼎所图也。在《禹贡地域图》（西晋初年）上，地名成为平面地图上的主要符号，地图成为展现地名与动物之间，以及河流、道路、山峦、聚落等主要地名体之间的相互关系的工具，强化了地名在社会管理、环境认知、军队部署等应用层面上的功能，使地名更加备受关注。

三、最早见到的区域名称

"九州"，是早期出现的地域名称，出现在《山海经》与《尚书·禹贡》书中。地理学界认为，《禹贡》是极其有价值的地理学早期名著，可谓是历史上的宝典。其实，这两部书也是地名学的鼻祖之作，是记述地名最多、解释较细的最早的两本地名志著述。在《禹贡》上记述了九州的划分，出现了较早的地域名称。《禹贡》全文约1200字，逐段充实而系统，简要叙述了山川的分布、贡品输送通道、设想的区域划分等。"九州"成为超时代的区域划分，影响深远，迄今仍将九州作为中原代称。顾颉刚先生主张，该书写作年代"是公元前第三世纪前期的作品，较秦始皇统一的时代约早六十年"。（见《中国古代地理名著选读》）《禹贡》把当时中原区域划分为九个部分，称为"九州"，名称为冀、兖、徐、扬、荆、豫、梁、雍。传，九州为禹治水后的行政区域，后被广泛使用。《尔雅》称九州为冀、兖、徐、扬、荆、豫、雍、幽、营等；《周礼》称九州为冀、兖、幽、扬、荆、豫、并、雍；《吕氏春秋》称九州为冀、兖、徐、扬、荆、豫、青、雍、幽。我们引述各种版本的九州之名，是想说"九州"之名的象征意义。这种象征意义极有价值。九州称谓不同，谁真谁假的讨论可以暂时在此搁置，这九州是否作为夏、商、周三代行政区划没有共识之前，可以认为是一种规划，因为终究在西汉曾改变了秦代创立的郡制，建立了十三州，这无疑是分州概念的延续。有了政区名，这在地名语言学中很有意义。

第二节　地名词结构中的语言要素

语言的建筑材料是语汇，是语言中"词"和"语"的总和。语汇的产生，既有任意性的一面，又有理据性的一面；既有普遍性的一面，又有民族性的一面；既有活跃性的一面，又有稳定性的一面。地名属于专有名词，具有语言言语中的某些共性特征，又有属于专有名词的个性。用复杂词组形式表达的地名作为专有名词，是地名与地名体一一对应的关系。单体地名通常并没有泛指的意义，地名词中其音、其形、其义等要素，有着独特的个性。

一、汉语地名词的编码

码，是一种符号，有连续与累积之功能。汉字可理解为"码"，一个汉字一个码，此点与拼音文字有别。编码，理解为语言规则；用码，按规则讲话与作文。人类为什么交流，是人与自然界发生了关系，人与人之间、族群之间发生了关系，为使行为更有效地交流，这样就产生了人们对现实的认识和语言表述的关系，有关系就有交流。沈阳先生在《语言常识十五讲》概括为现实·语言·思维现实的公式。"公式两端的两个'现实'不是一个概念。第一个现实是纯客观的存在，或者说，在语言产生以前就存在，它的性质和规律是通过语言对客观现实的认知，已能从无穷无尽的表面偶然性中找出必然性的规律，并说出'现实'是什么。'语言·思维'是联系两个'现实'的桥梁，它们相互依存，共同实现对现实的认知"。

第一个"现实"可概括为"编码"，一类现实现象结合"编"成语言的"码"，使之成为这类现实现象的符号。地名也是"码"，是一类符号的系列。如"市"，始为集市，今成为行政区域的通名—码，听"音"见"形"知其"义"。而"市"的意义，存在不同的语言环境中，或者说在上句、下句语言文字的搭配之中。如果有人就在纸上写个"市"，很难猜是什么意思。"码"的集合体成为"词汇"或"语汇"。语言不同，编码人使用的"码"亦不同。第二个"现实"可以说是"用码"，是用语言去认知现实，复原和揭示隐含于现实中的规律。用码也属于编码的范畴，但区别于语言和第一个"现实"的关系。人类创造语言是由于"用"，因此才有成千上万部各种小说。然而，说话时所用的"码"和遵循的语法规则是有限的。几千个常用的"码"（例如汉语约有1500—4000个常用字）就能应付日常的交际。至于组"码"的规则数量就更少了，现在语言学著作中经常谈到的就只有"主谓"、"述补"、"偏正"、"联合"等几种，各种各样的句子基本上都是这些基本规则的灵活运用。地名人曰"长白瀑布"，诗人曰"银帘挂前川"，水利人讲"松花江源"，属于不同编码。徐通锵先生做的"语言的结构框架"设计及说明，很有意义。"语言是现实的编码体系"，这个定义可以形象化地将现实与语言的关系表述为：语言与语意分层、词汇与语法契合（见《语言的结构分层》—114页）。

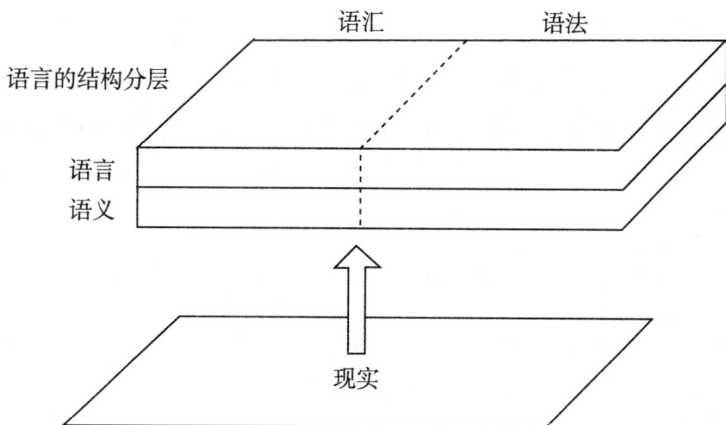

注：该图引自《语言学是什么？》11页. 徐通锵著。

　　这是一个示意图，大意为：语言的结构，纵横都可以粗略地各分两层。纵向两层是语音和语义，其中语义是现实规则直接的投射和临摹（iconicity），但它需要借助于语言才能表现出它的临摹状态和结果，音、义之间的关系是一种非线性的结构，任何时候它们都相互依存。图中的箭头意为语言规则是现实规则的投射或临摹，突出语言是现实编码体系的性质。语音、语义两层由实线分开，意为它们是界限清楚的两层；语汇、语法两者用虚线分开，意为其间的界限比较模糊、灵活，不同语言的特点在这里的变化最为清楚。两种不同性质的结构分层纵横交错、相互制约，即语音、语义及其相互关系寄生于语汇和语法，而语汇和语法的规则也受制于语音、语义及其相互关系。语言学固然可以将某一层次的现象抽象出来进行研究，但脑子里一定要有它与其他结构层次的关系的观念，不能将这一层次的现象绝对化，进行孤立地研究。地名的音、义结合语言形成的特殊性，表现在音、义结合语言形式，指代的是一一对应的地名体。例如，大庆市始名"大庆"，是庆祝此地出产了石油，既有一般意义上"大庆"语义内涵的运用，又有指代北纬45°23′～47°29′，东经123°45′～125°48′这块地域符号意义。因此，组词中的"大庆"，只作为地域语言符号时，就不再有一般意义上"大庆"的字面语义。

二、地名词的语音

地名词的读音，初始阶段有区域性的特性，受地方方言的制约，表现出历史时期的痕迹。因此，有的汉字有时是作为记音符号使用的，此时的音与义并非一体。地名的特殊用字，亦常有特别的读音，在通名与专名上均有表现。

（一）地名词语音表现形式

地名语音和语音一样，"由人的发音器官发出，用于人与人之间交际和表达一定意义的声音"。语音是人类语言的物质载体。地名在发生中多数是借助声音，这种感知的物质形态会进入交流状态。这个地方叫什么名字？为何如此称谓？这个名字的意义是怎样的？均是通过语音传递、接收、辨别来理解的。因为语音作为语言的载体，常与语言意义紧密结合在一起。地名在交流过程中，都是一连串声音，这些声音有自己独立的表现形式，分别为"音流"、"音段"、"音拍群"、"轻重音组"、"音节"和"音素"等。由于听到的是同族、同语音区域，就会自然地把声音表现形式跟语言文字系统的"字"、"词"、"句"相连系起来，并且会自然而然地对应起来（当然因为学识、听力等原因需要解释的除外）。在《东亚经贸新闻》（2008年10月8日）登载的一则信息称，新西兰有一个山名译成汉字后为471个汉字码，是由语音中的最大单位"音流"组成的。这种情况汉语地名比较少见。汉语地名在形成过程中也许是"音段"，即一句话，如"我去前边大院落的王大户老大家"，这个地名句子经过演绎变成文字后，也许成为"大王家"、"王大户"、"王老大家"等语音"节拍群"。在多数情况下，相对于词组的"节拍群"，常成为地名语音流。这里需要指出的是"节拍群"、"词"、"字"等，这三种都可能成为专有名词—地名，成为一种地名语音形式。而俗成后的语音形式和原语音形式发生变化，随之涵义也变了。"大王家"与"王老大家"、"王大户"等均指一个地名体，而字面意义并非完全相同。

（二）汉语地名的区域读音

汉字在世界现存的语言中，属于拼音前文字。它有许多长处，也存在一些不便。汉字是由象形文字的发展演变而来。在汉字形成中，是以象形（以形表义）、指事（"指点"方法表义）、会意（抽象表义）、形声（声符或意符）以及假借（同音代替）、转注（同意相授）等方法作用的结果。有的汉字有声符，有的汉字没有声符，这种汉字的读音，是语言第一次"约定俗成"，而地名是第二次"约定俗成"，初期并非政府法定，均是相约而成。无论是汉语还是少数民族语，都形成了不同数量的方言，由方言群体又形成方言区域。汉语就形成了几个大的方言区。在大的一级方言区内还有二级、三级方言区。李如龙先生在《汉语方言学》（高等教育出版社. 2005年版）中讲道："方言，俗称地方话，在中国传统中，历来指的是通行在一定地域的话"。方言的形成是语言差异的积累过程，这种过程是历史的、变化的。人们对于上古时期的方言认识是模糊的。《礼记·王制》说："五方之民，言语不通，嗜欲不同"。在黄河、长江流域就有多个方言区。人们熟知的广东话、福建话、上海话、四川话等都属于方言。地名的功用之一，在于保留了地名方言读法，保留了一些地名的古读音及分布区域。如在《越绝书》中，就记载了古代吴越地区的地名。《地记》朱余条云："朱余者，越盐官也。越人谓盐曰余。去县三十五里"。在古越族的语言中，"盐"称为"余"。在地名上保留了古越语的读音，留存了趋于消失的语言痕迹，这是极有意义的事情。例如，地域与族称"高句丽"中的"句"，读"勾"，不读"句"（ju）。

由于许多地名是口口相传、历代相因，在地名上保留了沿用至今的区域古读音。河南省的"浚县"的"浚"读xùn，《广韵》中反切为"私闰切"。然而，在山海关以北"浚"读jùn。在《普通话异读词审音表》中，地名异读字就有181个。例如，安徽省歙县的歙读〔shè〕；浙江省丽水的丽读〔lí〕，云南省的丽江则读〔lì〕；"圩"〔xū〕在湘、赣、闽、粤等地区称"集市"（古书中作虚），而在北方则读作〔wéi〕，这些地名上的多音字，对于方言和古音的研究是个例证。

（三）地名保留了同形异音

有一些地名读音反映了区域语言集团的读音特点。如"浒"读音各异，江苏省"浒墅关"中的"浒"读〔xǔ〕，江西省"浒湾"也读

［xǔ］，而河南省"浒湾"读［hǔ］。又如"堡"，河北省有的读［bǔ］，福建省有的读［bǎo］，东北多读［pù］。"岗"在词典中有两个读音［gǎng］与［gāng］，而在东北地名中却读作［gàng］。这是地名的例外读音。

"侯"［hóu］，福建省闽侯县读［hòu］。"埔"，广东读黄埔的"埔"为［pǔ］，而福建的西埔的"埔"读［bù］。地名不同的读音，可以作为语言学研究语流音变理论的例子。如同化现象（语流中两个相近的音，由于一个受另一个影响而变得相近和相同），异化现象（与第一种现象相反），弱化现象（强音变弱），脱落现象（音素脱落），增音现象（增加了音素，如儿化现象）。上述事例说明，地名在语言中有着自己的位置，发挥着自身的功能，这种功能有时是特例，也是不能替代的。研究"音"，在译写少数民族地名时亦很必要。

小区域方言古来就有之，所指的是汉语在相近地域的同一个汉字发生的读音变异。对于相同事物，同一个汉字的地域性读音差别极大，然而均属于汉语同源的语言分支。广东话、福建话，也存在小区域方言，同一个字发音不同，相同事说法不同。长居县"首占"，按字读sin tsieŋ，本地音tsiu taiŋ（含义为酒店）；厦门"集美"，按字读tsipbi bi，当地读tsin bə；何厝乡的何，读ua；华北各地张各庄、李戈庄、赵哥庄等地名中的"各"、"戈"、"哥"都是"家"的古读音所用的不同汉字。

（四）地名汉字注音

汉语拼音是地名拼音方法的法定记录形式。1978年国务院批准中国文字改革委员会等部委《关于改用汉语拼音方案作为我国人名地名罗马字母拼写法的同一规范的报告》，从此汉语拼音广泛使用。在这之前，记音方法出现过"直音法"（含"譬况法"、"读若法"、"组四声法"），通行于东汉以前；东汉之后发明了"反切法"记音，始用"声"、"韵"、"调"来拼读汉字字音，这种方法流行了两千多年；第三种方法到明朝末期方出现，民国初年开始使用的"注音字母"。1912年，中华民国政府教育部设立了读音统一会，开始审定国音和编制标准字母，1918年正式颁布了第一套国家法定使用的"注音字母（注音符号）"，创制了39个字母（其中声母24个，韵母15个）。其间或之后注音还曾经流行过邮电式、威妥玛式等拼音法。《汉语拼音方案》属于现代最完整、最为科学的方法，故得到了第三届联合国地名标准化会议认同，并作出相应决议。

在2011年8月16日《东亚经贸新闻》上登了一篇文章"陕西的拼音到底怎么拼？"作者指出："为与山西区分，陕西出现另一种拼法Shangxi"。这种拼法到底对不对呢？有关专家表示，正确拼法应该是"shanxi"；而陕西日报则是"Shaanxi，Ribao"；陕西省政府网亦为"Shaaxi"。此例说明，汉字注音问题，还存在规范的空间。

三、地名词的"形"（文字）

人类创造了文字之后，不仅使语言有了"听"的形式，同时有了"写"和"看"的形式。地名先有语音，后有文字之说更加鲜活起来。

地名文字的产生，是在有了文字之后，文字经历了发生、发展、成熟等阶段。地名的出现最早是语音的形成，在流传中会发生变异。因此，文字地名是口头语言（地名）演化而成的。地名在初始状态是不稳定的，在交际沟通中语音表述的地名也是不稳定的，不仅语音形式在变，有些表述方式内容也在变，因为对话中常伴随着话语情境、地方场景、手势语言以及语气的助述。因此，这些原生态地名难以一一记述下来传世。地名由口语形式演变成文字形式之后，会有一定变化，相对来说文字较言语形式稳定多了。当然，初期文字地名亦不十分稳定，主观、客观因由都有。据鲁迅先生文字起源之说，认为"有的在刃柄上刻一点图，有的在门户上画一些画，心心相印，口口相传，文字就多起来了，史官一采集，便可以敷衍了事"。说明文字依附于语音和语言，而文字则是记录语音符号的文字符号。地名语言（言语）是第一性的，地名文字是第二性的，文字是记录语音的，然而两者并非像摄影相片一样，是一种复制的产品。文字语言复制中，受同音字替代，或因听力、理解力的影响，使原生态地名常常发生变异，文字并非真实地记录着原语言形式，在记述中的错记以及随心所欲的现象是常出现的。

（一）地名词文字之探索

地名文字是记事图画脱胎而来的，图画性较强。如，山（凵）、河

（ꟿ）等。而山、河、洞等，是人类较早直接表示的事物。语言中的词是"声音＋意义"的结合体，所以地名在表形时，实际上在表"音"，同时也表达了"义"。一个汉字多为一个音节，尤其在古代汉语中，单音词为主体。初期的山、河、江等，都是实指的，并不具有泛指的普通名词性质。有资料上讲，初始"江"指"长江"、"河"指"黄河"即此。此点虽然尚存争议，但这种争议又多是指哪条河的争议，并非否定河名的单字阶段。单字地名说，事实是存在的，有其合理性。山、河、江等作为普通名词，属于高层位的概念，是人类文化进步之后的产物，说明地名类名不是开始就有的。

地名的"形"，是指地名词的文字书写。地名的文字当然是地名音、义结合体的记述，地名口口相传，变为文字记录，刻在兽骨上、铸在器物上、画在墙壁上，使一些地名信息能历史性的代代相传。

地名的音、形、义，存在着两种情况：一种"形"准确地记述了俗成时语言流，因此贴近了原形的音、义结合体；也存在"形"并未准确地记述原生状态的音与义，而只是记述了大致的情况；或用同音字替代，字面义改变了地名俗成中初始的语音形式和含义。地名中的"上面村"、"红白村"、"底堡"等即是如此。

地名用字反映了汉字形成的一个侧面，反映了"从土"的语源内涵。在汉末刘熙所著的《释名》中，载负了六篇《释地》。刘熙在序中写道："名之与实，各有义类。百姓曰称而不知所以之意，故撰天地、阴阳、四时、邦国、都鄙、车服、丧纪，下及民庶应用之器，论述指归，谓之《释名》"。在《释地》六篇中，共释地名用字约155个。其中，专名用字约48个，通名用字约107个，根据汉字"音近义通"的原则，对地名用字进行了"声训"。

1. 形似探源。湄，眉也，临水如眉临目也。

2. 特征探源。泽，下而有水，言润泽也。

3. 据意探源。涧，间也，两山之间也。

4. 据形态探源。川，穿也，穿地而流也。淮，围也，围绕扬州，此界东至海也。

5. 作用探源。洲，聚也，人及鸟兽所聚息之处也。

6. 非声训探源。山东曰朝阳，山西曰夕阳，随日照而名也。

7. 自然特征探源。扬州，州界之水，水波扬也。

8. 方位探源。河南，河之南也。上党，党为所也，在山上之最高之处曰上党。

9. 文字派生探源。都，国城曰都。郡，群也，人群之居也，在《说文解字》释为国君之旁，臣也。

在东汉许慎所著《说文解字》共收字9300余个，地名用字约450个左右，包括山川、侯国、州、郡、县、乡、邑、里亭、聚墟、关名等，大多做了语源学的研究。在释义的文字中，与《现代汉语词典》中同字义项变化较多。文字“形”的变化，读音的变化，语义也跟着变化，而地名的用字常常不能跟着变，这是地名的特殊处。地名“酱缸”是形容泥洼地、沼泽地的初始用字，故有些地名起源的记述很重要，要研究语境对地名因由的影响，仅凭字面解释“村中家家有‘酱缸’”，是要出错的。

（二）地名词特殊用字

地名中存在着非常用字。即生僻字、多音字、方言字、专用字、土俗字等。尤其是地名专用字，成为汉文字家族中的特殊成员。

新中国建立后，对于县以上地名中的生僻字改了一些。目前仍然存在一些生僻字或地名用字。在《现代汉语词典》中，就尚存在这类字。如，河南省郏县的“郏”，江苏省邗江的“邗”等。除此各地方还存在一些土俗字，这些字字典不一定能查到，是地名的特例。

同一个字，在不同的地方读音相异，形成地名的多音字。如，“垌”在广东、贵州读［dóng］，“合伞垌”（贵州）、“儒垌”（广东），是田地的意思。而在湖北省“垌”则读成［tóng］，如“垌琢”。一音多字的现象也多见，特别是少数民族语地名的汉字注音，此现象颇多。如“八音塔拉”，就有“八颜”、“巴音”、“八音”、“把音”等10余种。还有“圩”、“墟”、“围”属“义通形异”、“同义异形”，地名体相似，用字各地不同。

汉语的方言区，均涉及到地名的方言特殊字。如“圪塔”［gēda］指土丘，受方言影响，就有“圪鞑”、“圪旦”、“屹匿”、“屹胳”、“殇塔”、“疙瘩”、“疙疸”等多种字形，都属于地名的个案用字。

（三）地名词"简化"

地名初始语言形成，常常是不固定的、变化着的，有了文字之后，地名书写形式逐步稳定下来。这种"形"的相对稳定，又常常受通行语言的影响，甚至导致言语地名使文字形名（地名）发生变化。这种情况其尤在少数民族语地名和汉字注音的地名表现得较为普遍。因为，口头语（语言环境中交流中的语言符号）是用语音符号记录的语言形式，书面语是用文字符号记录的语言形式，文字符号和言语符号一样，只是一种符号或者说是一种工具，不等于是语言中的口语或书面语。汉字，一般讲有三个义项：一为书写记录语言的符号，二是语言的书面形式或书面语，三是词语或文章。那么在图画与文字之间，是否存在"文字性的图画"或"图画性的文字"呢？语言家们还在讨论。笔者推论，在早期应当有图画性质的文字地名，因为这种情况在山区、边缘地区还在流行，甚至在边防军战士交流地址情况特征时，经常使用这种"文字画"或"图画字"的形式。总之，音、形、义三位一体统一在一个汉字中，相拥在一起不仅成为了一种有独特魅力的"自源文字"，更何况地名词成为语言的合唱队员，而且声音比较高吭。

在地名俗成中，已有共同认可的字形，而后由于多种原因，在一些书中又出现繁化和简化的现象，使地名用字复杂化了。如，"昆仑"复改写成"崑崙"，"九疑山"复繁化为"九嶷山"，"丰水"繁化成"酆水"，"合阳"繁化成"郃阳"等。有的还有"儿"化现象，在地名尾加"儿"或"子"，"二道河"繁化成"二道河子"等。有的简化，"韭菜园子"简化成"韭菜"、"久才"、"韭菜园"、"久财园"；东北地区早年存在的"xx窝棚"、"xx窝堡"、"xx窝铺"等，其"窝堡"、"窝铺"、"窝棚"在近一二十年出版的地图上很难见到，大都省略了，或以"屯"代之。所有这些均属于区别律与简化律使然，为互变相替代作用的结果。

（四）地名词与"六书"

"六书"即六种造字方法，为象形、指事、会意、形声、假借、转注。"六书"的理论在春秋、战国时期已有论述，到了汉代较成熟。

东汉许慎在《说文解字》中，将"六书"理论化，成为中国语言学史上的一部巨著。一是"象形"字，是把实物的外形轮廓勾画出来，文字"形"似实物，以"形"表"义"，看之明了，如"山"、"河"等。在《说文解字》里象形字不足400个，象形字是最早的一批字，由于字形写起来较麻烦，后又出现指事字、会意字、偏旁字等，这些字出现是一大创造，之后颇受青睐，这类字发展极快，后来居上成为兄长。如凡有"三点水"者均与湖、河、江、海有关。二是"指事"字，用指点的方法表示意义。这种指事文字，有的是在象形字基础之上增加一些记号，表明所指，"人"加一横为"大"，"大"再加一横为"天"等。有的指事文字属于抽象符号，如一、二、三、四、上、下、点、线（弧线）等，均属较抽象符号。"指事"字，在《说文解字》中只有120个字左右，而且汉代之后指事字很少出现。三是"会意"字，把两个或两个以上的实体形体会合起来，从它们之间联系或搭配上表示出一种新的字，这些字大多为抽象的意义。特殊地名用字当属云南原澂江县的"澂"字，意为有山、有水，重视文化，人民当家做主人。还有"囧"字（与地名有关），与之祖类。会意字是在认识到"象形"、"指事"等造字法之不足而发展起来的，其生命力很强，后来发展成为大家族。在《说文解字》中收录了1100多字，比象形、指事字多得多 。现通行的简体汉字或方言字多是会意字造出来的，如国、众、从、林等。四是"形声"字，由"形"与"声"两部分组成。"形"即形旁，也称形符与意符；"声"即声旁，也叫"声符"或"音符"。形旁原则担负着指类、指意义的功能；声旁，担负着表音的任务，亦即读音的功能。如沱江的"沱"等。用象形、指事、会意等方法创造出来的汉字不表音，只表意。然而，有些字无形可象，无事不可指，或无法会意、形声，因而出现另类地名用字亦属必然。地名用字总体上讲，是在上述三种造字法基础上发展起来的。形旁大多来源于指类，形旁时又转换成声旁，使造字较为容易。如"山"字，在屿、峰、岗、岖中，"山"字是形旁；而在汕、讪、仙、氙等字中，"山"成为声旁。形声字拓宽了汉字发展的道路，成为一种主流。然而，形声字在发展中出现变异，出现声旁和形旁没有一定的标志，形声字与会意字形式差别不够明显。存在左形右声、上形下声、外形内声（以上三种情形还时常位置互换）、形居一角

（声居一角）、形声拆开等多种情况。亦存在声旁读音变异，形旁会意转移等情况。甚者"省形"或"省声"，或者因某些字难写而大加简化，说是形声字，就很勉强了。因此，地名中出现专用字，还有一些地名用字有特殊读音，均属此例。五是"假借"字，是同音替代。有些口语中有这个词，而文字没有专用词，就借用已有的字来代替，此谓假借。例如："北"，原意是二人相背的背，后用于"北"，借而不还，"背"却要另造新字；"汝"原为河南省境内水名，后借用为第二人称。因此有人说，"假借"是不造新字而造字。在地名系统中，假借现象极为广泛，不仅出现了借字不还，本义被挤出现象；亦有造新字、赋新义，或者本义与借义并行的现象多处存在。六是"转注"字，《说文解字》中定义是"建类一首，同意相受。考；老是也"。转注字和本字声音相近。"形"相似、"义"雷同、"音"相近，成为解释转注字的条件。转注较之假借，可产生转注字。在语言学、文字学中，汉字的创制多为前四种，故有的学者认为，假借与转注不是造字法而是用字法。然而假借和转注在地名词中被广泛地应用，山名、河名、聚落名相互借用的现象俯首皆是。

地名文字是记录地名语言的符号，在发展中走过了"表形（象形）"、"表意（指示、会意）"、"表音（形声）"的三个阶段。在发展中，形声字作为主角出现，合体的会意字一出现就显示出旺盛的生命力。推论，作为语言指位的专有名词—地名，是造字活动的参加者，并同时跟进加入了"六书"的形成过程，尤其是假借与转注在地名词中，应用得淋漓尽致。

甲骨文、金文、篆书、隶书、楷书等，记述了汉字不同的历史阶段，楷书体之后，最大变化是简体汉字的创造和广泛应用。字体的变化均作用于地名的"形"，形变而影响原意的情况时时发生，究其原因可能与"六书"、"字体"相关联。在2004年之初，民政部地名研究所举办了"地名书法美术展"，以艺术的形式，再现了形体字的魅力，不仅丰富了地名文化之内涵，并且使地名走进了高雅艺术之殿堂。

四、地名词的语义

语义学已成为一个新兴起的综合学科，从哲学、心理学、人类学到语言学，阐述其形成与发展。英语semantics源自希腊semainein，原意为"表示"或"意指"。语义，一直是语言三要素之一。长期以来语言学家们对语义与词的分析极为关注，并且形成了传统与现代的分野，成为两大学派。现代语义学派提出了"义素分析法"及"语义场"的新观点、新理论，还有语境、变体、行为、前提等新的概念。有的学者提出的"命名说"与"概念说"理论，为地名学研究提供了新的管道。

（一）地名词能指与所指

地名语义大致分两类，一是指专名部分，二是指通名部分。专名部分用词极为宽泛、生动、多种多样。有的语义是对现实现象的抽象和概括；有的语义是期盼或情感的抒发和寄存；有的只是符号的意义与地名体信息；有的地名内涵并非都是相对应关系，常常并不对应，甚至无关。而通名部分，则是对地名体赋予语言事实中，所隐含的某种共性要素的抽象和概括。有的地名无通名，其意义常隐含在通用的地名词中，常常有稳定意义。

地名词的"能指"与"所指"，是语言学同质的运用，首先是语义的相同、相通与语言有共性，亦有个性。所说"能指"，指语言符号中能够指称某种意义的声音；"所指"，指语言符号中由特定声音表示的意义。这是瑞士语言学家费尔迪南·德·索绪尔提出来的理论。语言的基本结构单位是音、义结合体，音和义犹如一张纸的两面，有这面必然有另面，没有正面，也就没有反面。所有语音大多都是联系着它们所表达的意义。有些表层词义不显，如"玛朗"藏语意为"疑问"，"雅安"藏语意为"可怜"等，是译写中疏漏造成的。什么是基本结构单位的意义呢？就是和语音相联系的现实现象，在人们意识中的概括反映。这涉及音、义、物（地名体）三者的关系。按传统语义学观点，由词形与词义组成的词，形成一种符号，被用来起地名。在给地名体命名的时候，是通过脑中存储的概念为中介的。词义在时空上并非始终一贯之，而是经常处在扩大、缩小、转移、演变之中。词义并非仅有字面词典传统义项，还有其他符号意义，以及内涵、风格、感情、反射、搭配等意义。

例如"村"，古写"邨"，在汉语普通话中读cūn，意义是农村居住地。"物"就是现实中的自然村，不管人多些、人少些，是穷村、是富村，是山村、是平原村等，都是"村"。"村"可写作"屯"、"堡"等。而"村"的意义，则是对现实近似现象的临摹、摹写或反映，但它必须由一定的语音形式表达出来，这样它才能将现实现象转化为语言的"码"，人们才可以自如地运用它来进行交际。而提起安徽小岗村，则有农村改革从此村兴起的符号意义。一般的说，地名均有隐含意义，故着力弄清楚音、义、物三者的关系，是地名语义研究中的一个主要课题。能指与所指的关系可以简化为下图：

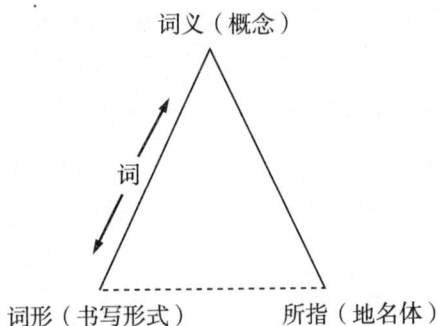

词义（概念）

词

词形（书写形式）　　　　　所指（地名体）

这里讲"能指"、"所指"的意思是，音和义之间的关系是由社会约定的，这种约定是俗成的。虽然也伴随着部分理据性的或行政推行的约定，但仍以群众认同为条件。即使是理据性的约定，也不全具有现代意义上的数量化、逻辑化的"理据"。总体上讲是近似的共识。上图表的双向箭头，表示它们的相互依存性。"义"是对现实现象的概括反映，它是联系现实现象和语音之间的桥梁，表示出语音与语义是共生体，发生声音同时伴随着语义。因为没有意义，即没有了对现实的某种反映。若如此，那么声音归声音，现实现象归现实现象，相互怎样建立联系？音、义结合的符号，也就是语言基本结构单位，用来指称现实现象，人们用这种能指与所指的系统符号进行交际。从信息论的角度来研究能指与所指，还有准确度、精确性与有效性的问题。正如瑞典索绪尔所讲："语言无论什么时候都是每个人的事情，它流行于大众之中，为大众所运用，所有人都整天使用它"。这种情景作用于人，自然因人而异。地名是一种"社会力量"的展示。在能指与所指中，由于在具体情景中对话，常常省略专名或通名，如"去河边"或者用临时称谓"去前条街"等。

（二）地名词通名义征

地名通名语汇意义，是对地名体现实现象的临摹、摹写或反映。字义或词义，就是和语音相联系的现实地名体在人们意识中的概括反映。"摹写"、"反映"或"临摹"的东西，是以客观实在性为前提的，但可以摹写得"像"或"不像"，甚至可以走样。为什么？因为摹写包含了参与摹写人的很多主观的东西，每个人的文化程度与生长环境不同，兴奋点与注意点不同，当然画的成果就不一样。"横看成岭侧成峰"，似乎证明了这一点。同一条河，这个人注意弯曲，起名"曲河"；而另个人注意河岸多沙，命名为"沙河"；还有人注意岸多石，名为"岩石河"等。同一个地名体景观，摹写的极为不同，这是个性化表现，是认知各异和注意点不同的结果，甚至还有"焦距"的远近等因素。

地名通名的"义"，较之专名的义，要单一一些。地名通名，属普通名词，概括性强，然而内涵的差异却很大。

首先，字义对地名体的摹写、反映的是一种抽象的、瞬间概括的认识，只管某一类现实现象的某些共同的特点，不管该类现象的各种具体的、形形色色的个性特点的表现形式。为什么？因为现实现象的个体是无数的个体集合的反映，这些个体在诸多方面是极为不同的。还以"村"为例，人们没有必要、也没有可能给300人村、200人村、100人村各设立一个符号，只能把在农村分布、人口在千人以下、以耕田为主业的这一个共同特点及现象归在一起，给以一个名称，统一叫"村"，使它与其他聚居体如镇、市等区别开来。所以"村"一类名称，在人脑中出现的图景并不相同或说极为不同。人们只能够把现实现象中特殊的具体的"村"，当做普遍的、一般意义的村。或者说，把复杂的东西当作简单的东西来掌握。概念，是人类智慧的展现，否则将无法交流。名称为什么具有如此神奇的效用？就是因为有字义的概括性魔法。还说"村"，现实世界里"村"的特质内容是不同的，有种田的、有种菜的，有以牧业、林业、副业为主的区别。除此之外，近年又出现了"城中村"、"工业村"等。2008年北京举办奥运会，建筑了"奥运村"，供200多个国家与地区上万运动员居住，这实际上是"地球村"，村长是全国人大常委会副委员长陈至立，这个奥运"村"就更特殊了。

"村"这个名称舍弃了诸多区别,只剩下能和城镇区别开来的"较分散的非工业的农村居民区"这个主要特点,而"奥运村"则是符号。谁见过"村"?只见到张家村、李家屯。"村"是个概念,在人脑中的图像千差万别,因为每个人见到或想象的"村"是非常具体的。所以,现实现象是图像的、特殊的,而语言里的字义是概括的、一般的、平面的,体现语言社团对现实现象的理解与概括认识。这里需要补充说明的是,"名称"这一概念的含义不仅指村、山、水、岛之类的事物,也部分反映她们不同形态、不同色斑之类的现象。总之,通名的字义都是概括的,体现对现实现象的一种分类认识。所以,概括性是地名词字义或词义的第一个重要的特点。

其次,地名通名作为一种语言,对现实现象进行概括反映的时候,不是零零散散地就事论事,而是有条理,自成一个系统。所以,系统性是通名字义的第二个重要的特点。比方说,地名体的现实现象如何进行编码?汉语义是先把握整体,而后再用组字的办法表达它的上与下属类。例如"山",它指称所有的山,而后用"山脉"、"山峰"等指称它的上与下属类。外语的编码方式与汉语不同,观察角度的差异会给语言的编码系统带来深刻影响,使语言的结构呈现出系统性、平面性的特点。汉字的"字",常常就是"词",一字一词一义的特征在诸多语言中表现出特别。如"塘",在闽粤地区指池塘,有向塘、塘上、塘下等地名;在吴语区,"塘"则指挡水的堤。清范奄《赵谚》书中说"塘,捍海提防也。……非储水曰塘也"。说明同一个汉字码常常读音与含义与字面意义不同。

第三,全民性,语言平等地为社会上所有的人服务。一个社会可以分为对立的阶级,不同的阶层和各种差异人群等。然而,语言与地名词,是公平的能一视同仁地为不同阶级、不同阶层、不同人群服务,也就是为全社会的所有人群服务,在语言面前人与人是平等的。然而,这个看似应无异议之观点,也出现过曲折。上个世纪的三四十年代,前苏联语言学的主流学派马尔学派,认为语言是上层建筑,有阶级性,不是全民的交际工具。50年代初,斯大林发表了《论语言学中的马克思主义》和另外两篇文章,后来编辑出版,名为《马克思主义和语言学问题》,确认了语言的全民性、没有阶级性的性质。过了十五六年,中国爆发了"文化大革命"，强调无产阶级专政条件下的"继续革命"，各个领域都突出阶级性。地名广泛地被赋予政治内涵，所有"白旗屯"改为"红旗屯"，其结果是，现在成为人们茶余饭后的笑谈。前面说过，现实现象是个别的、特殊的。据说，数以亿计的沙粒，而每个沙粒都不相同，而存在相同的地名体更不可能。每个村庄都有自己的模样，然而"村"的字义是一般的、扁平的、呆板的。而这"一般"的字义，又是用来认识现实中的"个别"的工具。不经过这种由繁到简的概括过程，字义或词义便无从形成，字或词也无法成为交际的码，用来指称同类事物中的各个具体的、特殊的东西。著名的哲学家黑格尔说过这么一句话："语言实质上只表达普遍的东西；但人们所想的却是特殊的东西、个别的东西。"列宁在摘引黑格尔的这句话时加了一个旁注："注意在语言中只有一般的东西。"（《哲学笔记》第303页）。这些话揭示了语言的一般性与人们所想的特殊性之间的辩证关系。正如家乡这个词，你想的是北京城区某胡同内"四合院"，他想的是天津某道里的欧式洋楼等。地名的义，俗成中是泛义的，因此强调"白旗"这一类词条的阶级内容，就和人们用它所指的"特殊的东西、个别的东西"去代替语言中的"一般的东西"一样，背离了语言的性质。不仅"白旗"这一类条目的意义是全民的、一般的，就民俗意而言，"白色的村"是表现某个少数民族尚白，"白城"地名是色的划分。即使像"革命"这样的条目，不同的阶级对一定历史时期的斗争，有不同的解释，似乎够"阶级"的了，但它的意义仍是全民的，因为"革命"总是指新的生产力用强迫力摧毁旧的生产关系和社会制度的斗争。如广东中山市是纪念革命先行者的地名，"辛亥革命"的"革命"就是这种方式的斗争。任何"符号"意义地名的存在，有其特殊的历史原因。所以，地名通名全民性是字义、词义的一个重要特点。在现实生活中，可能永远不会出现专为"富人"或"穷人"、专为"文化人"或"文盲"服务的专用地名。

地名通名的概括性、系统性和全民性，是从不同的角度抽象出来的语义特点：概括性着眼于语义与现实的关系，系统性着眼于语义的内部结构，而全民性则着眼于语言的服务领域。人们自然还可以总结出其他的特点，但概括性、系统性和全民性应该是地名词语义的三个最重要的特点。

（三）地名词引申义

1. 地名词的多义字。地名通名大多是单字，往往一个字在其产生之初，一般只有一个意义，人们称为本义。随着其运用范围的扩大，往往可以在它的基础上，又产生若干个新的意义，人们称它们为引申义或派生义。引申义的产生和人类思维能力的发展有关。语言是现实的编码体系，不同的现实现象之间存在着广泛的联系，只要语言社团借助字义所表达的现实现象的某一特征，而又与某些现象建立起联想关系，从而发现其间的某种共同的特征，那么就有可能用这个字去指称这种现象，产生新的意义，使一个字具有若干个不同的意义。如"钓鱼台"，是钓鱼时坐的一块平面石板，高于湖面，后成为北京国宾馆的名字，是一种借用并有隐喻。再说"村"，它的本义是"农业或住人的村庄"，后来又转为矿工居住区、驿站，以及转注成"村姑"、"村妞儿"等，这之后又派生出"兵营"、"老兵营"地名等。长春市中心小区名叫"南湖新村"，这类名是在意指安静如农村，隐含着一种意境。这是语言编码的一种重要机理，其实质就是力求以最少的或个性的语音形式，或颇具形象思维形式，去表达尽可能多的意义，使语言这种交际工具既经济又有效。

地名通名的本义，是一个字最初所具有的那个意义，是"实指"的，以此为基础而产生的延伸意义，常是非本义的。还以村为例，"村"与"山村"、"城中村"的意义，就是引申意义或派生意义。在语言的发展中，某一个引申意义由于常用，可以喧宾夺主，成为该字的主要意义、中心意义。本义和中心意义在多数字中是一致的，只有在少数字中相互间有矛盾。在字义系统中，本义或中心义是字的多义现象的生成基础，使一个字具有若干个不同的意义，形成多义字或词。引申意义的产生有现实的基础，就是不同现象与某一方面特征有联系。这种联系如何被用来作为派生新义的线索，所讲线索多与语言社团的生活环境、劳动条件、风俗习惯以及思维方式、语言成分之间的相互关系等有关，因而可表达同一类现实现象的字义。在不同的语言中，各有自己的派生和引申历程，呈现出不同的民族特点。地名"大酱缸"是低洼沼泽地的形象表述，是"酱"的两次延伸，一次为"酱缸"形容地势如"盆"，又一次形容"土地形态如酱"，再次延伸为"大"，"大酱缸"形容地域较大。在东北地图上这一名称多见。引申意义和它所派生出的意义之间存在着内在的联系，而由语言社团的联想，建立起来的事物之间的共同特征，则是这种联系的桥梁。派生意义就是顺着这样的桥梁，以本义或中心意义为基础，一步一步地引申开去。引申的途径大体上可以分为隐喻和换喻两种方式。隐喻建立在两个意义所反映的现实现象的某种相似的基础上。例如，汉语的"岗"，它的本义是"不高的山"（《说文》），而"平岗"是台地的运用，因此隐喻是字义引申的一种重要方式。换喻的基础不是现实现象的相似，而是两类现象之间存在着某种联系，这种联系在人们的心目中，经常出现而固定化，因而可以用指称甲类现象的字去指称乙类现象。中国在古代是瓷器的主要出口国，瓷器英文为china，现代演变成为"中国"的英文写法。这是一种换喻，将china指瓷器出产地中国，作为中国国家名称的符号或曰代称。人们对不同现象之间联系的认识是换喻的基础。工具和活动、材料和产品、地名和产品等，都可以在人们心目中建立起联想关系，从而可以使字逐步增加新的意义。汉语的"茅台（酒）"因产地而得名。国内外多数人认知"茅台"是中国名酒的符号，不一定知道"茅台"是产地，最早是地名符号。而今天"茅台"成为国酒的符号。这些都属于换喻的类型。再举一个网络用得很火的地名通名—"山寨"，原意为山区的村庄，网络赋予了它更多的含义。"山寨"一词源于广东话。是一种由民间IT力量发起的产业现象。其主要特点表现为仿造性、快速化、贫民化。其意褒贬均有。如今，什么都有山寨版了，仿制中山寨文化深深地打上了草根创新的群众智慧烙印。还有地名"囧"字，"囧"是近年来频繁出现在网络上的一个字，它有忧郁的八字眉，表情丰富的小嘴巴。它读jiǒng，与"窘"同音。在网络出现的频率和"雷"、"晕"、"汗"一样高，被称为"21世纪最牛的一个字"。聊天里动不动就"囧"一下，"土豆"等视频网站有了"一日一囧"视频，漫画有"囧"，写小说也有"囧"，有人开了"囧"博客，建立"囧"网站，有了"囧"国、"囧"民、"囧"币以及"囧论坛"，"大囧村"等网络论坛，百度贴吧里甚至还专门为这个字建立了"囧贴吧"。"囧"是一个会意汉字，同冏，在甲骨文中有这个字。关于囧的形义，目前有四种说法。其中，有地名说。"卜辞囧为地名，且多与米字同见"。这个字受捧，明显地反映人们在追逐着新奇与求异的心理。地名用字也这么有意思，成为网络用字，是得益于汉字型的独特魅力。"囧"字可谓是从几千年的古文化隧道中走过来的。一个字，通过隐喻和换喻的途径，可以增加很多新的意义，使语言能够用最小量用语，去表达尽可能多的意义。这样，在语言中就出现了大量的多义字。"简约"与"多义"轮换出场，是求异心理的结果。

2. 地名字的正义和反义。正义与反义是理解地名意义的支撑点，是板块文化的组成部分。同一个字常可以表示若干个不同的意义，形成多义字。但不同的字，也可以有相同或相近的意义，形成同义字与近义字。这是从两个不同的角度去观察字义的结构，前者着眼于一个字内各个意义之间的关系，后者着眼于字与字之间的意义关系。两者相互交织在一起，使字义呈现出系统网络。同义字，是指语言单位的语音不同而意义相同或相近。例如，北京西单北部有相邻几条街巷名"丰富、丰盛、丰厚"胡同等，就属于一组同义词，在共含褒义的同时有不同用字，而义素有细微的区别。"丰富"既可强调物质财富的数量多而富庶，也可用于经验、阅历的富足和感情的充沛，运用范围很广；"丰盛"指称数量多而显得非常充裕，运用范围比较狭窄，多用于酒席、水果等物质现象；"丰厚"强调数量多而厚实。不同的语言都有众多的同义字或词，而历史越是悠久的语言，其同义字词的资源也就越为丰富。其实"丰"与街巷地名体并不对称，没有直接的意义关系，这些名称之间并无实质上的共性。无论街巷的规模上，还是住户的富有上均无共性。它们的共性，表现为相邻的街路、相似的地名体特征。

不同语言的同义词系列，各有自己的特点，这是语义系统性的一种重要表现形式。汉语有丰富的同义字资源。如城郭，内城曰城，外城曰郭；还有另一种成系统的同义系列，这就是"富强、盛丰、厚实"等，这是又一种形式的共义，又一种类型的共义结构。在地名规划中用于共义地名群。现代汉语的同义系列是古汉语演变的结果，因而要了解汉语同义系列的结构特点，还须了解一点它的演化历程。

汉语早期同义的两个字之间往往受双声、叠韵的制约，用语音规律将它们"捆绑"成一对。请比较："奔"与"波"、"坎"与"坷"、

"估"与"计"、"祖"与"宗"、"流"与"利"等。这些均说明双字、声韵与字的同义系列的关系。双声、叠韵与字的同义字之间的结构规律，是同义字中的共同结构成分。这些同义系列，由于两个字同义，表达同一个概念，而语音上又有双声、叠韵的制约，因而随着语言的发展而凝固在一起，成为现在表达一个概念的字或词组。与正义的情况相左的还有一种反义。反义就是意义相反。如地名上的"大一小"、"左一右"、"东一西"、"舍一得"、"胜利一失败"等。汉语的反义字特别丰富、成系统，而且在发展中也像同义字一样，凝固结合在一起，而成为表达一个概念的字组，且在地名上经常使用。例如：乾坤、阴阳、宇宙、大小、左右、高洼、上下、东西等。

由反义字组合而成的字组，语义的模式与同义字组合模式是一样的，属于联合式复合词。同义和反义，一"同"一"反"，为什么在字组的结构中会有相同的语义模式？这是由于这里的"同"与"反"都属于同一语义领域，是共同意义范畴的两种语言现象，是对立的统一，是"同"中有"反"、"反"中有"同"。例如：最大的地名"宇宙"，"宇"指无限的空间，"宙"指无限的时间，它们在空间和时间这一点上是"反"的，但是在"物质存在的形式"（任何物质都存在于一定的时间和空间之中）这一点上又是"同"的。"东"与"西"两个字意义是"反"的，但在均指向上又是"同"的，仅仅是"同"中的两个对立的点，且经常转换位置。反观同义，情况与此相似，是"同"中有"异"有"反"，所谓同义字之间有细微的意义差别，往往就是这种"反"的具体表现。例如："城"与"郭"，首先是城，此点相同，但一是指外城，一是指内城，内外（城）有异。然而，在城市扩展中，外城又成了内城。同义字词之间含有感情色彩的差异，或褒或贬这种"褒"与"贬"就是"同"中有"反"的一种表现形式。所以，同义和反义的表现形式尽管有别，但语义关系的实质相似，是同一语义领域的两种表现形式，因而在汉语的发展中，它们遵循着同样的语义模式，构成并列式字组。这与汉语的字是单音节有关。

3. 地名词中专名的语义。专名部分语义常常是地名实指的义，而非语义泛指的"义"。鞍山市，"鞍山"形似马鞍的山冈名。后借注于聚落名、市政区名，此时这个"马鞍"与泛指"马鞍"的义已变了，不能解释为形似马鞍的城市，"马鞍"变成符号，且无市境描述意义了。普遍语言中的"音"与"义"是个结合体，人发出的流线型"音"，表达讲话人要表达的意思。语义靠语音表达，语音的存在是为表达语义。语音是语言的外部形式，语义是语言的内核，两者共存一体，有其特定时间性在。表示当时地名体时，起名后常常是"时过境迁"。

一般而言，语义包括语言意义和言语意义两层。语言意义，指语言体系中所固有的意义，是客观"事物"+"特征"，以及事物之间的关系，已被社会语言集团所公认，而且有固定的语言形式，是相对独立的，不受语言环境的影响。

言语意义，是在特定的语言交际环境中，人们在使用语言交流思想时，双方所理解的特定意义和临时意义，语义和环境关系是非常密切的。地名的语义，初始大多属于言语意义。还举例鞍山市，"鞍山"这是带有偶然性和瞬间的语义，因为当时的"鞍山"，也可以叫"双峰山"、"双乳山"、"驼峰"等。故地名词常常出现难以"顾名思义"（指语言义）。李如龙先生在《地名的语词特征》一文中写道："地名的字面所表达的意义是人们对该地命名时的着眼点，有人称之为'因由'或'理据'，在语言上称为词的'内部形式'而不是词义。"也就是说，地名词的词义是一种临时的、与语境黏着的语义，常常不具有一般名词的稳定而公认的语义。"太平村"并不是对此村永不会有事儿的承诺，亦不是永久平安的总结和概括，而只是一种祈望。约定俗成的地名，语言环境对其形成过程影响是重要的。因此，地名词义是语言学中词义的特例。名与实在发展中，使原来的地名词义发生转移、收缩、扩展或消失。年深月久、时过境迁、人亡事变的例子，不是个别的，应当说此情况在地名词上体现的十分明显。在探求地名由来时，应考虑言语意义向文字意义的转变过程。

首先，地名含义与语言环境有关。地名常常是在具体语言环境中使用的。语言环境是社会语言学中的一个概念。原意指文章上下文，现泛指社会自然、人文的环境。社会语言中，有非语言学变异，即说话人、受话人、听众、背景相互关联。所谓约定俗成，任何一个地名都发生在具体的语言环境中，有个性化的形成过程。有个同学在1969年走"五·七"道路时，被下放到怀德县风响公社马家洼子大队第四队。这是一个较大的自然屯。当时这个屯叫什么名，许多年轻人已淡忘了。老人常在说话时提到叫"宋孔屯"。这时屯内已经没有一户姓孔的了，姓宋的还有几户，主要的是姓李的多。这个"宋孔屯"就是在当时的语言环境中形成的，名与实脱离了。后来在屯子的西侧约500米的地方，开始有新住宅。第一户姓衣，所以，"老衣家"就成了称谓。发展到八九户时，"小前屯"这个称谓就出现了。为什么叫"小前屯"呢？"小前屯"的"小"是相对于原屯落的"大"，"前"是因为这个宋孔屯去范家屯镇火车站时，要经过这个小屯，故曰"前"。并不是因为在原屯南或右叫"前"，这是在具体语境中形成的。当"五·七"战士"解甲"的时候，这个屯名已叫"前屯"了。这是现实经历地名变化的故事，说明了地名的形成和语言环境局部的不准确的关系。许多按语义分类或按语义分析地名的渊源，都应关注地名语言环境的复归。所以，地名成为社会语言学中语言与语言环境关系研究的示例。

其二，地名词义是暂时的、相对的"义"。地名"义"是在具体的时空语言环境中产生的，只是反映在交往中的惹人注意的地方。如"孤家子"地名，只反映建屯时的情况，所以这个地名的"义"是暂时的"义"、相对的"义"。然而，地名一旦俗成，就在使用时间上具有一定程度的永久性，以及在空间内具有很大程度的分立性两个特点。在地名有了"形"的记载之后，尤为明显。由于地名的"义"是暂时的，而"名"又永久传下来，地名语言环境又无从知晓，而实体有多个侧面，同义字的不同选择等因素所致，促成了地名的"所指"和"语义"变得虚无缥缈、捉摸不定，无法还原初始的认识。现在许多地名的语义不清，就是因为地名都是实指当时着意的地方，只是当事人的一种心血来潮、灵机一动所做的文字记号，导致后人难以查考。

地名的"义"存在原生态时的初"义"和演变后的"义"，以及词典上的"义"项等。因此，不能望文生义。地名是语言中的最小量用语，在指位的当时，有感情的色彩。然而一旦形成地名词之后，就抽象化了，存在语义不通现象。加之在流传中的讹传，将错就错的现象就出现了，有些地名的字面意义，早已不反映"地名体"初期的情况。"孤家子"早已不"孤"；"石家庄"早已不是"庄"了，是几百万人口的大都会了。"形"与"义"相脱离的语言现象，在地名词上体现的尤为明显，这是语言现象的一种特例。

其三，地名词表达的是特指的含义。地名词常常是特指的情景相融，"天涯海角"在海南岛南缘的尽头，是在岩石上镌刻着的文字。这个地方在历史上是个很荒凉的地方，乃"崎岖万里天涯路，野草荒烟正断魂"。当时称天涯海角，是指人很难到达的地方。而现在"天涯海角"已成为风景。这里早已不是"春风疑不到天涯"（欧阳修），而是"天涯何处无芳草"（苏东坡）。"北极村"在黑龙江省漠河县大兴安岭北麓，黑龙江上游南岸，地处北纬53°以上，无霜期不到3个月，年均气温仅5℃，大半年银装素裹。晚上8点时，西半天仍然是五光十色，并有极光呈现，金光四射，五彩缤纷。听到名，就想到景。清朝郑板桥是扬州八怪之一，以诗、书、画闻名于世，号板桥，是人地合一的地名。此桥原称"昭阳板桥"，并有"昭阳八景"之说。郑板桥自喜其名，以桥名之，成为人以桥名得传千古，桥借人名留传百世。这是地名生辉的一例。

综上所述，地名做为专有名词在指地方的时候，具有"名"与"地"相依存的属性，而意义层面时同、时异。这个属性成为语言学研究的一个小景观。

五、语义场的应用

地名语义场，是地名词的语义类聚现象，是按词义进行地名分类的研究方法，是解读地名词由来，与其他词相别的一种方式。《尔雅》就是语义分类的早期作品。

语义场是语言理论在地名学理论中的运用。现代语义学透过词义表面，在微观层次进行了探索，归结起来主要表现在对词义进行的义素分析上。通过分解可见到词义并非凝固一团，是可以进一步细分的。因为词义的内部隐藏着类似原子的最小粒子—义素（或叫语义特征），正是义素构成了词的整体意义。如，人=动物+文化，人名=姓+名，地名=地+名（专名+通名）。这种把词义分析成更小的构成成分的方法，通称为义素分析法或成分分析法。比如，用加减"生命"，这个义素，可以把动物一类和植物一类相区别；用加减人，可以把人名与地名等区别开来。具有相同义素的可以集合在一起，属于一类。凡从土排列的集合为"地"的行列。语义场理论对地名学是个可以引入的概念，而地名学对语义场的剖析又丰富了语义场的内容。不过，地名语义场带有假说性质。

下图为地名语义场示意：

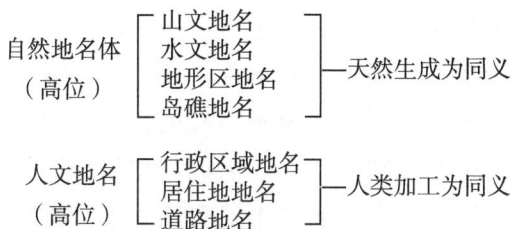

```
自然地名体    ⎡ 山文地名
（高位）      ⎢ 水文地名      ⎤
            ⎢ 地形区地名    ⎥─── 天然生成为同义
            ⎣ 岛礁地名      ⎦

人文地名      ⎡ 行政区域地名
（高位）      ⎢ 居住地地名    ⎤─── 人类加工为同义
            ⎣ 道路地名      ⎦
```

在示例图中，高位的词有低位词的全部语义成分。语义场的理论，对于正确解释地名原发生态词义，有很重要的作用。"舒兰"是满语，是明代就出现的地名。由于汉字注音不同，各种书籍在释义上也不尽一致。有说"舒兰"是"果实"的一种，有人说是"贡梨"的一种。在一次学术讨论会上，对此各执己见，互不相让。这属于一个语义场里的上层意义与下层意义。按词义解读"贡梨"，属于"果实"类，因此"果实"是高位词义；"贡梨"属于低位词义，而"贡梨"亦有多种，需上下层义项选择。在许多少数民族语地名上都存在这个问题。

语义场同时存在"同义"而使用"形异"的汉"字"。如"墟"，南方定日集市而成地名，有地方写成"圩"，北方则为"集"，西南称"场"等。《广东新语》说："越谓野市曰虚。市之所则为满，有人则满，无人则虚"。而"家"、"坊"、"各"、"厝"等字，是区域方言各异成字，而义相通。不同语言之间，并非都有相对应的词组。地名在译写中存在着语言的相互接触，发生交融和碰撞，生成新的地名，存在着借词、转写、译义、半义译半音译组合地名词。还有地名的缩略语，也是经常使用的。如中国，成为中华民族的精缩地名符号。与此相异，地名意指，如"海峡两岸的中国人都承认只有一个中国"成为基辛格经典语言。"海峡两岸"成为"中国大陆"与"中国台湾"的合称地名。体现着分治两地又共识一个中国原则，这是地名词的一大创造。

第三节　地名词属于专有名词

专有名词，"主要指用复杂的词组形式，所表达的事物名称。含国家名称、地名、书名、企事业单位、台站港场、政府组织、部门等指称"（见《语言常识十五讲》138页）。当然，科学技术术语和行业专门用语，亦多属于专有名词。专有名词，属于语言学中"语汇"类中的一个小类。专用词与通用词是完全不一样的，有时存在转化现象，而转化之后其词的性质也跟着转化。专有名词与惯用语、谚语、成语、歇后语、简短词语等并列，在专有名词中又分为人名、地名、书名、企业名等。而地名自己就是个极为庞大的家族，各类地名达数亿，如果把潜在地名体列入，是个天文数字。因此，专有名词—地名，虽然是语言学中专有名词中的小类，而此小类却是个大家族，涉及到语言学的诸多方面，不容忽视。

一、地名专有名词的特征

地名词主要特征为，以词指地，构词有个性表现。

（一）地名词义分析

地名，是由"地"与"名"两个词所组成，其中"地"，区别于人名、影视名、书名、企业名等，最明显的最本质的区别是以"名"举"地"，无"地"则无"地名"是显而易见的。当把地名、人名、影视名、企业名……放在一个层次上进行比较，才能发现最本质的要素差别和最基本的要件不同。从而找出其相同点和相异点，相同点中的某些差异，不同点中的某些相似、相近、相同。这种方法就是通常说的"种差+邻近的属"的比较分析方法，此方法会帮助人们认识地名词真面目，会发现其长相有点特别。

地名词作为一种社会现象，受社会语言学，尤其是流行的社会语言影响很深。词义是什么，词义是人们在约定俗成中给地名体以区别的代号，其中含有对状态的描述、对事物的认识。在现代语义学中，透过词义表面，进行了纵向的分析，在层次上进行探索，进而对词义进行细微的内部分解，这对于地名要素的研究是很有帮助的。地名和人名、书名、企业名有哪些相同点，哪些相异点呢？见下表：

部分专有名称义素分解表

专有名词／义素	地名	人名	书名	机关名	企业名	古迹名
从土	+	-	-	+ -	+ -	+
俗成＊	+	-	-	-	-	-
转（借）注	+	-	-	-	-	+ -
区域性	+	-	-	+	+	+
指位性	+	-	-	+ -	+ -	+
指类性	+	+	+	+	+ -	+
继承性	+	-	-	-	-	+

＊行政区域名称除外

　　通过对专有名词的语义义素的分析方法，地名体的本质特征在比较中就突显出来了，"从土"、"指位"两项在聚焦中亮相。"从土"、"指位"含着"排列"，即顺序、结构等内涵。这种"排列"是在地面上（或海底面）的"排列"，大洲名把地球表面分尽，各国把陆地及各部分海域分尽，省把中国国土面积分尽等，都是顺序的"指位"排列。指位的方法尽管有数字的、政区的、相关位置的点线式的等多种方法，然而，都是处在类的层次中。通过各种形式的划分与组合，完成指位目的。

（二）构词法分析

　　地名词作为语言文字代号，在构词上和其他专有名词的构词，乃至在普通名称中的构词，均与众不同。

　　在前一章中，已讲过地名是由"专名+通名"所组成。而且一般地说，"专名"担任着指位的任务，"通名"担任着指类任务。此点明显区别于各专有名称和名词。"通名"是不是就指类呢？大多数地名的"通名"也是"指位"的组成部分。特别是行政区划名称、地形区名称、海洋名称的通名部分，都构成了指位的一部分。这种指位是范围、面积的标示。最近，又出现经济区名称，如长江三角区、沿海经济带、珠江经济区，还有"纽伦港"（纽约、伦敦、香港Nylonkong），其区域界限并不十分明显，是有中心无边界的开放式。属于地名新的形态。

（三）地名词的音、形、义分析

地名词作为一种语言现象，语音和语义的结合体，有其产生的客观因素。常与地名体自身以及周围环境，语言集团的若干特殊性有着十分密切的关系，成为区域文化、民俗、民风的表现形式。甚至是命名集团或个人好恶及文化层次的一个遗迹。地名的音、形、义在约定俗成中，反映着"什么人"（人的因素）、"在什么样地方"（地的因素、环境因素）、"在什么年代"（时间因素、历史因素）、"是怎么称说的"（语言因素）、"说的是什么"（客观因素、物的因素）、"为什么这么说"（思维因素）等六个因素，而六个要素又都是变量，均无定数。故在地名词上反映了"千里不同风，百里不同俗"的个性化的社会单元。这一点与其他专有名称亦有着不同程度的区别。地名是一种社会现象，地名意义涉及到心理学、社会学、人类学等深层的理性探索。

地名词作为一种语言现象，受着语言发展规律的支配。"求别"和"趋简"，即"区别律"和"简化律"交替地在地名的形成中起着作用，常导致地名词的音、义、形改变了初始的形式。前章讲过这种改变，有时是"音"变"义"未变，有时是"音"与"义"共变，有时"音"未变而"义"与"形"变。翻开谭其骧教授主编的《中国历史地图集》，这种情况满眼可见。在地名词中"将错就错"的默认，在其他专有名词中是不大多见的。人名的音、形、义是固化了的，你改变了这个人名的音、形、义，那么你反映的就不是同一个人，就无法与交流者取得共鸣。唐朝诗人白居易，有人借名讥讽说："长安米贵，居大不易"；你写"白举义"，别人就不知其所指，也没了"长安米贵，居大不易"之说了。而地名常常发生音变意转的情况。吉林省东部山区有地名"蚊子沟"是沟名，是因蚊子多且大而得名。后来沟内迁居住户，年久人聚，周边的人仍以沟名称之。再后来屯中文人，谐音改成"文字沟"，变成读书人之乡。"蚊子沟"被淘汰，"文字沟"被承认。就这个意义上说，地名的音、形、义有着可异化的特点，变之后且能沿用。

地名不仅反映着一些地理现象，同时映射着对地理环境与事物认识的深化。地名是历史现象的刻痕。有人说，地名是活化石，历史留存下来的地名词，有些成为历史文化遗产。因此，地名词的集合体，构成万紫千红的地名语词文化，已成为祖国文化宝库中的一颗颗耀眼的明珠。

二、地名"从土"与"排列"的内涵

地名与其他专有名词的本质差别在于"举地"，那么分析地名词中隐含着的"地"的特点，就很有意义了。

（一）"从土"的内涵

地名词中的"地"，是"土"字旁，即"从土"意。所谓"从土"，是意指地名是"地"表面部分的地理实体的代称。这对于讨论地名的范围是有指导意义的。一个宾馆内可能有几个企业、事业单位，企业、事业单位在宾馆内的楼层房间号是不是地名呢？应当说，也属于地名微观层次。当然，严格说，也不是传统意义上的地名词。然而，由于现代化城市中写字楼中驻多家部门已是常态，已不能因楼层细微而忽略不计，因为社会交际需要细微标识，只写宾馆所在街路的门牌号码不行了，还要向下延伸到楼层，楼层及室号亦属于地名标识。此说已是共识。

（二）"排列"的内涵

地名都处在类层次的排列之中，各类地名有"从土"这个共性之外，还有一个名与实的一一对应，以及互不重复的特征。即，同一个地名，有几种形式能指出它处在类层次中的位置。人类开始"指位"，常常是通过参照物的使用完成的。有了国家政权之后，才有行政区域的划分。到了近代才有了用经纬度表示地理位置的科学方法，使地域的划分具有科学的内涵。这种历史的发展，经历了长时期的发展过程。地名表述形式的演进，映射着时代的进步。

1. 参照物的使用。刚刚脱离动物的人类祖先，在森林、河边、草原与大自然争取生存权利的时候，总是在迁徙中生活。产生了向同族"指位"的需要：哪里有猎物了，哪里有危险了，哪里怎么走了等。这种"指位"是在有限的地域空间，对话常常是一串叙述句并加手势语言来完成的。要借助指代物引发人们注目之处，地名中的"公主坟"、"大梨树"、"大石头"、"石岩滩"、"河湾子"等，初始是指物的具体词汇，在长时间演化中变成专有名称—地名词，说明在地名的形成中，是在指位时用的参照物而逐渐演化成地名的。这种参照物的使用到现代仍然十分普遍。北京的"天桥"就是指代物而扩展为片名。北京胡同名大部分也是由参照物"指位"演化而成，如"王府井"、"三眼井"、"五棵树"、"黄城根"、"西单"、"西四"等。现代人们在指路时，也仍然以知名度较高的单位、名胜，作为参照物而指方向。就这个意义上说，参照物和地名是很密切的两个事物，不仅互为参证、互为补充，也常常互为转化。这种"转化"形成了地名的"借注"。以"庙"借注"聚落"，以"山"借注"政区"，以"沟"借注"河"等。

参照物的使用，客观上是作为不规则的坐标点，是把地域的面切割开来。把自然界烙上各式各样的人文标记，成为"指位"的一种惹人注意的记号。这种参照物的命名行为，也常常表现为人类早期地理学的萌发认识，以及人类语言发展过程的历史刻痕。大大小小的参照物的使用频率是很高的，到现代以参照物指位仍然有很强的适用性、实用性。

2. 政区划分的排列。国家是一种特殊的政治划分形式。一个国家的形成受诸多条件的制约，阶级的、民族的、宗教的、环境的……。而在一个国家之内，划分成若干行政区域，这些行政区域的划分，有着较明确的地域范围和行政层次。以中国为例，第一级为"省"（自治区、直辖市），省下分为"省辖市"、"自治州"、"盟"，下一个层次为"县"（县级市）、"旗"、"市辖区"，县以下层次为"乡"、"镇"。而这四个层次的行政区划分后的名称，均称为行政区域名称。可见，行政区划名称是地名中使用频率最高的。政区名称层次分明、地名结构完整、标准，在大范围内不重名，形成显著的特点。因此，行政区域的"排列"，是划分国家之后最基本的"排列"，系古来就具有法律效能的分布形式，也是国家行政管理和人民交往不可缺少的组成部分。可见，行政区域名称不仅广泛使用于国家行政事务，而且通行在邮电、交通、商业往来、测绘和人民日常生活的各个领域。行政区域划分是地名最主要的排列形式。

3. 自然区划分的排列。自然区划分是地学研究领域中经常使用的划分形式。自然地名是这种划分形式的标记。《中国自然地理图集》（高等教育教学参考用，地图出版社，1984年版）中的"中国气候区划"图，将中国分为北寒带、北中温带、北温带、北亚热带、北中亚热带等气候区。这种划分是多种形式的，在《中国自然地理图集》中就绘有竺可桢、涂长望、张宝堃等科学家的气候区划图，这几幅图在范围的划分上存在差异。除气候区划外，还有水系流域、水文区划、动植物区划、地貌区划、土壤类型、综合自然区划图等。在地理学中，也经常使用主要河流、山脉的名称，代表一定的区域并表述不同区域的地理特征。

综上所述，自然地域的划分，是地学研究的重要成果，自然地名是地学研究中不可缺少的工具。只是自然地名常常有不一致的名称记述，而且只在相关学科中流通。相对来说，这种使用范围有限且科学性很强的划分形式，属于科学划分的排列。

4. 数学方法的排列。数学方法的排列，主要指地理坐标法。用经纬线将地球表面分割成数学控制的面或经纬线交点的方法。这种方法是把地球上一切通过地轴的平面同地面相割而成的正圆称为"经圈"，都是地球上的大圆。所有的经圈都相交南北两极，并且被两极分割而成两个半圆，称"经线"，即"子午线"。经线表示当地的南北方向，同所有的纬线相交。在同一经线上的各点都有相同的经度，经线又称经度线。1884年国际经度会议决议，以通过格林尼治（Greenwich）天文台的经线作为"本初子午线"，全球经度用它作为起始经线。由于极地和格林尼治天文台迁址，1968年国际时间局改用经过国际协议原点（cIo）和原格林尼治天文台的经线延伸交于赤道圈的一点作为经度的零点。这条经线被称为"本初子午线"。地球上一切垂直于地轴的平面，同地面切割而成圆圈的线为纬线。这些平行圆以赤道圈为最大，称为零纬度线。用经纬线坐标的方式，来表示一个点、一个面的位置方法，称为地理坐标法，亦称数学坐标法。这种方法在地图上普遍使用。地图编号法，就是一种应用。用地理坐标方法表示地名的"排列"，是一种科学的方法，也是一种理想的严密的地面排列形式。现在地名工具书中，讲一个地名位置时，都记述有北纬XX度、东经XX度，一般写到分。

5. 地名体之间位置关系的排列。自然地名和人文地名内部，或两类地名之间相互注释位置关系的一种方法。"线状"与"点状"的排列是经常的、大量的。如"长白山"在我国境内的东北地区东部，其"最高峰白云峰"、"松花江与嫩江的汇合处三岔口"、"哈大铁路线四平站"、"人民大街38号"等，均属于线状与点状的排列形式。自然地名与人文地名相互说明也较常见。"白城市是吉林西部草原的明珠"、"公主岭市位于大黑山前台地的中部"、"辉南在柳海辉盆地的北部"等，均属于相互关系排列形式的说明。"通化市位于浑江中游"或"浑江以东偏北方向环曲流经通化市区并将市区分成三部分"、"浑江市位于长白山南麓"等，都是相互关系的叙述，是反映地名排列的一种形式。

综上所述，地名指位功能有多种表现形式，构成地名词的多样化。

第六章 地名·地理

地名学的研究，历来受到地理学家的关注，尤其是历史地理学家，视地名研究为己任，推动着地名学的发展。著名地理学家陈桥驿教授认为："地名学以地名为研究对象……地名学按其科学属性来说，无疑是历史地理学的分支学科"。近年在地理学、地图学等高等院校教材中，出现了"地名学"章节。应当说，历史地理学、地图学、区域地理学中已给予地名学以适当位置，地理学注重地名学的研究已是不争的事实。地名学需要地理学的理论支撑。

第一节 地名与地理同源

地名与地理，都是"地"出身，地理学与地名学起步的时候，都是首先从对地理实体（地名体）的认知开始的。著名历史地理学家侯仁之院士认为："在原始公社之前，人们对于其生活的地区，必须有一定的认识，才能生活下去。最初他们必须知道到什么地方去捕鱼、什么地方去打猎、什么地方去采集作为食物的果实和块根等。这就是历史上所说的渔猎时代。其后，到了新石器时代的晚期，随着畜牧业和农业的萌芽，又从一个地区的停留生活相对地定居下来，这就要求他们对自己所居住的周围环境更加熟悉、更加了解。他们不但要知道水泽的分布、地势的起伏等，还必须知道气候的特征以及地方种植的可能性，他们不但要能辨别方向，而且还要计算路程。"《中国古代地理学简史》（科学出版社. 1962年版第10页）。这段话点出了人类对地理环境的认知，是从对具体地名体的认知开始的，包括称谓、方位、距离等。对山文、水文的认识，始于具体的山与河，始于对山与河位置及不同之处的认知，以及此河与彼河的差异。人们认识逐步深化，久而久之地理学研究领域放大，有了分支发展，其中与地名密切的山文学、水文学、地理名称学等亦得到发展。不仅如此，在对沿革地理的研究上，地名与地理的研究也是同轨的，《禹贡》不仅是地理学的历史开篇之作，同时亦是一部古代善本地名志书。

一、地名与地理均从名称起步

地理志是中国古老而传统的历史资料，在世界文化史中有独特的地位。历史学、地理学都关注地理志，而地理志与地名志同宗。

（一）地理研究从地名开始

地理科学离不开地名，从某种意义上讲，地名不仅是地理科学研究的把手，也是地理学原始起步的拐杖。地名是地理学的重要组成部分，地理与地名的发展初期，两者亲如兄弟，水乳交融、密不可分。二者发展到现代，地理学涵盖了地名学的大部分内容。

1. 地理学史从地名研究起步。地理学家王成祖先生在增订后出版的《中国地理学史》（商务印书馆.1988年版）第一章的开首就写道：人类"从迁徙无定的采集和游牧生活，改变成为定居的农耕生活，可能是一个个居民点定名的一个关键。居民点的定名也会引起许多山川的定名。但是长距离的大河往往要经过分段具有不同名称的长时期，才会逐渐统一。在我国最早的历史上，黄河只简称为'河'，长江简称为'江'，最初都当做专名，后来才给它们另外加上专名。而江、河两字却成为许多水道的通称。""在有文字记载以前，各种地名可能早已形成，但是像黄河中游一带所发现的所谓仰韶文化，距今大约四五千年，还难以了解遗留的文物中的原生地名和如何分布。"在该书首页1000余字中，大部分写的都是地名问题。其末段写道："从原始社会到奴隶社会，民间地理知识的发展，在最古老的文字资料中，只留下些自然景物的名称和位置难以查考的地名。"以上论述充分说明了地名的出现，应当认为是地理学的启蒙阶段，地名不仅是对自然景物认识的素描，亦是地理学讲理的平台和源头，更是地理学史的基础素材。在古代，地理学者最先关注的首先是地名的称谓。因此说，没有地名就很难讲地理。

2. 地理区域名称及术语名称多与地名同质。地名的类名，江、河、湖、海、山、台、港、丘、沟、谷、聚落、城镇等，与地理学的术语是共用的。应当说地名类名是地理学的第一个台阶，似乎可以说先有地名后发展成为地理，而现代地理学的区域地理、自然地理名称，多以地名作为主题词之首。如，华北平原、四川盆地、青藏高原、喜马拉雅山脉、黄河流域等，这些地理名称同时是地名，均有明显的指代地域的功能，或者可以说地理区研究离开地名将无法叙述。

（二）《尚书·禹贡》是一部重要的地名志

《尚书·禹贡》地理总志，相传为春秋时孔丘编定。《尚书》是记述中国上古时期重大事件和政治典制的一部文献汇编，又称《书》或《书经》，《禹贡》是其中的一篇。近代多数学者认为，《禹贡》成书于战国，为魏国人士假托大禹所作，疑后代儒家学者多有补充。全文将近1200 字，以夏禹治水的传说为纲，历述划界九州、导山疏水、水患既除、地复其力、民得务耕、方有赋税上缴、有特产贡献诸侯，故以《禹贡》名篇。所载九州五服、导山导水、土壤贡赋物产、州境四至、地形位置、水陆运输线等，其中对冀、豫、雍三州记述较详，比较贴实地反映了当时黄河流域的山岭、河流、薮泽、土壤、物产和交通等情况。而长江、淮河等流域的记载较略。它含有现代地理学之地缘、山岳、水文、土壤和经济地理内容。

附：

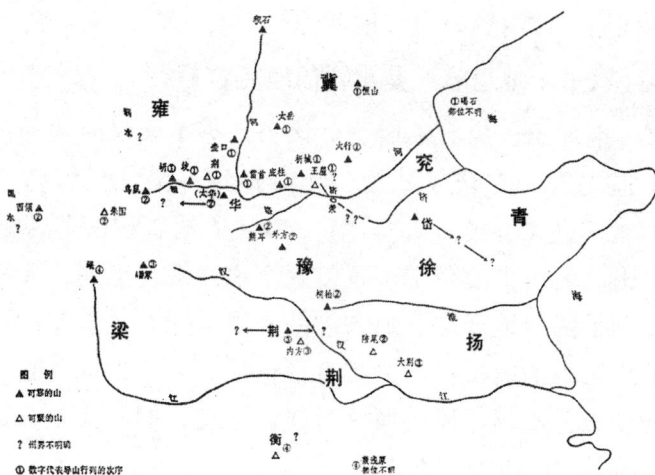

《禹贡》区域略图

《尚书·禹贡》在中国古代文献中，被公认为一篇具有系统性的地理著作。它提出了一些系统性的地理观念，构成区域地理的古老模型，在国际上有着广泛影响。中国长期采用《禹贡》上的九州，已成为超时代的地理区域。《禹贡》在地理学史上有着极重要的地位。据内容分析，《尚书·禹贡》同时也是一部较为完整的古代《地名志》专著，更是地名学史的开拓之作品。地理学与地名学同源在《禹贡》一书中表现得十分明显。毫不勉强地说，《禹贡》是地理志与地名志历史的共生体，二者"本是同根生"，成长方分异。《禹贡》是地理与地名同源重要的理据。

（三）《山海经》是山水地名志

《山海经》包括《五藏山经》、《山经》、《海外经》、《大荒经》、《海内经》几部分，约3万余字，记载地名约1000余条。这部书在地理学史上，是继《禹贡》之后的又一部重要地理专著。同时，《山海经》亦属于地名学史的一部分，是已发现的古代首部山水地名志，并为现代地名志奠定了基础。《山海经》记述的内容更为广泛，类似现代的《百科全书》。虽有人说是"古之巫书"，但多数认为是一部古代重要的历史地理之著。书中记述山川河流分布、物产、民俗、重大事件、气象、动物、植物、地质、水利、考古等多方面内容，亦属于地名志要述及的信息。如女儿之山—洛水，"岷山之首，曰女儿之山……洛水出焉，东注于江"。此内容与现代地名志相近类。

（四）《汉书·地理志》是重要的地名古籍

《汉书·地理志》为班固所著。该书列举了西汉时代的全部郡县，从京兆尹、左冯翊、右扶风开始，相继提到外郡，且郡名下小注属某州，涉及的地名达4500余处。其中，40余条地名注明名称的来历及沿革。对于大山、名山也说明了位置以及水道。综合上述，《汉书·地理志》不仅开创了区域地理志、地方志的先河，同时是重要的古地名志。而且创立了地名志的编辑框架，具有现代意义。正如谭其骧教授所说，《汉书·地理志》不仅记述了西汉时代的地理，同时又是一部用西汉地理注释前代地名的历史地理著作。

通过对《尚书·禹贡》、《山海经》、《汉书·地理志》三部古老地理专著的分析，说明了地理与地名存在着同源关系，证明了地名在地理学史研究上古来并存的事实，更表述了地理与地名从远古携手一路走来，情同手足、密不可分。

二、地名与地理对环境的认知

（一）地名，是对地理环境的初步认知

地名，所发生的命名行为，是在交流需要的情况下出现的，这种行为是对一种引起注意的地理事物，予某种称说，以利于指点或讲理说事儿。命名之初，为便于共识，多要抓住地理事物的某些特征而予以称说。在初始时，就赋予祈求、吉祥或政治含义的地名是少见的。越是历史较久的地名就越是有复归地理实体的痕迹，或者说自然地名、住地名而因地理环境成名者为多见。如，《水经注》上2400条地名分类中，属于地理环境素描的占很大份额。李如龙先生在《试论地名的分类》一文中讲到，初期命名含有原始地理实体分类，属于地理分类的就有山峰、山隘、谷地、坡地、坳地、山洞、岩石、平地、沙洲、河流、瀑布、温泉、岛礁、海湾、海峡等15类。周兆锐先生在其《湖北省县、市命名及其规律性初探》一文中，分析结果是：①因长江和长江支流得名的有6县（利川、长阳、枝江、南漳、浠水、蕲春）；②因汉江和汉江支流得名的有8县（竹溪、均县、襄阳、潜江、枣阳、沔阳、汉川、汉阳）；③因湖堰得名的有4县1市（云梦、洪湖、蒲圻、黄陂和十堰市）；④因山得名的有9县1个地区（兴山、应山、京山、天门、大悟、石首、英山、崇阳、阳新和神农架林区）；⑤因山峰特征得名的有6县（鹤峰、来凤、房县、荆门、五峰、黄冈）；⑥因山地植物得名的有1县；⑦因地形特征得名的有3县，⑧以物产得名的有4县。总计有41个县因地理得名，占县、市总数的2/3，可见地名与地理环境相偎依之重。

（二）地名通名和地理类名的同一

地名是认识地理事物初始阶段的外部表现，地名俗成过程反映了人类对自然界、地理事物、地理实体认识的广度和深度，从而不断地积累了地理学识。同时，人们在使用地名进行交流中，顺便传布了地理知识。地理学中地理实体的类名大多是地名俗成中发生、发展的，如山、河、村、岗、湖等，有些也表述了关系。如，反映地形特征的地名平

岗、坑底、沟里、湖上、岭东、半山等；反映山区景观的，如山峰、山坪、山谷、山坑、溪坪、溪沙等；还有反映山与聚落关系的山寨、塘店、田寨等；反映土壤特点的，在以红、赤、朱、丹、紫等命名地名的用字多见，如赤石、赤岩、赤壁、赤坡、赤山……等；反映植物和特产的松树、榆树、松岭、棒槌岭等；反映有温泉的地名也多见。非洲，全名为"阿非利加洲"，源于拉丁文，意思是"阳光灼热"。喜马拉雅山，是藏语"冰雪之乡"。这些都很形象地反映了地理景观。

地名的通名和地理名称常常是一致的，例如：山、峰、隘、谷、丘、岗、陵、海、江、河、水、沟、川、湾、岛、礁、洲、湖、泡、泉、池、平原、丘陵、盆地、高原、岭、滩等。水域类型通名，地理与地名几乎是完全重合的，例如：①河流：江、河、水、溪、泉、瀑布；②湖泊：湖、泡、池、沼泽；③海洋：海湾、海域、海峡、海角之线；④岛屿：岛、屿、滩、礁、暗沙、群岛、列岛；⑤海岸：沙岸、岩岸、沙滩、泥滩、半岛（岬）等。

（三）地名在地理学中的地位与作用

地名地理学，是以地理学理论框架为基础的，或者说以现代地理学的研究成果来，充实地名学的理论基础。当然，亦存在地名与地理相互依存的关系，即地理学离不开地名。可以说没有地名，地理学就陷入难以表述地理区域差异的困境，难以宣传与应用地理学的研究成果，难以表述和普及地理知识和进行地理教学，总之讲地理离不开地名。因为地名是进行地理研究的主题词和地域平台，亦是一些地理现象的标志和深入研究的线索。在历史地理学研究领域中，地理与地名研究的某些局部领域常常殊途同归。在区域地理的研究上，一定区域和聚落特征研究上，地理和地名都离不开"这里"是在什么地方、"这里"是个什么样的地方的命题。因此，可以这样认为，地名和地理学的某些研究领域、研究方法结合起来，就构成了"地名地理学"的研究内涵。正如褚亚平教授所说："精确地名分布图可以促进地名地理学的发展。地名地理学是一门通过弄清楚地名的地区分布、地名与当地自然地理、人文现象和民俗、民风关系，以及地区的地名历史层次的分析，可以形成有自己特色的研究方法，并进而推知地名学可以把人类文化发展的形迹上升为理论。并且以崭新的面目出现在科学的百花园。"（《地名学基础教程》）。地名地理学的研究，可以是宏观地名景观的研究，也可以进行地名类系统的研究，也可以进行具体区域、个体地名的研究。应着重指出的是，区域自然地理的命名，需要在地理、地名两个学科的理论框架内进行抽象和概括。只有如此，才能使自然区域地名和区域地理概括，进入较为科学的境地。一些自然地理名称已列入了地名景观之中，诸如赤道线、回归线、三八线等，这些地理专用名词同时是地名，并且已成为地名的另类家族。地球上这些地理线，尽管人眼难指认，但仍是地名体。近年来一些地方为地理线建筑了标志，即地名体，成为方向标和普及地理知识的景物，且在社会上广为应用。

地名对地理学研究有如下功用：

1. 可以证明自然地理环境的演变。地名可证明河流的改道。黄河是中国的母亲河，河之南北是中华民族的摇篮，黄水、黄土、黄种人，一种神秘的黄色组合。仿佛在说，黄种人是黄河漂染的，是黄土地的养育而形成的黄色因子；黄色大河的曲曲弯弯，从天而降似龙飞舞。黄河也许是"龙"崇拜的源头。黄河又是最任性的大河，沿岸人民由于大河养育，又由于它的暴戾而产生无限的敬、无限的畏。从大禹治水到今日，黄河多次改道，大改道有记载，而小改道好像没有谁说得清。据不完全统计，1949年以前的2500年间，有记录的黄河决口泛滥达1500余次，大的改道26次，涉及面积达25万平方公里。"黄河改道"地名记述了河道的变迁，如地名"河口"，早已远离黄河而成为无河之口的孤家，只能望河兴叹了。汉阳现位于汉水之南，传统命名习惯为"水南为阴，水北为阳"。为什么汉阳没叫汉阴呢？这是因为汉水改道之故。根据考察，在明朝成化年间（约1465～1487年）汉水入江口，在汉阳县之南。宋代的四大名镇之一的汉口和现在的汉口不是一地，而是现在汉阳的南市。所以，汉阳一类地名可证明汉水或其他河流改道。

2. 可证明海岸升降。在福建省的地图集上，离海岸数百米的地方，有地名称"蛎坑"（蛎：牡蛎，软体动物生活在浅海泥沙之中，也叫蛎黄，其肉味美），属于物产地名。现在此地已远离海岸，成为一个渔村，可证明海岸之退。这个地名符合地质学家论证的东南沿海之岸，在第四纪有大幅度的海岸下降。在长乐县董风山之西，有座山名蛤山。据传因山上有较多蛤壳得名，后又挖到海生软体动物螺壳，又名螺山。以此证明这座山过去在海中。在这里还有相当数量以古海岸、古潮水、古海湾、古海口命名的地名由于这些地名的明显"位移"，证明了海岸的变化。证明湖泊变化的地名可谓不胜枚举，诸多以"泡子沿"命名的地名，只有地名而无泡沼的事例是相当多的。

3. 可证明动植物及矿产的时空分布。中国科学院研究员李宝田先生利用1：10万地形图上的地名资料，把凡含义与植物有关的地名在地图上进行标绘，而后缩成1：80万地图，明显复原了50年代的北京植物情况，观察到不同植物在四十、五十年代的各自分布区域。在西山多松柏名地，近山则多以桃、杏、梨等树名地，平原区则多桑、枣、榆等名地，它们描述了植物分布的地理景观。另外，在国内凡以宝、冶、矿、铜、铁、锡、铝、坑、窑等字样的地名中，多是历史上的采矿地点而演变成的地名。例如，吉林省延边朝鲜族自治州的"天宝山"产铜，山东省招远县的"金山"产铁。

4. 证明城镇范围扩展。长春市的"南关"名称，是保存至今的以城门命名的地名。还有全安门（南门），现在南关大桥小学校附近；永兴门位于长春大街南侧，蔬菜商店与农机公司中间；崇德门又称大东门，永安门即今全安街。这些地名可以勾绘出最初的长春城地理位置，从中可窥视长春城的发展脉络。南京市的城墙建于明朝（14世纪末），除了宏伟的内城外，尚有几十里的外城。外城是土城，迄今土城除了一些遗迹可寻外，尚有距内城很远的仙鹤门、麒麟门、上方门、尧化门等地名留存下来，以此可寻找原外城的边界线。

5. 可证明地域的归属。新疆的"阿克赛钦"是维吾尔语，意为中国的"白石滩"。这个地区虽然人烟稀少，却历来是连接新疆和西藏阿里地区的交通命脉。新疆的柯尔克孜族和维吾尔族的牧民经常在此放牧。又如，在中苏边界的"珍宝岛"，是典型的汉语地名，从地名的音、形、义上都可以证明是汉语词形，说明它是中国的领土。又如在我国"东海"海域的"钓鱼岛"，自古就是中国的领土，是举世皆知的事实。鞠德源先生的巨著《钓鱼岛正名》由昆仑出版社出版，长达335万字之巨，论述了钓鱼岛的历史主权。

6. 证明区域的变化。中国著名历史地理学家侯仁之教授，在对乌兰布和沙漠地区的考察过程中，发现了现在内蒙古抗棉后旗阴山哈隆格乃口子，就是汉代的鸡鹿砦所在地（山谷南口西侧的一级阶地上有石城建筑），同时证明了乌兰布和沙漠北部的三座古城的废墟就是汉代的"窳浑城"（现在叫保尔浩特土城）、"三封城"（麻弥图庙土城）、临戎城（布隆淖附近土城）的事实，使历史上的地名和今日的地名对上号。这对研究汉代的开发以及研究这一区域地貌变迁都很有意义。又如，在吉林省境内靠近大黑山一带，有许多叫"靠边里"、"靠边王"、"老边张"等，这些地名的连线可以看出原柳条边墙的走向以及大致的位置。

除此之外，地名可以作为地理大发现、植物分布区域、地貌特征、干旱地区的分布、一些气象现象、经济区的特点、土壤分布等的例证及素材。这里应当说明的是，在用地名说明地理现象应补以实地调查，或地理资料的认证。地名表面汉字的词意义，不可以望文生义，更不能牵强附会地借名描述地理。

三、地名沿革与沿革地理相循

地名学研究是以地名为中心的。包括，这个地方开始叫什么名？后又改叫什么名？起名因由是什么，即为什么这么叫？在什么地方？是个什么样的地方？聚落名称和政区名称有过怎样的交融和演变？名称演变与历史事件有什么关系？地名与地名体之间、地名与自然环境之间，在一定时间内"名"与"实"之间的互变等。简言之，在共时历史时间内"名"所指代之"地"，是个什么样的地方？在历史发展中"名"与"地"之间的互变关系等。上述内容，总体上曾是传统沿革地理学的主要内容，也是现代地理学十分关切的课题之一。部分高等院校开设过的"中国沿革地理"课，就是以国家疆域与政区沿革为主线的。侯仁之教授认为："研究沿革地理，把历代疆域与行政区划加以考订和复原，这是一项艰巨的工作，但还不能满足历史地理学的要求。如果在完成这一工作之后，还要继续前进，那就有可能作出重要的历史地理学的成果来"。

（一）对"中国"的考证与沿革地理研究相同

国家疆域是历史上形成的，国家疆域是变化的。中国历代疆域的伸展与缩减，各级行政区域的变化，对于地名的考据来说，均受到历代历史学家、地理学家的重视，许多学者据此研究而成果颇丰。有些著名的中国历史沿革地理著作、论文，所论述的领土及区域变化，均是以地名为据的，亦属于地名沿革的研究成果。

首先要确认，国家名称是较高层次的地名。《古史中地域的扩张》（顾颉刚《禹贡》1934年底1卷第2期）一文主要论述"中国"一词的概念以及在远古的中国范围，对夏、商、周至秦帝国建立后，很长历史时期内的中国疆域的变迁进行了梳理。其界大都以地名为据。谭其骧教授在其《历史上的中国和中国历代疆域》（《中国边疆史地研究》1991年第1期），以及后来编绘的《中国历史地图集》所界定各历史时期的中国疆域，两项研究成果本质上是讲述关于"中国"这个名称的演变考证。谭老认为，以清朝完成统一之后，帝国主义入侵中国之前，即1840年清朝版图为历史上的中国领土范围。并指出，历史时期的"中国"是一个变化的概念，"中国"这个大地名和中国历史时期所代表的地名体是互变的过程。

（二）关于区域范围与名称的考证

区域名称的考证与沿革地理研究方法相近。由张博权、苏金源、董玉瑛等合著的《东北历史疆域史》（吉林人民出版社.1981年版），较为详尽地论述了"东北"这个中国较大的地域名称与所指范围的变化。东北历史上就是个多民族地区，中国历朝对东北地区的管辖、政区设置、区域走向、民族分布都是不同的。该书从夏、商、周、春秋时入手，写到清朝中期，阐明了东北疆域始终与中原在政治上、经济上的紧密相连，东北疆域的发展与各种地方政权的设置体现了中国多民族的特点。历史上的东北疆域并非今日东北地区的概念，黑龙江以北、乌苏里江以东大片区域，历史上为中国之领土。该书论述了"中朝边境"、"东部边境"、"东北北部边境"的理性解读。该书是历史地理学家关于历史沿革的考证，亦是用地名学家观点对"东北地区"这一区域性地名的考证。该书论述了东北这一名称与所指地名体的发展与演变，以及历史上辖属的变化，对地名考证内涵及地名学的研究方法起到了积极的引领作用。

（三）关于城池的演变

关于城市名称与位置互变的考证及城市地理沿革的研究，地理学家一直走在前沿。1994年由中国科学技术出版社以"院士文库"出版的侯仁之院士专著《历史地理学四论》，不仅是历史地理学的重要研究成果，同时为地名学开辟了新途径、新领域。尤其是对北京城的起源、发展、城市规划特点等，作出了系统科学地阐述。非常形象而又科学地论证，得出了"北京"这个中国人极重要城池的名称起源，城址出现的地理环境的因由。北京城址的变异的考证，是历史地理家新的研究成果，其层次高于沿革地理。然而，这也是一篇地名学的精品之作，为地名学研究不同时期的名称（地名）和所指的地域差异，提供了研究的范例。"商周在北京地方出现蓟、匽（燕）2方国。周武王封召公寅于燕（今房山境），封尧（一说黄帝）之后于蓟（今城区），后燕灭蓟，迁都于蓟。"（见《中华人民共和国的名大词典》北京条）。候老指出："北京城原始聚落的起源，距今已有3000多年"。早期的城址在今城的西南部。今城的建设则是在北京城不断变化的清朝城址上完成的。从《历史地理四论》中看出，历史地理学家更注意对人类生活环境的演变研究，人与自然的历史互动。诸如，北京的形成与地理环境是什么关系等，这些也是地名研究的内容，属于"名"与"实"关系命题，"名"与"实"变化与地理环境的关系等。城址的整体位移而名称依旧的研究，证明名与实不是始终如一的对应关系，在此处地名研究则与历史地理学研究部分重合。可以说，沿革地理新视野的研究成果，促进了地名考证研究的深化。

附：侯仁之院士对北京城址研究图

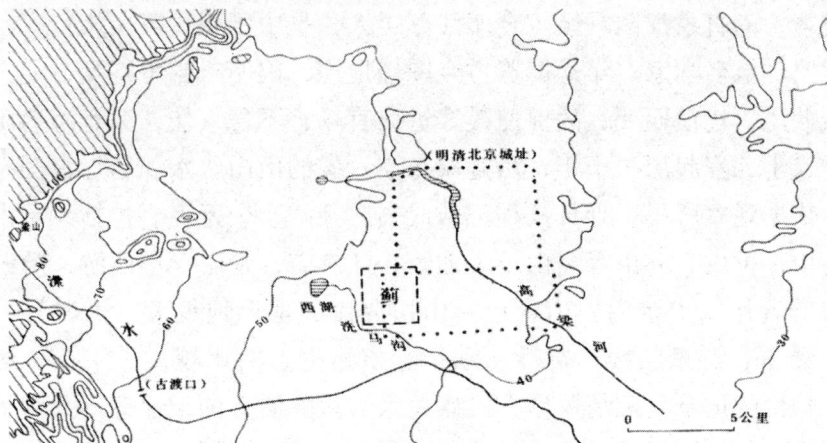

《水经注》所记蓟城与西湖位置示意图

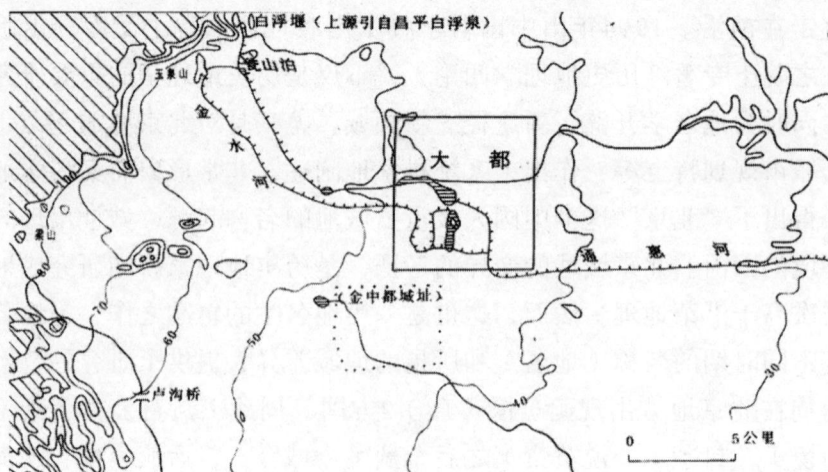

元大都城的建址与新水源的利用

现代地名学的研究还刚刚起步，历史地理学的研究较地名学的研究更为深入，且有国家级科学家侯仁之等前辈引领，提出的观点值得地名研究工作者借鉴。

四、地名与地理考察同质

地名，是地理考察的出发点、落脚点。而一些地理探险著作，更是若干大小地名为主线的地理状况的记述。地名与地理考察、探险是相交融的。

（一）徐霞客与地名

《徐霞客游记》，明徐弘祖（1587—1641年）撰。徐弘祖字振之，号霞客，南直隶江阴马镇（今属江苏）人，是中国明代著名旅行家、地理学家、地名学家。年幼博览古今图经地志，因明末党争剧烈，父亲受群豪欺压，忧愤而死，故促使霞客远离官场，不肯入仕，刻意游名山大川。二十二岁起历三十年，足迹遍布十六省的山山水水、名寺古刹。到各地依据观察所得，计日按程记载成书，凡六十余万字。包括天台山、雁荡山、黄山、庐山等名山记十七篇，江右游、楚游、粤西游、黔游、滇游等著作二十余篇。内容包括山川源流、地形地貌考察，岩石、洞壑、瀑布、温泉的搜奇览胜，动物、植物生态的比较，手工业、居民点、物价的记录，民情风俗、民族关系、边陲防务的记述等。开辟了中国地理学与地名学的实地考察、系统观察、描述自然的新方向。如经雁荡山实地考察，证明雁湖之水与大龙湫无关。在楚南，登九嶷山头，找到了"五涧纵横，交会一处"的三分石分水岭。证实其为潇水、岿水、池水的分水处，三水均注入湘江，从而纠正了历代志书和当时流传性的一些不实记载和看法。尤其对中国西南地区石灰岩地貌及其分布、类型、成因等考察，具有较大科学价值，是世界上最早关于岩溶地貌的珍贵文献。纠正了一些文献上记载的源流的失实，对《尚书·禹贡》"岷山导江"的旧说法予以纠正，肯定了金沙江为长江上源。总之，《徐霞客游记》对地理学贡献超群。游记上记载了大量山名、水名、湖名、住地名，以个人之力对主要地名的调查，开创了大范围区域的地名调查之先河。此书对地名渊源的研究、地名体与地名书写形式的变化成果，都是珍贵而又难得的素材。

（二）郑和航海图与地名

《郑和航海图》全称为《自宝船开航从龙江关出水直抵外国诸番图》海图。明郑和（1371—1433年）原姓马，小字三保，回族人。祖居云南昆阳州（今昆阳县）。受明成祖朱棣派遣，率船队七次下西洋，曾至亚、非数十国和地区。最远至东非肯雅。全图采用形象"对景图"画法。共载地名500多个。尤其是岛礁及航线的绘制，是极为难得的资料。该图是海上按地名航行的地名图。

（三）刘建封与长白山考

"辽东第一佳山水，留到于今我命名"，这是清末时任安图知县的刘建封，自号"天池钓叟"的豪言。刘封建系山东诸城人，是清末奉吉勘界副委员、奉天候补知县。他是一位爱国主义者，地名学研究者的前辈，他揭开了长白山"神山圣地"的秘密，查清其江阔全貌，并为长白诸峰命名，其事、其引书写了历史的功绩！

1. 艰苦的踏查。光绪三十四年（1908年）受命前往实地调查。刘封建深知长白山为"朝廷所注意，督师所留心，国民所关切"。决心足登长白之巅，目览江流之派，亲率测绘人员，身披蓑衣（相当雨衣）、足踏乌拉（古之皮鞋）、头茏碧纱、腰系皮带，直抵山巅、架临天池，进行实地踏查。当时长白山为原始森林，山高林密，交通险阻，踏查极其艰苦。辗转迂回四月余，迎着朔风淫雨、伴着熊狼虎豹，风餐露宿，跋山涉水。刘建封寻暖江源至木石河时，曾坠马崖下，腹背受伤，危而复苏，露宿木石河边四日。他在《白山纪咏》中写下了"白山有幸留知己，坠马河边死又生"的乐观主义诗句。刘建封踏遍了长白诸峰、天池、三江源，他记述了踏查长白山的朝朝夕夕，包括濯足石观鹿、熊戏乳虎、双松岭看三熊、大高岭猎野猪、隐约崖看豹、天女池尝朱果等奇观奇趣。刘建封初饮天池水时，自认为胜似玉浆泉，甘甜清冽，遂写下"诸君若到天池上，须把银壶灌玉浆"耐人寻味的诗句。此时想到在1980年吉林地名普查时，赵玉林亦写道："吾辈正名不为名，续史虽艰趣无穷，全省地名标准日，当推诸君第一功。"。从两首诗中可见古今地名工作者的心心相印。

2. 科学地命名。长白山是一座历史悠久的名山，自金朝命名"长白山"以来，至今已有八百六十多年的历史。清朝皇室将长白山奉为神山。康熙五十一年（1712年）乌喇总管穆克登审视长白山时立有边碑。

刘建封这次围绕长白诸峰的勘查命名，用了十天时间。其中登坡口四次，一行人于六月二十八日到达长白山巅。当时云雾溟蒙，水声轰鸣，少顷，天光清朗，始露白山真面。刘建封初临天池，见水天一色，积雪冰封，峰头十六，宛如在眼前。十天后，由险危异常的东坡口，再临天池，见池旁犹有二台三山，形势耸矗，遂合十六峰予以命名。十六峰大者有六，"曰白云、曰冠冕、曰白头、曰三奇、曰天豁、曰芝盘"；"小者有十，曰玉柱、曰梯云、曰卧虎、曰孤隼、曰紫霞、曰华盖、曰铁壁、曰龙门、曰观日，曰锦屏"。这些多依物名之：穿白云触石而出，云锁峰尖，或终日不散，因而挥笔命名为"白云峰"；"观日峰"和"悬雪崖"等，均属见景生情而名；还有以神话传说命名的"钓鳌台"。

3. 珍贵的史料。刘建封踏查长白山，积累了极珍贵的史料，写出了著名的《长白山江冈志略》、《长白设治兼勘分奉吉界线书》、《白山纪咏》和《长白山灵迹全影》，绘制了《长白山江冈全图》等宝贵著作。宣统二年，刘建封修订的《安图县志》对长白山都有详细的考证。刘建封作为县级官员亲自调查长白山，并为长白山地名命名作出了卓越的贡献，应当说他是地名普查的前辈。当年长白府张鸣岐太守曾赐七绝一首，以赞颂刘的功绩："千年积雪万年松，直上人间第一峰。信是君身真有胆，梯云驾雾蹑蛇龙。"

第二节　地名景观地理分区研究

地名的形成，深受自然与人文地理环境的影响。地名的语言形式、内涵、特征等，大多数受到地理环境的制约。反之，地名亦能反映区域地理特征和区域文化，成为区域人文地理特征的见证。根据地名形成的历史年代，可进行历史纵向划分，以地名透视历史文化景观；根据地名水平分布的特征，可进行地理区域间地名分布的对比分析，探讨其相同与相异；根据局部地区所表现出的特例，研究地名个体域的特殊景观，而这些特殊景观又构成多侧面的地名图斑景观。上述诸多课题的研究，形成地名地理学的独特研究方式。

一、地名的纵向地理分层示例

中华民族有着十分恢宏的历史，在创造中华民族整体文明的同时，创造了繁花似锦的地域文化。地名作为历史的见证，参与了各个历史时期的文明"大合唱"。中国文化相对于印度文化、古埃及文化有自己的根。在中华文化中，含有各民族、各区域文化，诸如藏文化、蒙文化、楚文化、齐鲁文化等。历史是公平的，各种文化都在发展，同样给地名以语言、区域、历史、文化、政治、经济的印染。大千世界，造就了花团锦簇的地名区。

（一）古地名源流区

历史学家们把长江、黄河比喻为中华民族的母亲河，是孕育中华民族的摇篮。两河流域尤其是中下游地区，历来为中华民族的中心区，经济发达、人口密集，城镇和农村聚落出现早而且成群。该区亦是部落、王侯之间争夺最为激烈而频繁的区域，文化发达与刀光剑影并存。地名伴随人类长达数千年的漫长历史演变而形成、发展，远古祖先的大多数活动足迹都已荡然无存。地理环境发生了巨大演变，想要寻找一个完整古代城池、聚落遗址已成为奢望，而起源时对古地名体之称谓就更难传承了。

各地住人岩洞的发现，为人类早期居住场所提供了一个实例。可谓是自然地名体。甲骨文地名中既有大山、丘陵、平原，还有河、川、泉、泽以及四周聚落。根据古遗址的出土，证明古代人口密集地出现在中原地区，并且映现了黄河流域的古时地貌。可以推论，两河流域是中国地名发生的最早区域之一，亦是古老的甲骨文地名发现最集中的区域。证明两河流域是中华文化发祥地，是地名文化的汇集区之一，是最适合人类生活的地理区。

两河流域是行政区域划分最早的地方。《禹贡》是先秦时期的作品，将中原区域划分为九州或称九个地理区域。"九州"成为最古老的地域名称。

根据郭沫若主编的《中国史稿地图集》，在"原始社会"图幅上，古遗址集中分布在黄河与长江两河流域，传说中的原始社会部落分布，黄河、长江流域有熊氏、陶唐氏、虞氏、高阳氏、高辛氏、伏羲氏等，分布在两河流域中下游农耕为主的地区。夏代亦大体相同。西周时期黄河、长江中下游地区图幅，明显可见其聚落沿两河向西部延伸、向南北扩展之势。综上所述，古地名源流区与集中区为两河流域中下游地区的推论是可以成立的。

（二）千年古县集中分布中原及东部沿海

据民政部地名文化研究课题组初步统计，一千年以上的"千年古县"有800多个。其中，山西有58个、山东70个、河南80个、陕西44个、江苏48个、河北86个、安徽28个、浙江45个、福建35个、江西60个、湖北42个、湖南41个、广东26个、广西33个、四川53个、重庆15个（10个以下千年古县的省份未列）。千年古县主要分布在黄河、长江流域，尤以中部地区集中。这再次证明，中原为古地名集中区。

（三）地名历史沿革断层区

地名沿革出现断层区，是地名纵深发展的特殊现象。单体地名的断层现象较多，而作为一个大的地理区，出现成片地名历史延续的断层是少见的，比较典型的为东北地区。

辽、吉、黑在中国版图的东北部，幅员辽阔，物产丰富，历史悠久。在地理上和中原紧密相连，在经济与文化的联系上源远流长。秦始皇统一中国后，在东北设置右北平、辽西、辽东三郡，管理东北地区。到了明万历四十四年（1616年），努尔哈赤称汗，建立了后金政权，至1635年统一了东北境。清天聪九年，东北"女真"改名为"满洲"，"满州"是族名，后成为东北地区泛指地名。这是族称与地称演变成共用的名称一例。清入关后，在东北设置了奉天、吉林、黑龙江三将军，"凡满洲、蒙古、汉军八旗事物，则统之于奉天将军；凡民人事物，则统之于奉天府尹"（《清朝文献通考》卷271）。这是针对当年东北地区特殊性的特殊管理模式。因为，在大批满族进关之后，东北地区开始封禁。

东北地区历史沿革断层，大致因两个原因造成：

其一，《尼不楚条约》改变了东北历史边界，原为满语或汉语地名，改名为俄语地名，如"海参崴"更名为"符拉迪沃斯托克"、"伯力"更名为"恰巴罗夫斯克"、"双城子"更名为"乌苏里斯克"等。上述被当时沙俄割去的地方，区域内自然村一类住地名被弄丢了，无法再延续下去，出现了地名的断层。

其二，是满清夺得中国政权之后，清军与旗人大量南迁入关，居住在东北的满族，大多移住中原或去各省做官或做地主，成为"八旗子弟"。清康熙二十年（1681年）东北封禁，乾隆五年（1740年）颁"流民归还令"，至咸丰十年（1860年）的封禁长达180余年东北地区。由于此，东北地区大量人口外迁，汉族禁入使聚落废弃，从而使地名出现了沿革断层。表现为，现有市县的建制历史均较短。古县、古城、古镇、古聚落等大多数只有二、三百年地名沿革史。

其三，东北地名受地缘政治与自然地理区域特征制约。东北地区封禁之后，政区与聚落地名大都呈现断层，后因管理与国防需要又出现新的另类地名称谓。首先，在黑龙江境内山川险要和边境之地，设置卡伦67处（卡伦：满语，哨所，哨卡意）。这些"卡伦"大多成为近代东北最早的一批地名。东北地区的柳条边，成为封禁区一条地名风景线。柳条边，清康熙二十年（1681年）在东北中部，主要在现吉林境内修筑的封禁边墙。在三尺高、三尺宽的土墙上，每隔五尺种三棵柳树，树之间再用两根柳树条横编起来，形成柳树帐子，俗称柳条边，又称边墙。柳条边外还有土壕，初期壕中灌水，阻挡汉、蒙族进入大黑山以东封禁区。从开原威远堡起到舒兰县法特哈边门之北松花江为止，边墙共长345公里，经过梨树、伊通、九台、舒兰等市、县。清初，辽宁境内自凤凰城经开原到山海关的边墙，俗称"老边"；吉林柳条边，称"新边"。因老边墙之故，出现了"老边"、"边里"、"边外"等区域地名。吉林边墙和长城一样，置有28个边台，有兵驻守。今吉林省九台市即当年28个边台中北数第九台，故名。三台、四台、五台、六台、卡伦等地名皆出于此。在封禁区广设满族狩猎区，有的猎区名称转借成为住地名，沿用至今，如"卡伦"。而"白旗屯"、"红旗屯"、"兰旗屯"等地名，亦是清政府在东北封禁区的产物。当时柳条边以东地区，为留守东北八旗兵驻军区（八旗为：黄、白、蓝、红与镶黄、镶白、镶蓝、镶红旗），八旗是军事组织，又是行政组织。战时为军，平时为民。由于满族都编入八旗籍，故满族又有旗人之称。在今吉林省九台市境内仍存留有白旗屯、红旗屯、兰旗屯等地名。再一个显著的特征是地理区域内，以"窝棚"、"窝堡"、"窝铺"、"马架"等做聚落通名的较为普遍。东北地区在清康熙年起封禁，乾隆、嘉庆年又一再颁发禁令，虽然奏效，时久仍难以阻挡关内无地可耕的农民涌入，形成移民潮流逐年加大，山东数百万灾民"闯关东"之潮难以控制。到嘉庆初年，多种原因迫使禁令渐驰，准单身汉族和持官方文书的灾民入住。这些灾民一无所有，来东北之后，多是同族、同乡等几户人家，从事开荒或租种满族官员或旗人土地。初期，多用树枝等支起简易"窝棚"、"马架"而居，因此形成诸多"李家窝堡"、"王家马架"、"燕儿窝棚"等地名。据德惠县1983年地名普查时统计，自然村以"窝堡"为通名的126处，占自然屯总数的8％以上，称"马架"的有22处，二者相加约占总数的10%。根据高阁元先生发表的《德惠县自然屯剖析》一文中分析，全县自然屯2030个，在清末前后建屯的1931个，占95%。聚落形成时间很短，与东北地名断层历史相对应，并证明东北地理区由于清朝封禁所造成的地名断层，表现的是十分明显。

二、地名的横向地理分区研究

原设想按地理学的分区框架，以地名的内涵填实传统地理大区的划分根据。在实施过程中感到，不仅工程浩大，初步分析地名的分布特征并非以传统地理区为限。因此，本节暂以大区为题，尽可能以省级区域分析为主，在大地理区中，重点剖析地名内涵特征极为明显的地方，以地形区或民族集中区作为地名版块区加以论述。这种以"点"带"面"的方法，是否适宜，只能说是一种尝试。地名内涵是一种文化表现，故本节参照了《中国国家地理精华》（吉林出版集团2007年版）。一些总体论述，不一一引证。按地理文化区叙述地名是一种选项，这种选项是开放的。

（一）华北地名区

华北包括北京、天津2直辖市，河北、山西2省和内蒙古自治区。按照文化地理区的划分，有首都文化、燕赵文化、三晋文化。华北是中华民族发源地之一，以北京胡同地名文化、天津商埠七十二沽地名文化、河北承德园林地名文化、山西古建筑名称文化、黄土高原地名文化为特征，地名有明显表现，区域特殊词语均较明显。

1. 北京地名板块区。北京是世界名城、中国最重要的古都之一，位于华北平原、蒙古平原、东北平原三大地域的中枢。背山面海，地理位置十分显要。历来为重要中枢地区之一。开发早，名称多变。是北京人、山顶洞人的发生地。古称燕和蓟。《史记·燕世家》载："周武王之灭纣，封召公于北燕"。辽时称燕京，后更名为中都。元至元九年（1272年）忽必烈改中都为大都，成为中国多民族政治中心。洪武初年，改大都为北平。明永乐元年改北平为北京，成为明朝政权中心。清入关后，于清顺治元年（1644年）定都北京。北京地名，明显反映了都城的特点。表现在完整的都城门的布局，如德胜门、永安门、东直门、朝阳门、东便门、广渠门、永定门、右安门、广宁门、西便门、阜成门、西直门等，成为北京城区街路地名的骨架，成为主要方位标志建筑物，更是明显的地名方位标志。帝王的皇宫—故宫，还有天安门（金水桥）、午门、太庙、天坛、地坛、日坛、月坛、祈年殿等，以及帝王陵墓—永陵、长陵、定陵等，还有皇家园林—颐和园、静明园、圆明园等，都成为主要地名，并映视着"普天之下，莫非王土"的家天下文化及围城文化的特点。北京胡同文化，成为中国地名文化的一个靓点。研究北京胡同地名文化的书籍之多，难以统计，其研究范围之广、探寻地名文化根之深、考证来由之精细、地名文化延伸触角之多领域，可谓是地名文化研究之最。北京胡同名称虽然多为"约定俗成"，且受王城之影响较深，地名意义以衙署、官宦、贵族府第命名者较其他城市为突出，如兵马司、太仆寺、太常、京畿道、察院、按院、兵部、贡院、校尉营、钱局、石驸马、许游击、武定候、肃宁府等。北京的"栅栏"地名亦很有特色。北京地名明显托出了京城文化的内涵。北京，是明清以来中国都城。在中轴线上的"故宫"、"天安门"一直为北京的地域标志。而2008年北京奥运会修筑的巨大运动场"鸟巢"、"水立方"也位在北京城中轴线北部，成为北京现代化地域标志。"天安门"、"鸟巢"这新与老的"地标"，说明北京从古老已走向现代化文明。

2. 天津地名板块区。天津七十二沽与租借遗存，是天津地名板块特征。天津最早名为"沽"、"海津"，均与"水"相伴，反映出天津面海、地势低洼之地理特征。"天津"一名出于明永乐二年，朱棣入靖内难，由此济渡沧州，后取名天津，（取天子渡津之意）。天津七十二沽甚为有名，如大直沽、塘沽、汉沽、咸水沽、丁字沽等。这类以"沽"做通名的地名，反映天津古来靠漕运兴市之特征。同时，反映近海特征的地名—"盐"、"滩"占有很大比重，如汉沽区823条地名中，以"盐"、"滩"为通名的417条，约有二分之一。天津为北京近畿要地，历来驻有重兵，故以"营"（兵营）命名者颇多。受北京影响，以"胡同"做巷通名者过半，只是以"里"做通名的占有相当比重，此点与北京略有不同。另，天津街路中，东西向以"道"做通名者为众，这在全国城市街名中为之一景。在清光绪二十六年（1900年）八国联军入侵中国之后，天津辟为九国租界，在租借区出现一些以外国人名、地名作街道名者不为少，这些地名反映了民族的沧桑史。天津市是中华民国历届总统故居最多的地方，袁世凯、黎元洪、冯国璋、徐世昌、曹锟等在天津都有故居，这些住地名成为显著人文地名标志。

3. 河北地名板块区。河北是燕赵文化的故乡。河北在华北平原北部沿海，黄河下游，是中华民族最早文明发祥地之一。燕赵大地历史源远流长，许多古老地名都成为燕赵历史文化的化石。古县涿鹿发生的"涿鹿之战"、"阳泉之战"，见证了中华始祖炎、黄、蚩三祖文化。河北境内有86个千年古县，居全国之首；有千年古村落5972个，占全省自然村的7.4%。这些古县、古村都记录了燕赵大地的精神文明与物质文明。如古县涿州的三国刘、关、张桃园结义的故事及有关地名，揭示了这里是中华义文化的发祥地；古县武安的磁山文化遗址，见证了这里是中华农耕文化的发祥地；古县赵县的大石桥是世界"敞肩拱"桥的鼻祖，见证了中华桥梁文化的靓点；秦皇岛市的"天下第一关"和长城"老龙头"，见证了中华长城文化的精髓……

4. 山西地名板块区。西周初，此地为晋国。春秋后期，魏、韩、赵"三室分晋"，史称"三晋"。尧都平阳（临汾）、舜都蒲板（永济）、禹都安邑，都在晋南境，是中华民族的发祥地之一。甲骨文中有路、黎、霍等。周为潞子国、汉为潞县后改潞子县、潞城县，该县名沿用至今，长达3千余年，是县名历史最长的一个。东周时的县名，仍在沿用的有17个，如曲沃、蒲县、中阳、襄垣、屯留、祁县等。山西在历史上对中国政治、经济、文化都产生过巨大的影响。山西有"中国古代建筑博物馆"之美誉。保存古建筑有1800余处，古建筑类地名为全国之最，含古城池、古居民、寺庙、宫殿、石窟、古塔、陵墓、戏台、古军事设施以及石刻、雕刻、壁画、琉璃等。古建筑在境内广泛分布，构成极为丰富、极具特色的地名群。其中，有些地名具有标志性意义。"云冈石窟"已列入世界遗产名录，是中国三大石窟群之一；"五台山"声名远震寰宇，为四大佛教名山之首；五台山佛光寺建于唐大中十一年（875年），为中国古结构建筑杰出代表；建于北魏的"悬空寺"（浑源县境），建在翠屏崖腰部，超奇出凡、巧夺天工、攀附山崖，属地名实体中的神奇。"晋商"文化在中国经济史上有浓浓一笔。"平遥古城"成为晋商盛时的标志，这个有2700余年历史的古城，保留着明、清时建筑风格，是研究中国文化史、建筑史的活标本。晋商亦留下了小地名，如祁县"乔家大院"、灵石的"王家大院"、太谷的"孔家大院"等，经影视宣传后闻名全国。山西地名中保留了古老的部落和姓氏，如令狐、库狄、豆卢、密、撒、等。在地名通名中，反映黄土地貌的有堙、塬、垣、峁、坝、圪垯等。"太原"一名，即是晋中平原的写实。三晋地名的古色古香为世人所敬仰。

5. 内蒙古地名板块区。该区域显现了蒙古族长期游牧的地名文化。蒙古族以"永恒之火"为民族之魂，自古以来就生活在内蒙古大草原，以勇敢剽悍著称于世。以游牧生活为主的生产生活方式，铸就了特异的地名文化。"逐水草而迁徙"成就了蒙古族驰骋于欧亚大陆的无畏气概，"马背上的民族"为"草原骄子"，内蒙古草原面积居全国之冠，故草原名称起到重要指位功能，其地名的内涵反映草原文化。"呼伦贝尔草原"由"呼伦"（意为水獭）和"贝尔"（意为雄水獭）组成，历史上以两湖盛产水獭而得名，是世界三大草原之一。"腾格里"蒙语意为"天"，"乌兰布和"蒙语意为"红色公牛"，"毛乌素"意为"不好的水"，"科尔沁"为蒙古族部落名称的借注等。在河流名称中，其内涵多对大自然的描述。如"扎敦"意为"光滑的"，"葛根高勒"意为"清澈透明"，"乌苏图勒"意为"急流"，"乌兰木伦"意为"红色的河流"等。地名词十分悠扬而美丽，成为一道亮靓的地名风景线。在行政区域地名中，有32个旗取旧部落名称，占自治区旗、市名称的60%。"昭君墓"占地1.3万平方公里，位于呼和浩特南部、大黑河之滨。昭君墓又称"青冢"，蒙古语称为"特木尔乌尔虎"，意为"缺垒"。墓前有平台及阶梯相连，与帝王陵外观似同，周围芳草萋萋，古树参天，充满神韵，述说着昭君出塞为汉、蒙和亲展现的亲情以及为民族和睦做出的贡献。昭君墓，成为内蒙古最著名的地名，深含着传统文化中蒙汉民族之间"和为贵"文化的底蕴。

（二）东北地名区

东北地名区，含黑龙江、吉林、辽宁3省，以满族地名文化为靓点，在地名内涵上反映了满族习俗及其民族史。"闯关东"时留下的地名景观，虽俗成却大器。东北有大江、大河、大平原、大森林、大油田……冬季漫长而寒冷，养成东北人的豪爽大气。正像赵本山小品说的"火辣辣的心，火辣辣的情"；《关东恋》书上讲的更形象："关东的歌，关东的酒，关东的小伙关东的姐，关东人想爱就爱个够，关东人要走就是一去不回头。"故此，在地名上亦表现出大气、粗犷的文化。

满语地名遗存遍布三省。省名中"吉林"满语意为"沿江"，此江指松花江。黑龙江原称"萨哈连乌啦"，意为"黑色的河流"。古名"黑水"，因江水微黑、状如蛟龙而得名。该名称似乎与满族、汉族皆以龙为图腾有关。在市、县一级地名中，满语地名占有一定比重（括号里为满语原意）。如"呼兰"（烟囱）、"海伦"（水獭）、"穆棱"（产马地）、"依兰"（三姓）、"宁古塔"（六居址）、"阿城"（阿什城）、"牡丹江"（弯曲）、"爱辉"（可畏）、"巴彦"（富饶）、"嫩江"（妹江）、"舒兰"（果实）、"双阳"（浊水）、"蛟河"（狍子）、"四平"（细直或锥子）、"梅河"（大蛇形河）、靖宇县原称濛江县（珠子河）、"图们"（万）、"敦化"（风口）、"珲春"（边地）、"和龙"（山谷）、"汪清"（堡垒）、"法库"（鱼粮丰饶）等20余市县名。东北较大河流中以满语命名者有："松花江"，原满语称"松嘎里乌拉"，意为天河或白色河；"古洞河"，满语称"通集必拉"，意为急流；"拉法河"，满语意为熊；"鸭绿江"，满语意为鲤鱼或水色如鸭头；"图们江"，原满语称"图们色禽"，意为万水之源等。"长白山"，原称"国勒敏珊延阿林"，满语意为长白山；"星星哨"，满语意为榛子；"取柴河"，满语意为沙狐。东北地区不仅满语地名广布，而且也是满族自治县最为集中之地，如岫岩、清源、新宾、本溪、桓仁、宽甸、北镇、伊通等自治县。东北有地名标志性建筑—沈阳故宫，是举世仅有的满族风格宫殿建筑群。房间300余，建设百年完成，迄今保存完好，属于极注目的地名体。东北在地图上的东部地区，有许多以"窝集"为通名的地名。"窝集"满语意为"森林"或"林木丛杂"，北大仓多"窝集"、"沃沮"地名，与东北东部山区山高林密多原始林的地理环境相印证。在解放初期，"窝棚"通名在平原地区较多，都有一段闯关东的故事。

东北地名景观中，有极具特殊性质的殖民地名称，如伪"满洲国"及满洲国时期的省、县设置及其名称。还有过"新京"这个地名，这是明显的殖民地称谓，是日本侵占东北时期留存在地名上的痕迹。还有，长春市中轴线大街今人民大街，伪满时称"大同大街"。

（三）华东地名区

华东地区包括，上海、山东、江苏、浙江、安徽、江西等1市5省，是中国当今最发达的经济区之一，也是华夏民族地名源流区之一。该区是河姆渡文化、良渚文化发生地。这里出土的文物中，发现了刻画在器物上的文字。专家认为，这些文字属"原始文字"，是汉字走向成熟的前奏。和县龙谭洞猿人遗址，是中国长江下游发现的最早的古人类遗址。上古时期，传尧封彭祖于今徐州市境。《禹贡》中此地区为九州中之徐州、扬州、青州等，这些州名大都沿用。殷商时期，华东即是商王朝的主要活动区域之一，出现了亳、庇、奄等商都名称。山东、江苏等两河中下游出现的郡国名称，成为史籍上最早记载的地名，如齐、曹、滕、薛、莒、邾、杞、郯等诸侯国名称。先秦出现的曲阜、临淄、聊城、郓城等名称，仍在沿用。华东地区集中了大量的古地名，是千年古县、古镇、古村集中区。同时，不仅是儒家文化的辐辏区，也是儒家先师孔府所在地。通名（村镇）多用楼、亭、堤、桥、寺、庙、宫、窑、墩、店、铺、驿、集、寨、屯、渡、津、城等字。还有"夼"（山沟中小平地意）也常使用。因黄河之故，以"口"字为通名者沿河为多。

1. 曲阜孔庙板块区。曲阜的孔府、孔庙、孔林等，为儒家先觉先师孔子的诞生之地，为传统儒家文化的源流区。在这里，地名与传统文化凝固在一起。

2. 吴越地名板块区。华东地名，是古吴、越语地名的遗存。商末，周王子太伯、仲雍从陕西迁无锡梅村，建句吴。后又以今苏州为中心建立吴国，吴语广泛通用，产生了相当数量吴语地名。如句容、无锡等市、县名称，睢宁县的古邳，新沂市蚵晡村，铜山县大彭村、上洪、下洪等，徐州市秦梁洪等村镇名称，均属吴语地名遗存。此外，苏州市的别称"姑苏"、常熟市简称"虞"，亦为吴语。越语地名主要在浙江的浙西、苏南、会稽、四明等半山区，以宁绍地区为集中区，如大越、埤中、鄞、余暨、甬东、诸耶、杭坞、练塘、朱余、句无、姑末、语儿、武源等。秦时在会稽地区置20余县，多为越语地名，如乌程、余坑、钱塘、上虞、余姚、武原、句章、乌伤等。在越语中地名通名的汉语译写，多为"句"、"余"、"乌"、"无"、"于"等，多数含意难解，只有"余"字，史书有记载。

3. 通名特点。华东地区东部临海，河流、湖泊众多，地名的字里行间存有明显的"水乡特色"。据统计，江苏省二千余个乡名中，三分之一与水有关，地名中以海、洋、江、淮、沂、沭、泗、河、港、沟、溪、泽、塘、浦、漾、蜊、圩、湖、荡、港、滨、渎、汩、泽、泉、水，桥、垛、堰、墩、坝、闸、堤、埝、渡，沙、滩、湾、洲等字做通名者普遍。在山区多以山、坑、岭、坞、垄等做通名，在平原区多以畈、田、地、里、棚、堂、疃、营、场等做通名。而在安徽地域，则以楼、寺、庙、阁、观、闸、堂等做通名者较多见，而阁、观、堂等通名与佛教、道教寺庙、道庵等建筑较多且分布较广有关。

（四）华中地名区

华中，含河南、湖北、湖南3省。历来为中原地区。泛指秦岭、淮河以南，南岭以北，巫山、雪峰山以东。北部有黄河，南有长江，五岳之中有中岳嵩山、南岳衡山。是古代与现代居民地与人口最密集区，亦是各类地名集中区。华中在夏、商时期为京畿地，西周为东都之地，东周为京畿地。西汉末期为豫州，居九州之中，故习称河南地域为"中州"或"中原"。传说中的伏羲、尧、舜、禹等，均与中原有缘。传舜封长子商于虞，为古虞国。禹，即今禹州。甲骨文记载的衣、雇、宁、间、凡、苗、洹等诸多地名均在中原地区。禹都阳城为今登封；盘庚迁殷，为今安阳；周公营造雒邑，为今洛阳。千年古县近80个，占市、县总数二分之一以上。河南殷墟是中国奴隶社会后期都城遗址，距今3300余年，出土了大量甲骨文、青铜器等。殷墟文化对中华文明的形成与中原文化的发展起到了至关重要的作用。1971年发掘的长沙马王堆西汉古墓，出土了古代地图，对研究古代地图及古地名有着极重要的价值。湖南省市、县名中的十个"阳"、一个"阴"，极富地名命名特色。"十阳"为岳阳、祁阳、益阳、耒阳、浏阳、邵阳、麻阳、黔阳、桂阳、衡阳等，一"阴"为湘阴。华中地区以姓氏命名的村镇较为普遍，在河南以姓氏为主的地名，约占村镇地名总数的70%以上。通名多使用"村"与"庄"，与北方通名用字习惯相同。而湖南与水有关联的地名较多，在县名中与山水有关的占市、县名总数的40%。而在山区使用的通名，一部分通名与北方省份共用，如山、崖、沟、峪、坪、岭、岗、盘、岔等。而塬、垮、垴等通名，在东北地区则很少使用。在地名上反映中原水利资源丰富的靠水地名占有大宗，如通名中的"湖"、"港"、"汊"、"滩"、"洲"、"渡"、"桥"、"垸"、坝等。由于方言之故，有特殊用字。较典型的用字为"吉"（yue），指田埂上放水的缺口；"勒"（le），指荆棘；"塔"（ta），意为平地。湖北的湖名占有重要的位置，有"千湖省"之称。著名湖泊如"洪湖"、"长湖"、"三湖"、"白露湖"等。

湖北是楚文化的发祥地，地名渊源很久远。荆为楚国别称，以"荆"为名者有荆州、荆江、荆门山、荆门市等地名群。其中，荆州在《三国演义》中很有名，甚至产生了成语"大意失荆州"。并且形成与楚文化相关的地名系列，如南漳"玉印岩"、钟祥"莫悲湖"、姊归"屈原乡"等。湖北土家族地名群落很有特色，聚落多建在山间平地且滂水，故多用"坪"、"湾"、"口"、"垸"、"矶"、"塘"等字作为通名。

（五）华南地名区

福建、广东、海南3省，有数千米海岸线，众多的岛礁名称，是该区最为突出的地名特色。福建省简称"闽"，广东省简称"粤"，两省合起来简称"闽粤"，其地理环境近似，常常被连念，在某些人文方面视为一体。福建古为八闽地，广东古为百越地，均为古代少数民族聚居区域。古代少数民族语地名的遗存，是该区域又一特征。由于"福建"二字含义甚佳，古来就形成"福建"二字派生地名群。如福清、福安、福鼎、福宁，建安、建阳、建宁、建瓯、建溪等。这在地域地名中是少有的派生地名群。福建、广东、海南均多山，福建"六山三水一分田"，广东、海南等省山地多于平原。在通名上，以山或山含义之字做通名者较多。如岐、崎、嶂、门、埔、坪、坂、墩、峒、洞、圮等。闽南语作通名地名中以嶂、埠、背、礁、涪、圳、洋、寮等多见，而粤语通名主要用字为涌、冲、坭、坿、凼、漖、沥、嶂、埠、背、坋等，其中，澳、涌、涪、圳、洋等通名使用频率较高。需要指出，这些通名含义并非通常汉字意，如"洋"指较大的平地，"寮"同"芊"指小尾等，"厝"为房屋之意。广东西南部，留有古越语通名为首地名词，出现通名居首的倒置的地名遗存。如迈陈、迈墩、那练、那松、南兴、那里、调风、调错、迈进、迈港等。古越语，"迈"为木，"那"为田，"调"指坡地，"南"指水，"板"指村或屋，"抱"指聚落等。古越先民对鹤等动物的崇拜，在地名上也有表现，汉字写作"麻"或"马"。以"溪"作河通名较普遍。福建原居民迁居台湾之后，命名心理及行为模式影响到台湾岛河名命名，该岛河名除个别的以"河"做通名外，百分之九十以上以"溪"做河通名，是河名景观的特殊区。说明，福建地名"移居"台湾者众。

（六）西南地名区

西南地区含广西、重庆、四川、贵州、云南、西藏等省、市、区。西南地理区地形极富多样化，是面积最大的地理区之一。在主地名特征上则各有特点。尤其是以西藏为主体的藏语地名和以壮语地名为主的广西壮族自治区其特征更显明。

1. 四川地名板块区。四川省是古老的人口大省之一，聚落地名数量达55万之多，居全国前列。商、周时期，四川盆地建有巴、蜀两个奴隶制国家。在甲骨文中有"巴"和"蜀"之名。巴都为江州（今重庆）、蜀都为成都。古"巴蜀"名称从远古走来，经数千年传之现代，成为四川省代称。《禹贡》中的梁州，含今四川地，并记述了沱（沱江）、桓（白龙江）、岷山、蟠（大巴山）等地名。《山海经》中有江州、巫山、若水（雅砻江）等地名。三国时，蜀为一方，演绎刘、关、张及诸葛孔明奇才故事，均留在地名上，成永久记忆。四川省山多河多，因山与水而得名的县、市名，约占总县级政区名的二分之一，如以山或与之关联为名的峨眉山、眉山、乐山、彭山、巫山、屏山、秀山等，以水为名的黑水、汶水、沫水、金川、渠、泸、中江等，还有依山傍河而命名者如乐至、雷波等。而且，彝语汉译地名通名占有一定比重，"波"为山、"依"为水、"依莫"为河、"洛依"为江、"书"为湖、"觉洛"为平坝；羌语汉译地名通名者有"杀梯"为高山、"米子"为近山村、"利布"为平地、"壳查"、"斗簇"为村寨等。而汉语地名通名使用较多的为"场"。

2. 贵州地名板块区。贵州是多山地区，山地面积约占总面积的87%，多数县名与山相关，如云岩、平坝、关岭、独山等。贵州多少数民族，在县级政区名中，部分为少数民族语地名，如毕节、纳雍、赫章、凯里、乌当等。少数民族语地名分布，大体分为四片，即黔南苗语、侗语地名分布区，黔南、黔西南布依语、水语地名分布区，黔西彝语地名分布区，黔北、东北为汉语地名分布区。各分布区的地名常用字存在着区域差异，如在六枝特产区驻地附近，号称有"三十六那（纳）"、"七十二嘎"。在山区"那"意为深处或里边，"嘎"表示山垭口、山脊或院落。还有，以十二生肖做通名是其一大地名特色，如鸡场、羊街、龙街等。汉语地名的通名多用"寨"、"坝"与"坪"。通常"坝"比"坪"要宽大些，"坪"多用在山上之地。苗语地名通名在前、专名在后，而其专名也不是很"专"，实际上是关系词，译写成汉语后为"河边"、"江边"、"水边"者为多。较为突出的是"那"字做通名的，不仅在"三十六那"地方有，其他邻地亦有分布，总之"那"用在少数民族语地名中较多见，有的县占较大比重。"那"（纳）在多数地方通常是"田地"之意，主要反映社会在向农耕转型时的地名记述。在贵州地名通名中，"司"的存在是"土司"制度的反映，"乌罗司"、"平头司"等地名大多为土司驻地或羁縻州、县治所。这是少数民族区政区名称的特殊形式。总之，贵州是多民族地名的"百花园"，意境细微，深入了解才能明其意。

3. 云南地名板块区。云南省与贵州省有相似性。山区面积占到九成，聚落名称与自然环境关系密切。云南多民族聚落，地名丰富多彩，少数民族语地名占到四分之一，有"地名博物馆"之誉。彝语，用"甸"与"底"（平坝）、"米"与"迷"（地方）、"卡"（村）、"白"（山）等做通名者为多；傈僳语亦用"底"做通名，含义为小平地，"卡"是"寨子"意，同村庄；而纳西语"坝子"用"迪"音，"地方"发"昌"音；拉祜语"地方"发"邦"音、"平地"汉字写成"夺"字、"卡"为"寨"与彝语相通。傣语地名数量较大，其通名有"勐"（平坝）、"曼"、"芒"（村）、"景"、"姐"（城）、"嘎"（街）、"南"（河）、"雷"（山）、"磨"（井）、"蚌"（温泉）等。壮语地名中用"那"者多见，"那"在壮语中亦为"田"，说明"那"字在地名中应用较广，而含义相同或相近。"那"原始意与族亲缘有关。在少数民族语地名中，有的译成汉字注音很长。傣语、壮语、佤语等地名，通常通名在前、专名在后，时而"专名"不专，如"仲曲"意为河边村，"那晚"意为"种田村"，"仲"与"曲"、"那"与"晚"都可以用做通名。由于每个民族对同一条河称谓不同，一河多种称谓现象并非特例。如金沙江，仅元代就有6个名称，藏语为"犁枢"、蒙语称"不鲁思"、"不里郁思"。各民族融合地名，多达二千多条，这是中华民族互相包容的情怀在地名上的映现，也是"兼相爱"、"交相利"（《墨子·兼爱中》）的传统思维惯性在地名上的反映。

云南东部地名多有以所、堡、营、屯、旗、官、哨、庄等为通名的村庄，如陆良县的"左所"、"右所"、"刘官堡"、"伏家营"、"邑市屯"、"曹旗堡"、"周旗堡"、"朱旗田"、"孙官庄"、"棠林哨"、"松林哨"等。这些地名来源于明代的军事制度，明王朝在开发边疆中，在全国设立多个都指挥使司，都司以下分设卫、所。这些设施还与屯田制度相联系。由于军屯都有固定的戍所，军籍世代相传，官兵皆有家室，故设屯聚居成为村庄，于是带军屯色彩的地名就应运而生，有些名称流传至今。

4. 广西地名板块区。壮语地名分布广泛，大约有七万余条。"那"字做通名占有一定比重，"那"（田地）字做通名，说明广西是多山少田的自然地理区，反映了人们对"田地"的关切。此外，壮语通名还多用"黑"、"者"（地方）、"洞"（小平坝）、"南"（山梁），而"峝"、"六"、"板"、"古"、"龙"、"陇"、"弄"、"拉"、"百"、"布"、"晚"、"坡"等，均为村、镇之意。常常通名在前，成为状语地名的特点。"桂林"、"苍梧"、"荔浦"、"合浦"、"灌阳"等地名历史悠久，名称沿用长达两千年以上。而"桂林山水甲天下"是地名的又一种解读，反映了喀斯特地貌造型奇特的魅力。

5. 西藏地名板块区。西藏自治区是藏语地名最为集中的地域，藏语地名约占全部地名的九成以上。西藏地名是原生态地名保存最完好的地方，无论是政区名称，还是山水名称，抑或是聚落名称，都是和自然的完美结合。在人们赋予地名时，必然充满神奇的遐想，对神灵的崇敬。地名中受藏传佛教影响之深、之广，在全国屈指可数。"布达拉宫"意为观音菩萨所居之处。世界第一高峰"珠穆朗玛峰"意为神女峰，"珠穆"可译为"圣母"、"女神"。还有"神山"（冈底斯主峰冈仁波齐峰）、"圣湖"（玛旁雍湖）、"纳木错"（天湖）。而"拉萨"其意为"圣地"或"佛地"。在西藏78个市、县名称中，其含义与佛、神相关的就有14个，占市县名总数的18%，如"隆子"（佛教观中心）、"班戈"（保护神）、"嘉黎"（神山）、"拉孜"（神山顶）、"革吉"（神名）、"贡觉"（活佛地）等。在村镇地名中与佛意有关的地名也非常之多，如"乃琼"意为小圣地或护法神、"恰拉"意为神山、"拉隆"意为神地、"拉曲"意为神河、"纳木错"意为天湖、"拉龙"意为神地、"德木"意为神仙名、"纳玉"为圣地、"茶尔"为宗教谷、"拉布"意为天神之子等。总之，以"拉"字组成的神韵地名群，是西藏地名突出特征。这一特征与西藏及其佛教文化历史极为悠久相印证。寺庙名称广布西藏各地，活佛、僧侣、信众之多为全国之最，与地名常相融合为一体。西藏以佛教为地名内涵的信仰文化，为地名文化一大特点。西藏地名文化中，值得一书的是文成公主进藏和亲后所形成的地名，如"杰巴"一名，传文成公主到此地后，忘记行程之苦而名；"加查"含义为汉盐，传文成公主带盐到此，并且在山洞中放盐而得名。在"小昭寺"流传的文成公主故事，成为佳话，且久传不衰，在地名上烙印着藏、汉人民为一家。

（七）西北地名区

西北地区含陕西、宁夏、甘肃、青海、新疆等省、自治区。该区高山盆地相间，具有明显大陆荒漠气候特征。

1. 陕西地名板块区。陕西是中华民族的摇篮。关中平原是中华古代文化发源地之一。周文王都丰（今沣河西岸）、武王都镐（今沣河东岸）。丰镐、咸阳、长安等古之名城，为平原扼要地带。西周、秦、西汉及其后西晋、南北朝都在此建都，长达千年。陕西八条河流，泾、渭、浐、灞、沣、滈、涝等，史称"长安八川"。其中泾、渭分明，成为以地名"说事"的典故。"阿房宫"、"未央宫"地名都极负盛名。西安城在历史上的位移，说明地缘政治的变迁，统治区重点东移。

附:

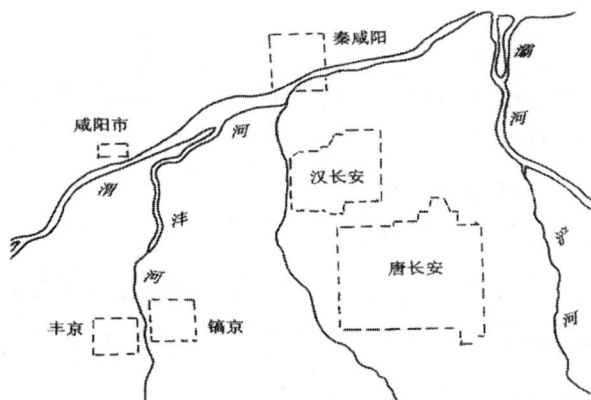

西安历史变迁示意图（引自《中国历史文化名城词典》）

　　几千年来，陕西省境内积淀了深厚的传统文化，留下了大量的古遗遗址，成为中国最著名的"历史博物馆"。秦兵马俑的出土震惊世界。以黄帝陵及秦、汉、隋、唐朝之王陵，成为世界华裔认祖归宗之地。该区有国家和省重点文物达409处，所有这些文物古迹名称，构成陕西极富特点的地名文化。而与传说相关联的女娲山、老母殿、姜嫄、黄帝陵等，给地名涂上更加神奇的色彩。陕西境内地名保留着古部落、古国名称50余处，市、县名有千年历史的约有40余处，占市县名总数 30％。以故国、古部落、帝王、相陵、古城、古乡得名的市县名21处，诸如"黄陵"、"乾县"、"碑林"（区）、"灞桥"（区）、"未央"（区）、"雁塔"（区）、"长安"、"秦都"、"杨陵"、"商州"等。陕西不仅是古地名集聚区，亦是革命的红色地名区域。"延安"成为中国共产党领导的中国革命摇篮的符号，成为现代革命史标志性地名。志丹县成为红色根据地人名与地名合一的一个代表。陕西地名中，反映了黄土区与山区的地貌特征，多用原（塬）、梁（樑）、峁、崖、圪等字做通名。

　　2. 甘肃地名板块区。甘肃省境属于中华民族长期交融地带，是丝绸古道要冲。文化遗存多达3000余处，以仰韶、马家窑、齐家文化最具代表性。《禹贡》上的"三危"、"河黎"、"积石"、"石倾"等古老地名仍在沿用。西汉时政区名称如"敦煌"、"酒泉"、"张掖"、"武威"、"天水"、"陇西"、"武都"等名，仍是未变的今县、市名，"酒泉"已成为现代的卫星发射场。尤其难得的是，尚保留着秦、汉时原少数民族命名的县，如"宕昌"、"古浪"、"庄浪"等。历史上甘肃是封建王朝设防重点区，"武威"、"宣威"等地名的出现就是一个见证。境内有秦、汉、明各代长城，出现了以长城为名的地名群，如玉门关、阳关、嘉峪关、长城原、长城梁、长城坡、长城堡等，以及以烽燧命名的聚落名称和以驻军为意的"营"、"堡"、"寨"（砦）等通名。丝绸之路上的佛寺与石窟等名称，成为甘肃最具影响的地名群，尤以"莫高窟"、"榆林窟"、"天梯山窟"、"麦积山石窟"等盛名。

在敦煌县的小地名中，存在以甘肃省各县为名的特殊景观。反映移民在地名上的表现。清代的移民出现了新的地名形式，如三危乡有"泾州"（泾川）、"两当"、"会宁"、"镇原"、"狄道"、"灵台"等村名，杨家桥乡有"礼县"、"安化"（庆阳）、"洮州"（临潭）、"岷州"、"兰州"、"华亭"、"合水"等村名，孟家桥乡有"西宁堡"、"河州（临夏）堡"、"武威庙"等村名。村名的分布有一定的规律性，即党河以东各村名多为陇东、陇南各县名，党河西部名称则多为党河西各县名。敦煌县城内的街巷也有以县名为名的特征，如兰州巷、固原巷、伏羌巷（甘谷）、秦州巷（秦安）。嘉靖年间，敦煌一带成为吐鲁番的牧地，农田荒芜达二百年，直至清雍正初年才又从当时甘肃全省五十六州、县移民两千余户，到敦煌屯田。各州县迁来的移民按政府设定的区域居住，并以原来的州、县命名新村，所以今天敦煌才有如此整齐独特的村名。

3. 青海地名板块区。青海省柴达木盆地"雅丹"地貌，有"魔鬼城"之称，长江、黄河源流区是著名胜迹地。长江上源"通天河"的名字最富诗意，给人们以遐想。有人说，"到了通天河离天一尺多"，"到了长江源，可敲天宫门"，（因通天河的海拔达4500余米）。青海省少数民族语地名约占全省同类地名的七成以上。羌语地名曾覆盖全境，今尚存已很少，如"捏公"、"榆公"、"热贡"等。而两汉政权进入后，出现了政治化地名，如"临羌"、"西平"、"安夷"等。青海的县名中出现了以辛亥革命为标志的地名，如"共和"、"兴海"、

"同仁"等，是很有特色的。可可西里，蒙语意为"美丽的少女"，因为这里数千年人迹罕至，是片处女地，因此是中国最大的的无聚落地名区。

4. 宁夏地名板块区。宁夏回族自治区人口504万人，回族占34％左右。面积6.6万余平方公里，是人口较少、面积较小的省区。据传，东晋义熙三年（公元407年），匈奴自建夏国。夏国灭后北魏改为夏州，十一世纪在河西走廊又建起大夏，史称西夏。元代取"夏地安宁"之意置宁夏路。明代视宁夏为九边重镇之一，广设屯堡90余，烽堠（墩）485个。这批"堡"、"墩"成为境内较为古老的聚落，并以驻军首领为名，如"吴忠"、"潘昶"、"李俊"、"杨显"、"仁春"等；一部分则以军营的序列号命名，"头营"、"三营"、"七营"等。宁夏缺水，历代都注重兴修水利，因而留下千余以"梁"、"坝"、"闸"、"桥"等做通名的地名，如"秦渠"、"汉渠"、"小坝"、"大坝"、"高闸"、"黄渠"、"板桥"等。当地民众对主持水利建设的官员怀有敬意，如地名"通义"、"通贵"、"通伏"等皆与纪念清侍郎智通有关。北部多沙漠地形，与之有关的地名有"沙坡头"、"高沙窝"、"沙窝井"等。

5. 新疆地名板块区。新疆，古称西域，是我国面积最大的省级政区。国界线长达5400多公里。西汉神爵二年（公元前60年）置西域督护府。"清真寺"、"千佛洞"、"丝绸之路"、"吐鲁番盆地"、"帕米尔高原"、"楼兰古城"均极负盛名，承载着十分动人的历史和脍炙人口的传说。在地名分布上，显现了维吾尔语、突厥语、蒙古语、满—通古斯语的特征。地名成为古代多民族语的遗存，如"帕米尔"、"波谜罗"、"播密"、"罗布泊"、"蒲昌海"、"盐泽"、"牢兰海"、"罗布淖尔"等。少数民族语地名，约占同类地名总和的八成以上，其中维语占四成、哈萨克语约二成、蒙古语一成余。"喀什"、"和田"、"阿克苏"、"吐鲁番"等著名地名均为维语地名。新疆维族聚落多数与绿洲相伴，树木常成为村庄的标志，并多成为地名，如"博斯坦"（维语意为绿洲）、"库木巴格"（维语意为沙漠果园）、"苏盖提"（维语意为柳树）、"安吉尔"（维语意为无花果）等，此为维语地名的一大特色。

三、特殊通名的板块景观

地名作为语言的一种形式，受区域性语言使用习惯的影响较深，而一个特殊的历史时期的重要事件，常作用于地名上，故而形成特殊的地名地理区域文化景观。

（一）古稻区的地名通名

云南和两广自古为稻作文化地区，习惯或俗成地名用字"峒"，（或写作"垌"、"洞"），是一个很常见的地名通名用字。"峒"的分布地域，形成通名相通成片景观区，在壮、侗语中是指"露田场"，即同一水源的一个小灌溉区。在同一个灌溉区里从事稻作的人当然就同住在一个"峒"里，形成一个单独的居民点，名为"峒"。从某种意义上讲，大致相当于汉语的村，如"思把峒"地名含义就是"鱼寨村"的意思（"思"就是"寨"，"把"就是"鱼"）。"峒"的称呼也是自古就有的，唐代诗人柳宗元曾写有"青箬裹盐归峒客"的诗句。有大量"峒"字地名区，说明当地稻作文化发达。"那"，用于地名数量较"峒"为多，在海南、贵州、广东、广西地区均有分布。"那"（na），是田或水田用于地名的汉字用法。"那"字地名区为野生稻与栽培稻的分布区。广东境内较多，如"那合"、"那庄"、"那射"、"那马河"等；广西亦有，如"那满"、"那良"、"那马"；贵州，如"拉号寨"、"拉朗"、"那坎"、"纳云"等；云南也不在少数，如"那玉"、"那帕"、"那练"等。在一些田地金贵的地方"那"字地名景观十分密集。"那"在越南、老挝、泰国亦用，有时写作"纳"、"拉"等字。

（二）铜鼓地名

"铜鼓"地名在南方省份常见。"铜鼓"是一种打击乐器，流传在南方地区。据说此器发明于春秋时代，历史十分悠久。铜鼓作地名的流传，说明民族间的文化融合，以及在乐器上的挚爱认同。使用过铜鼓的有壮、侗、苗、彝等十几个兄弟民族。历代出土的铜鼓藏于各级文博单位的就有1300多件。"铜鼓"地名作为文化的反映，多集中于广东省和广西壮族自治区，散见于贵州、云南、湖南、江西和福建等地。如广东曲江的"铜鼓岭"、丰顺和文昌的"铜鼓山"；广西博白的

"铜鼓潭"、合浦的"铜鼓塘"、昭平的"铜鼓墟";云南盐津的"铜鼓溪";湖南靖县的"铜鼓卫";贵州石阡的"铜鼓关";福建永定的"铜鼓山";江西的"铜鼓县"等。广西红水河流域的壮族对铜鼓十分珍视,广泛流传着铜鼓神战胜水怪之传说,铜鼓并能保护民众安全。出土铜鼓最丰富的是云南和广西西部的少数民族聚居区。制作和使用铜鼓地区的人们,有铜鼓之爱。见于记载的铜鼓地名都出现在明代以后,说明汉人此时已经融入少数民族区,铜鼓文化才引起广泛的注意。因此,铜鼓地名是该地曾经出土或使用铜鼓的生动标志。福建、江西、湖南虽然没有考古材料证实出土过铜鼓,但是这些地方的历史文献中多次出现铜鼓地名,也表明该地区历史上曾有过铜鼓文化的分布。

（三）生肖地名的特殊景观

在云南和贵州有许多以生肖作地名。十二生肖是古代中国人用来代表地支以纪年,以十二种动物俗称之。十二属相均为特征动物。《北史·宇文护传》载其母致护书曰:昔在武川镇,大者属鼠,第二属兔,汝身属蛇。说明南北朝时生肖已普遍用来纪年,至今民间仍然使用。云南、贵州一带自古就有赶场或赶街的生活风习,在北方叫赶集,在湘赣等地叫赶墟。历史上这一带集市以十二天为一期。如果某地是在"子"日那天赶集的,那么就称这个地方叫鼠场或鼠街;如果是"丑"日,那么就叫牛场或牛街……生肖地名大都集中在黔西的安顺、毕节、兴义、六盘水等地区和黔南自治州,以及滇东的曲靖、昭通、玉溪等地区和楚雄、红河、文山诸自治州一带。

（四）齐头式地名景观

秦、汉时代吴越一带（包括楚、齐、鲁）留下一些古越语地名,有齐头式特征,如"于越"、"于陵"、"于菟","句章"、"句容"、"句余"、"句无"、"句注山"、"句卢山"、"句绎"、"姑末"、"姑熊夷"、"姑蔑"、"姑束"、"夫椒"、"乌程"、"乌伤"、"余杭"、"余暨"、"余姚"、"余干"、"无锡"、"芜湖"、"无盐"、"古岭南"等。包括今云南、越南一带的此类地名有"句町"、"句漏山"、"姑幕"、"姑复"、"无功"、"无编"、"余发"等。

这些地名的相似之处，一是冠首字类同，个别字虽然写法不同，但求之古音，则相合或相近。二是都属齐头式，这些地名源出古越语。因为，地名冠首字仍见于现壮侗语族地区的大量地名中，如"姑"字（或写作古、个、过、歌等）冠首地名在今两广不可胜数。以"个"为例，有广西的"个漾"、"个榜"、"个陋"、"个宕"，云南的"个旧"、"个马"，越南的"个奔"、"个多"、"个内"、"个下"、"个螺"、"个那"、"个蔗"等。现代壮侗语地名也有齐头式的特点。更令人感兴趣的是这些冠首字，也见于吴越王的名字，如"句吴"、"句践"（现为勾践）、"句亶"、"余善"、"余祭"、"余昧"、"夫差"、"夫概"、"无余"、"无壬"、"无晖"、"无颛"、"无疆"等。这些人名和地名的确切含义今天已很难考证了，不过它们的冠首字，却可以推知与古越语的语词有关。《史记·吴太伯世家》："太伯之奔荆蛮，自号句吴"。颜师古注《汉书·地理志》曰："句，音钩。夷俗语之发声也，亦犹越为于越也。"所以"句吴"就是"吴"，"于越"就是"越"。将这些古越语尚留存且在使用的地名一一勾勒出来，绘制在地图上，可为古越族的地理分布提供重要的信息。

第三节　地名·地图

地图，是表述地域特征和各类地名的水平分布，从而帮助人们认识自然环境的一种主要工具之一；地图，是各类地名总登记处，是地名水平分布的最佳表现形式。地图是地名信息的载体，同时是地理信息的主要载体，其科学发展的历史十分悠久。地图与地名密不可分，没有地名的地图是难以想象的。

一、古传说中的"九鼎图"及"山海图"

地图，作为初始形式图画，可能先于文字而产生。祖先在远古生活、生产活动中，交流对自然环境的认识，图画是一种工具。即使现代的人们也常用简单的地图形式，指出某些地点的相关位置。无论地图形式、精度、制作方法如何，地名体及名称是普通地图上最为在意的元素。军用地图上的地名、地名体更是主要元素。据传，黄帝同蚩尤打仗时曾经使用过地图，这在《世本八种》中有记述。初期地图大都属于物象图，地图符号化是逐步发展的结果。开始的"山"是图画山。"九鼎图"是将图画铸在铜鼎上，在鼎上铸山川地形，始于商代。《左传·宣公上》："昔夏之方有德也，远方图物，贡金九牧，铸鼎像物，百物为之备。"清代学者毕沅说，"禹铸鼎像物，使民知神奸。按其文，有图名，有山川，有神灵奇怪之所际，是鼎所图也"（见《山海经新校正·序》）。人们看鼎图可认识山川地形，奇物怪兽，相形而祭，趋避侵袭。据扬慎在《山海经补注》中言，"至秦九鼎亡"。而《山海图》是继之出现的又种一原始地图。《山海图》与《山海经》相辅相成。用现代的观点，《山海经》属于自然地名志。《山海图》有些随心所欲，随欲而绘，不那么"标准化"了。在《五藏山经》中有人统计，有山名近450处，有河流与湖泊200余，泰山、衡山、太行山、昆仑山、华山等名山，黄河、长江、渭河、洛河、伊河、湘江、洞庭湖、太湖、等河湖名均在描述之中。如果在该图上舍去鸟兽、矿产等内容，则是一幅内容较为丰富的自然地名分布图。

地名，在古今国防与军事地图上的核心地位不可动摇。从古至今的军事家们，都视地图为指挥员的眼睛，战前指挥员都要熟悉作战区域的聚落分布、地理地形，因知彼知已方能定出取胜的作战方案。地图亦是指挥员临场指挥的重要工具。古代著名军事作家孙武所著《孙子兵法》中，有4卷附图，其图上绘有山川险要。公元前645年左右完成的《管子·地图篇》更有极其广泛的影响。管子认为："凡兵主者，必先审知地图。辕辕之险，滥车之水，名川通谷径川陵陆丘阜之所在、苴草林木蒲苇之所茂、道里之远近、城郭之大小、名邑废邑困殖之地必尽知之，地形之出入相错者尽藏之。然后可以行军袭邑，举措之先后，不失地利，此地图之常也。"可见山、河、路、聚落等地名要素在地图上的作用。地名与军事图相伴而存，共同发展。其中，各类自然地名与人文地名的水平分布及相互关系，是地图核心所在，其地名作用无可替代。军事图的重要性，表现在公元前226年燕国荆轲用献图为诱饵，取得秦王信任，出现了"图穷匕首见"这一成语，亦可证明秦始皇对地图之重视。

《西汉初期长沙国深平防区地形图》，于1973年在长沙马王堆三号汉墓出土。该图所含地域跨今湖南、广东和广西壮族自治区一部，图上所表示的内容为山脉、河流、居民地、道路等。居民地采用了分等级表现手法，在82个居民点中，有县级居民点8个，县级以下居民点74个，其名称均注在符号之内。地图上的四个要素山、川、路、聚落等，均是地图之主体。总之，这些古地图上的地名及地名体，是地名研究的重要资料，历代地图对同一地点（地形、地物）的不同注记，记录了地名的历史沿革。如营浦县，为今道县；南平县为今蓝山县等。古来地图以地名为"主宾"，而地名以地图为"居室"，两者在历史长河中共同发展。

二、《中国历史地图集》与地名考证

《中国历史地图集》是中国社会科学院主持，由复旦大学历史地理研究所、中国社会科学院民族研究所、南京大学历史系参加，是由全国著名历史地理学家谭其骧教授为主编，逾百位各方面科学家参与，历时30年终于集大成。1954年以范文澜、吴晗为首，组成了"重编改绘杨守敬《历代舆地图》委员会"，其后数年编辑人员不断变化、办公地方多次迁移，还经历了"文化大革命"，终于在1973年完成初稿。由地图出版社制印，分8册本发行；之后又经修改，于1981年正式发行。这是一部中国历史地图史上的空前巨制，享有极高声誉，极富历史学、地理学科学价值，更是一部地名沿革史鸿篇巨著。全图共8册，28个图组，共有图304幅（不另占篇幅的插图未计），549页，每幅图上所绘城邑、山川、道路密度不等，住地名或百、或千，全图集所收地名约7万左右。从中国新石器时代，到清嘉庆二十五年，跨度达几千年。《中国历史地图集》是以地图的形式，以地图符号为语言，最精辟地论述了历代主要地名的所指范围，各类地名的水平分布，以及各类地名在不同历史时期的相互关系等。谭其骧教授在前言中指出："重视历史地理，当然会导致历史地图制作的兴起和昌盛；在历史上每一个政权的疆域都时有变革，治所时有迁移，地名时有改易……"。上述历史地图编辑中所关注之要，正是地名学研究之主题之一。或者说，历史地图集所展现的变化，正是地名学者应探讨的症结所在，亦是在较深层次上的地名研究，谓之有所为之命题。

三、地图与地名调查

中国著名地图、地名学家曾世英先生说过，地图是地名的总登记处，也是总发行处。地名的书写形式，所在行政区域，与河流、山岗、道路之间的相互关系，地方的自然环境，只有地图最直观、最富表现力。尤其是小比例尺地理图，基本上是山系、水系、交通、城乡聚落等4项主要地名体及其名称的水平展示。没有地名的地理图是不存在的。那么，地图上的地名信息是如何"登记"和"发行"的呢。多数中、小比例尺地图上的地名，主要来源于大比例尺地图上的地名注记，大比例尺地图上地名注记是通过实地测绘当中的地名调绘，而地名调绘主要是靠测绘技术人员在现场调查完成的。由于测绘人员未接受地名学方面培训，在地名调绘时难免存在问题。包括，地名图上书写形式与现实使用地方书写张冠李戴，同音字替代或记错了字，以及出现地名与地名位置不一致。尤其在少数民族语地名的汉写译写方面更易出现问题。

四、标准地名图与普通地理图的符号设计

标准地名图，是中国地名委员会成立之后，新出现的一个图种。近些年已出版的标准地名图与普通地理图，在内容、图例设计上并未出现显现的差异。尚未出现有明显不同的实在意义上的地名图。其中，有的地名图与地理图只有些细微差异的表现形式。因此，将地名图列入地图系列中的专题地图不为牵强。

（一）地名图的发生

地名图与地名图集已有正式出版本，有其特征。地名图名称，是在1980年地名普查之后出现的。许多市、县与其他地图相比为地名普查成果绘制了地名图。初始形成，多以国家测绘总局出版的1:10万多色地形图作为底图，按县域直接拼接起来，把地名普查及地名标准化成果绘在地图上。标准地图的代表作，当属由中华人民共和国民政部与中国人民解放军总参谋部编制的大型地名集《中华人民共和国政区标准地名图集》，民政部部长多吉才让作序，由星球地图出版社于2001年印制并公开发行。

《中华人民共和国政区标准地名图集》收录的政区标准化名称5.3

万余条，在编辑说明中的第二款"主要特色"中写到："本图集是建国以来第一部以政区标准名称为主题的地图集。全国省、地、县、乡4级政区名称，是经各级政府审核批准的标准名称，在本图集中全部予以反映，并注出其名称以反映其类别与等级，向读者揭示了政区标准地名的丰富内涵。这是本图集令人瞩目的主要特色之一。"它是一部以新中国成立50年来行政区划、地名标准化和测绘成就为基础，全面、准确地反映我国政区标准名称和政区分布、政府驻地位置、历史沿革的专题地图集。然而，从该图集图例中说明看，该图集虽然关注、表现地名，但总体上仍属于普通地理图的范畴。可以说，地名图集仍然未超出普通地理图的种类。

（二）地名图的发展

地名图是地名学研究的一项内容，同时是地名研究的成果。地名图应当有个性化的地图图例设计和有特色的表现手法。"中国版图沿革"是传统历史地图集的表现方法，如果突出地名元素，增加地名内涵设计，就是"名"与"实"互变的地图表现法。

地名图应当是以表现地名元素为主的地图，成为地名学的研究成果，体现用地图语言表现出地名特色内容的工具。尽管地名图难以摆脱普通地理图的范式，但在内容上应当有地名的特质内容。随着地名学的发展，地图学家对地名学科的关注，地名学与地图学家联手，共同创立地名图的编制规则，真正意义上的地名图将会发展起来。诸如，地名语义类型分布图、历史分期地名分布图等。

第七章　地名·历史

地名，是历史的产物，伴随着人类的进化而发生，又伴随着人类的文明而繁育。地名，是历史的化石、文化的载体。一些历史悠久的古老地名记录了中华民族的历史沿革，记录了中华民族创造的文明成果，记录了先民利用自然和改造自然的历程，也记录了中华民族伟大复兴的百年之路。讲中国史可用地名为元素，以聚落名称、行政区域名称、近代城市标志性地名等作为链条，将中华五千年历史连接起来，透视华夏文明。用地名一滴滴水珠，去展现中华大地上数千年历史文明，弘扬中华民族的魂。

第一节　地名是人类文明史的产物

现代社会学进行民族综合识别时，无不从"地域意识"说开来，谓民族立足之地。住地是民族的根，"神州"、"圣地"等出于此，起点则是住屋，是祖先最有意义的行为世界。天地之间的聚落，是人类文明的火炬，是几千年前人类赖以生存的最初场所。第一批古老聚落及其名称的诞生，是精神与物质文明相结合的产物，是里程碑式的符号标志。

一、始祖住屋名称昭示人类迈向文明

人类的祖先从深山野林中走出来，经历了极为漫长的历史时期，不间断地显示出人类智慧之光。在先民学会制造工具、搭建住所后形成的第一代地名体中，递进书写文明史。聚落及名称是人文的重大成果。

（一）人猿揖别于野林山峦

伟大的英国学者查尔斯·达尔文，在1859年出版的科学著作《物种的起源》一书中，提出了进化论学说。1871年，达尔文的另一名著《人

类起源与性的选择》出版，书中论述了人类起源于动物，人类和现在的类人猿有着共同的祖先，提出了人类是由灭绝的古猿进化而来的观点。当时还没有一块化石，可以用来证明或支持他的理论。所以，在维多利亚时代人们不相信"猴子变人"学说，在他们的观念里，人的存在是神圣而超乎自然的，达尔文所说的跟猿类有血缘关系，是一种离经叛道。为了寻找人类进化的确切证据，科学家们经历了曲折和艰辛，期间有意外偶获的喜悦，亦有"踏破铁鞋"的顿悟，同时有出师未捷的遗憾。在对古迹的艰难发掘和精心求证之后，考古学者与古人类学家们逐渐告诉我们，人由古猿进化过程中，经历过早期猿人（南方古猿）、晚期猿人（直立人）、早期智人（古人）和晚期智人（新人）等漫长的几个阶段。在世界上所有已经发现的猿类化石中，腊玛古猿最令人注意。它最早于1910年发现，这片化石1934年用古印度史诗中的英雄腊玛命名。中国云南禄丰县的石灰坝，从1975年开始的9次发掘中，出土了5具古猿的颅骨化石。经研究，禄丰的古猿化石与非洲属于人科成员的南方古猿，有着极为相似的性状。中国晚期智人化石主要有广西柳江人、北京山顶洞人和内蒙古河套人等。晚期智人已经出现明显的地区性形态分化，形成了不同的人种，他们的文化发展速度明显加快，工具制作技术已经达到多样化和专门化，艺术在生活中的地位逐渐加强，经济生活有了提高。人能两足行走，是人猿分野的标志，是人类重大的适应性改变。在劳动过程中，人类体质、意识和心智也不断进化。当狩猎采集生活方式开始以后，早期人类已有了更锐利的心智意识，开始拥有艺术表现能力。人类走出了森林，开始筑造最简陋的住处，聚落及名称逐渐呈现出来，这是人类最早的人文成果，是人类文明的火炬。

（二）天然洞穴古人类的居所

近代田野考古学发端以前，全世界所有民族的远古历史，以及古代文化都只能依靠神话与传说去追索。中国的史学家们上溯"三皇"、"五帝"，考订洪荒时代的华夏远古先民，让人觉得扑朔迷离、疑信参半。20世纪20年代起，考古发现不断地在掀开祖先的面纱，让今人一次次目睹了华夏远祖的真容。考古学家们发现并公示了新石器时代和更早的旧石器时代的古人类生活状况，将真切的华夏远古历史与史前文化展现在人们面前。让今人踏勘人类梦幻童年的故土，去寻找旧石器时代华夏先民的足迹。1965年在云南出土了"元谋猿人"，距今约170万年；后又发现了"蓝田猿人"，距今约60万年。我们的始祖一尊又一尊向我们走来，讲述着它们怎样走出大山、住进山洞、建造住屋。

北京人（距今约50万年）出土于北京房山区周口店村。村子西北群山环抱，峰峦逶迤，如同一座雄伟的屏障，将这个普通的小村庄与外界隔绝开来。这里东南沃野千里，周口河蜿蜒向南，河两岸的村舍炊烟袅袅，村庄西面并列着两座小山——鸡骨山和龙骨山。很早以前这里的村民开采石灰岩时，同时发现了动物化石，这些化石被卖到中药铺，被称为"龙骨"（实乃古人之骨），中医认为它有安神平肝的功效，龙骨山名称即由此而来。1918年，中国北洋政府矿政顾问瑞典地质和考古学家安特生，对于发现北京人起到很重要的作用。北京猿人在沉睡了50万年之后被发现，其中中国考古学家裴文中先生的功劳可嘉。因为挖掘后期困难很多，是裴先生锲而不舍地在逆境中独自主持发掘工作。中国人发现中国猿人的消息立刻传遍海内外，震动了世界学术界。为"从猿到人"的伟大学说提供了有力的证据。设想50万年前，这里会有个地域称谓吧。

1930年，在核查北京猿人遗址的边界时，人们意外地在龙骨山山顶发现了一个山洞。这个山洞遗址分4个部分，即入口处、上室、下室和下窨。在1933年至1934年的系统发掘中，考古学家又找到了远晚于北京猿人的人类遗骨化石——3个完整的头骨。此后，古人类即以"山顶洞人"闻名于世。山顶洞人发现之前的中国古人类化石，都是由外国学者研究和定性，而山顶洞人的发掘，则全部是由中国学者完成的，这是中国学术界的骄傲。山顶洞是已经发现的中华祖先的第一批住屋，当时叫什么？可能是永久之谜，我们就先用"山顶洞"这个名称吧，就这个意义层面上说，"山顶洞"为华夏住屋第一名称。后又在蓝田县西北10公里处，找出"蓝田直立人"头盖骨化石。从元谋人到北京人、山顶洞人，我们匆匆追寻到华夏先民的身影。虽然，我们和他们相距那么遥远，存在着几十、几百万年的时差，但当人们追忆起远祖的音容笑貌时，依然感觉亲近，好像是爷爷和奶奶的面容。华夏大地是黄种人的摇篮，共有一个伟大的始祖。"中华"是上帝的宠儿，是上帝所赐之名。

（三）半坡村展现仰韶文化完整聚落形态

仰韶文化的发现，是中国早期考古最重要的发现之一，它确认了中国新石器时代的存在。在河南渑池县仰韶村首先出土了化石，后与黄河中游地区发现的同类遗存共名为"仰韶文化"。以仰韶村命名的仰韶文化分布很广，大体上以中原地区为中心，北至长城沿线及河套地带，南达鄂西北，东到豫东，西临甘、青接壤地带。迄今为止，仰韶文化遗址发现大约1000多处，较大规模的典型遗址有10余处。如西安半坡、临潼姜寨、郑州大河村等遗址。仰韶文化是一种较为发达的定居农耕文化，又称"彩陶文化"（因有彩陶出土）。人们在河谷、阶地上营建聚落地名体，从事农业生产，兼营渔猎、采集、家畜饲养。仰韶文化的聚落布局和埋葬习俗，体现出社会组织形式与观念形态向文明迈进的足迹。也可以说，聚落人文地名体的出现是人类文明的火炬。1954年—1957年，经过5次大规模发掘，这个新石器时代的原始村落显露真容。在半坡遗址的发掘基础上，建立了我国第一座史前遗址博物馆——西安半坡博物馆。"半坡村"古聚落名称又丢了，怎么办呢？还是暂把"半坡村"，称为华夏"第一村"聚落名称吧。

总之，在六七千年以前，新石器时代的华夏先民，有的在中原关中石斧拓荒，有的在南方泽国渔猎稻作，建造了不同的聚落地名体。聚落是古人类共同创造的灿烂的、华夏史前文明。黄河、长江，日行千里，滔滔不息，穿越九州大地，汇入大海、大洋，流域内聚落成片，长江与黄河是养育中华儿女的母亲河。

二、地名体的历史演变与地名通名

地名文化的出现，必依附于地名体。因此，追寻地名体的演变，成为地名学研究的题中之义。据人类学家说，人类最初是利用天然洞穴和自然物遮风挡雨的，采用"穴居"和"巢穴"之后慢慢地学会解决居住问题。再后来，才开始了真正的建筑活动，精心营造起自己安身立命的家园。风格各异的地名体是人类智慧的展现，也是艺术美的营造。

（一）"洞"通名为远祖早期的住屋

人类的远祖和许多动物一样，行无踪迹，居无定所，"处处无家处处家"。而50万年前的北京人已经居住在岩洞里。此外，我们的远祖还居住在辽宁营口金牛山、贵州黔西观音洞、河南安阳小南海等处。南方还有不少以洞穴为家的史前先民，如江西万年仙人洞、广西桂林甑皮岩等。

《周易》说"上古穴居而野处"，它贴切地描述了旧石器时代人类的居住方式。洞穴，是人类初始阶段的安身之所，它为童年的人类遮过风、挡过雨。而后，洞穴就成了古老的历史，但这并不意味着穴居方式已经完全消失、不复存在。在一些地区，人们至今仍然习惯于在洞穴中居住，黄土高原的窑洞，"闯关东"时代东北三省遍地的"窝棚"、"马架"，并不是凭空创造出来的，可以认为是远古的复制品。这些简陋的地名体，均透射出远古时期人类穴居生活的影子。

（二）"窝棚"、"马架"通名

在天然岩洞中居住的远祖总有诸多的不变，故开始了轰轰烈烈地建筑家园活动。受到鸟巢的启发，先民最初利用树干、树枝、树叶、杂草等在树冠之上搭建了住所，这是人类建造的最早的原始建筑物之一。这种高架而居的方式，存在于世界各地。《韩非子·五蠹》篇记载："上古之世，人民少而禽兽众，人民不胜禽兽虫蛇，有圣人作，构木为巢，以避群害，而民悦之，使王天下，号曰有巢氏。"作为"有巢氏"的子民，自然对建筑情有独钟。与巢居一脉相承的干栏式房屋，以木桩插地代替树干，它一方面满足了人类对临水居住条件的要求，另一方面保存和发展了巢居生活的优势——既能远离潮湿的地气，又可以躲避突如其来的毒蛇猛兽。直至1949年时，云南西双版纳等地，仍然存在着干栏式建筑。

几乎和巢居同时出现的居住方式是穴居。《孟子滕文公》载："下者为巢，上者为营穴"。在地势低洼潮湿的地方作"巢"，而在地势较高、干燥的地方作"穴"为考古资料所证实，穴居主要分布在黄河中上游一带的黄土高原上。当人类远离熟悉的山林，没有了大自然恩赐的天然洞穴时，只有自己动手营造住所。从地面以下凿穴而居的居住方式，称为地穴居。它的出现，或许是遥遥洞穴生活传统的一种延续，同时也与中国北方广袤的黄土地带有关。最早的穴居形式是横穴，以后逐渐发展成袋状竖穴、半穴居，直到成为原始的地面建筑。半穴居慢慢成为中原和北方地区新石器时代最普遍的地名体。考古发现年代最早的半地穴居建筑，在中国见于八千年左右的磁山、裴李岗和白家村文化遗址。它们都是面积只有几平方米的圆形坑穴，周围似乎还没有明显的土墙，上面可能支撑着一个草顶盖，这便是古代所说的"覆穴"和茅茨土阶了。比半穴居进了一步，由地面建筑的居住形式向更进步的高台式建筑发展。居住面由深（坑）到浅（坑），由浅（坑）到无（坑），中国远古时代的居址经历了一个由低向高，由小到大的发展过程。已发现的仰韶文化居址近五百座。其中有西安半坡、临潼姜寨、宝鸡北首岭、甘肃秦安大地湾等地名体遗址。可以确切地说，"窑洞"作为通名在黄土高原地区广泛分布，有其历史渊源。

人类聚落形成中的不断积累，体现了传统，展现了发展，凝聚着世世代代人们的智慧与心血。远祖走出了洞穴，营造房屋，积淀着民族的传统文化，地名体成为人类从蛮荒走向文明的一座座据点。

（三）聚族而居的通名"村"的诞生

人类创造聚族而居的文明，深刻地反映着人类的思想、意识、观念的进化和特定时代的习俗。聚族而居，是人类深思熟虑后的选择，是一种有目的的生活方式。史前人类在聚落居址的选择上，经过长期的实践，积累了许多成功经验。首先，聚落居址大多是在水一方。水是维持生命最重要的条件之一，是一切生命的基础。水不仅滋育了人类的生命，也给予人类以智慧。华夏子孙偎依黄河和长江两岸向外扩充即是例据。其次，在水一方的史前聚落，大多处于高地之上。这样既可以防止洪水泛滥带来的灭顶之灾，又便于观察动物的行踪，利于狩猎，同时还可使居住环境保持干燥。此外，史前聚落居址周围或附近不远处，必须要有较为充足的食物资源。基于以上几方面的条件，人们一般是选择背坡面水的向阳之地，或者在河谷、阶地或沼泽边缘的近水高地上建立起聚落营地。这在地名上有明显的印迹和反映，"水北为阳"命名规律即是见证。

随着岁月的流逝，到了龙山文化时期，那种聚族而居的传统有了明显的改变。虽然考古成效显著，但是至今没有发现这一时期较大的聚落遗址。然而，作为文明标志之一的原始城邦随后出现了，城与市的名称伴随着人类走向更文明的时代。在一路走来的过程中，城乡开始分野，城市型地名体在中国升腾起来。

（四）"夏"（王朝）的诞生

"黄河"融集了许多民族精神的符号，是中华民族大家庭的标志，孕育了中华文明五千余年，成为中国古代文明的摇篮。黄河是母亲河，然而给予祖先的不只是柔情似水的温柔，又常洪水泛滥如狼似虎凶猛，酿成巨大的灾难。相传尧在位时，黄河流域就发生了特大的洪水，在与洪水斗争中，铸造了中华民族敢于斗天、斗地、斗水的大无畏精神，大禹治水就是一例。尧看到百姓们受苦受难非常痛心，便召开部落联盟会议，商量治水问题。大家一致推荐了鲧去干这件事。鲧花费了9年时间来治理洪水，他只懂得水来土掩，方法不对症而失败了。舜继位做了部落联盟首领后，亲自到治水现场视察。他发现鲧治水无方，又让鲧的儿子禹来治水。禹非常聪明能干，他吸取了其父失败的教训，先到受灾的地方实地考察。经过考察，禹决定用"开"、"通"、"疏"、"凿"、"引"等因地制宜的方法把洪水引到大海中去。禹公而忘私，十三年治水曾三过家门而不入，成为几千年的美谈。后代人为了纪念禹治水的功绩，尊称他为"大禹"，并立碑纪念。

舜年老以后也像尧一样，选择接班人。由于禹治水有功，大家一致推荐了禹。禹到了晚年，也请各部落首领推荐继承人，大家推举了伯益。禹死后，禹的儿子启，却利用自己在夏部落的势力，赶跑了伯益，宣布自己继位称王，建立了国家政权，要求各部落服从他的领导。从此以后，世袭制取代了禅让制，中国第一个奴隶制国家——夏王朝诞生了。"夏"成为中华第一个大聚落或大地域名称，同时成为重要国名而载入史册。

三、古今聚落形态比较

远古留存到现代的聚落结构原型，已经很难找寻。因此，对于远古聚落形成的分析，除主要靠出土遗址和历史文献外，其实证只有靠逼近古代聚落形态一类，加以分析和推测。陈桥驿教授写的《历史时期绍兴地区聚落的形成与发展》是一篇佳作，可以带领人们去探寻远古人对聚落选址的灵魂点。陈先生的论述，对于研究初始聚落形态的分布有普遍的意义。该文将绍兴地区历史时期形成的聚落地域类型分为山地、山麓冲积扇、孤丘、沿湖、沿海和平原等6种主要聚落类型，分析了它们形成的原因及其各自职能，并探讨了各类聚落在数量、类型与地理位置方面的发展与变迁。作者认为，在公元六世纪以前，越部族的生产活动主要是迁徙农业和狩猎业，这就是《吴越春秋》卷四所说的"随陵陆而耕种，或逐禽鹿而给食"。部落居民的活动范围还局限于会稽山地，聚落的形成在山地之中。会稽山地中这一时期形成的聚落，是绍兴地区见于历史时期记载的最早聚落。在会稽山地中，拥有丰富的森林和动物资源，有山间盆地和河谷地，可以进行刀耕火种，因此越部族原始聚落在这里形成，并且持续了一段相当长的时间。越王勾践所说的"水行山处，以船为车，以楫为马"，恰恰在这一带。这样，山麓冲积扇，就成为越部族从会稽山地进入北部平原的跳板，形成了越部族在会稽山北的第一批聚落。从这一带发现的许多战国和汉代古窑址中可以得到证明。

定居农业在山麓冲积扇地带的发展，对于农业生产力的提高具有重大意义。正如《吴越春秋》卷五越大夫范蠡所说："不处平易之都，四达之地，焉立霸主之业"。于是，崛起于冲积平原上的许多孤丘，就成为人们开发沼泽平原的立足之丘。山间平原上的这类孤丘多至数百。沿湖堤一带，当然是一片高燥地带，这个地带于是陆续形成了许多聚落，这类聚落常常以闸堰为名，至今尚存的陶家堰可以为例。《越绝书》卷八记载的"固陵"、"杭坞"、"防坞"、"石塘"等地名，都是为了军事需要而建立的沿海聚落，其中"固陵"和"杭坞"等的地理位置，目前都仍比较清楚。由制盐业而形成的沿海聚落称为"朱余"。

十二世纪初叶，宋代的大规模南迁，山会平原南部随即迅速被垦殖，这样大量聚落出现了。平原聚落的分布与河湖有密切关系，众多这类聚落分布在河流沿岸，这就是明王阳明所说的"越人以舟楫为舆马，滨河而廛者，皆巨室也"。聚落，常常以河、湖、港、渎、泾、桥、渡、汇、荡、薱、埠等为名，官方登记的山阴县的668处聚落中，以河、湖、港、渡等为名的达230处。如图式：

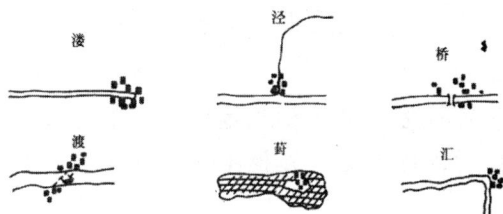

品平原聚落的几种图式

（本图与下表引自《历史时期绍兴地区聚落的形成与发展》陈桥驿著。）

　　以《越绝书》卷八所载的若干地名为例：塘，以堤塘而得名，朱余以制盐业而得名，独山、龟山以自然环境得名，豕山、鸡山则是以畜牧业的聚落职能和孤立的自然环境两者结合而得名。绍兴地区历史时期形成的各聚落类型，其自然环境、职能和常见地名等大体如下表所列。

聚落类型	自然环境	聚落职能	常见地名通名	占聚落总数的百分比％
山地聚落	1000米以下的丘陵，山间盆地，河谷地。	开始是迁徙农业和狩猎业，以后转入定居农业。	山、墺、岭、城、溪等。	13.5
山麓冲积扇聚落	向北缓倾而平坦的冲积扇北缘是河流的通航起点。	农业、内河运输业。是山地和平原的交通纽带。	塘、埠、埠头等。	4.5
孤丘聚落	二三十米到百余米的孤丘，周围是沼泽平原。	农业、畜牧业。	山	3
沿湖聚落	人为的湖堤，堤南是鉴湖，堤北是沼泽平原。	闸堰管理和内河运输业、农业、水产业。	闸、堰、塘、坝等。	2
沿海聚落	人为的海塘，塘南是山会平原，塘北是杭州湾。	塘闸管理和航海业、水产业、农业。	塘、闸、山搂等。	3.5
平原聚落	沼泽平原河流交错，湖泊密布。	农业、水产业、内河运输业。	河、湖、港、溇、泾、桥、渡、汇、淡、荡、荨、埠等。	73.5

《山阴都图地名》及《会稽都图地名》所载的聚落总数非常之多。绍兴方言，河港尽头的聚落称"淡"。沿海聚落往往位于南北向河港的尽头，故名"溇"者甚多。从《绍兴地区聚落的形成与发展》推论，古代地名体的形成具有现代意义。总体上可以认为，农村聚落地名体变化是微调式的。

第二节　政区地名记述了制度历史

中国土地面积约960万平方公里，列世界第3位，大体相当于欧洲总面积。秦王朝奠定了中国版图基础，东到大海，西至陇西，北沿长城，南达广西；到唐代，西到威海，东北抵黑龙江库页岛，南达南海；清朝中叶，西北达巴尔喀什湖北岸，东北为外兴安岭及库页岛，东南达台湾、钓鱼岛等地，南至南海诸岛，为中国近代之版图。鸦片战争后，中国被肢解，版图遭缩小。总之，"中国"所代表的地名体范围的变化，映现国家的荣辱兴衰。而国家的政治制度以及各类政区通名则标志着奴隶社会诞生，或封建社会形成，或半封建半殖民地社会到来，或社会主义制度的建立。

中国行政区划沿革历史悠久，多有演变。传黄帝时代已"画野分州"，尧时为十二州，《尚书·禹贡》分为九州（在史料上所记九州之名有异）。此后为原始社会、奴隶社会。秦、汉始实行郡县制，秦划分为三十六郡，实行封建制；唐朝实行道路制，全国分十道，设巡察使，道下设州、县；宋朝路下设府、州、军、监、县等（军，为有军队驻守政区。监，似为经济区，级别不定）；元朝开始为行省制，行省之下设道、路、州、府、县；明、清两代设省、州、县；自民国始出现市。自此，中国政区地名大体传承至今。

一、"国"之名是阶级产生的里程碑

国家名称是地名，是地球村上人类政治划分属地的标志。就国家形成而言，历史极为悠久。原始社会尚无国家及政区，在进入奴隶社会之后，方有了国家形态的意义。中国国家名称的序列，就是中国史简表。（见《中国历史纪年表》上海辞书出版社.方诗铭编）。以下本节从略。

（一）国家名称出现的重大意义

何谓"国家"，马克思、恩格斯在《共产党宣言》中说"实际上，国家无非是一个阶级镇压另一个阶级的机器，这一点即使在民主共和制下也丝毫不比在君主制下差。"又在《法兰西内战》中说："国家是阶级矛盾不可调和的产物和表现。在阶级矛盾客观上达到不能调和的地方、时候和程度，便产生国家。反过来说，国家的存在表明阶级矛盾的不可调和。"列宁在《国家与革命》中说："国家是阶级统治的机关"。国家的产生，表达了原始社会的解体，奴隶制国家阶级社会的诞生。

中国国家古今名称从三皇五帝开始，历经夏、商、周、秦、汉、唐、宋、元、明、清、中华民国、中华人民共和国等主要政体演变，以及原始社会、奴隶社会、封建社会、半封建半殖民地社会、社会主义社会等历史阶段。

（二）国家称谓变化伴着刀光剑影

中国有文字记述的历史已有三千多年。在前二十一世纪，夏启成为"天下共主"，视为"天下之中"，建立夏，自此国家形体初步形成。"夏"含有"大国"、"中心"的意义。在中国长达几千年历史发展中，统一是主流。在分与合的斗争中，推动着社会在曲折中发展，在水与火的征战中给地名文化以影响，打上特别印记。

1. 逐鹿中原是催生"国家"名称的交响曲。几千年前的远古时代，在中国境内，居住着许多不同的氏族和部落，彼此间长时期内和平共处，有时又兵戎相见，在相互影响中逐渐融合。以炎帝为首领的部落，居住在西北的姜水附近。以黄帝为首领的部落，居住在西北的姬水附近，后来率部迁徙到涿鹿（今河北省涿鹿、怀来一带）。同时期，在南部地区有一个九黎族也强盛起来，首领名蚩尤。炎、黄、蚩三部落通过"阪泉之战"和"涿鹿之战"，实现了中华民族的大融合，黄帝成了中原的首领。又因黄帝族与炎帝族原本是近亲，后又合在一起，故又尊崇炎、黄二帝为中华民族的始祖，自称"炎黄子孙"。"炎黄"既是人名又是地名，同时象征着古代国家名称。炎、黄二帝代表着中华民族建国的历史，属于历史标志。

2. 盘庚之都。国家权力中心都城的名称，一直受到学者的关注。成汤灭夏之后，建立商朝，定都于亳（今河南商丘附近）。商朝第十九个王阳甲死后，弟弟盘庚继位。由于黄河经常泛滥，阶级矛盾尖锐，社会很不稳定。为了改变现状，盘庚决定迁都至殷（今河南安阳西北）。盘庚带着平民和奴隶，渡过黄河，搬迁到殷。以迁都为契机，整顿了商朝的政治，使衰落的商朝出现了复兴的局面。近代，人们在河南安阳小屯村一带发掘出大量古代的遗物，证明那里曾经是商朝国都的遗址，名"殷墟"。这是重要的古城址，是城郭地名体的典型一例。

"殷"，成为中国史上有重要意义的都城地名。它标志着阶级社会诞生，原始氏族公社制逐渐解体，并逐渐淡出历史。

（三）"中国"名称的由来

1. 中国名称与所指代的地名体范围。"中国"名称，初期为地域概念，是中心之地。"翼翼商邑，四方之极"说的商都与四方，含有中心国之意。中国名称与所指代的地名体（国家版图），是历史时间和空间的同一，不是恒定的、是变化的。其地名体载体信息更是日变月累，难以道尽。行政区域的变化之多、之繁杂，写起来亦是数百卷长篇。

谭其骧教授在他主编《中国历史地图集》过程中，对中国名称的产生、发展、变化，进行了极为深入地研究，在学术界有很深刻影响，亦是地名学中关于"名"与"实"之间互变研究的经典之作。谭其骧先生发表在《历史地理学读本》上的《历史上的中国和中国历代疆域》文章，回答了编绘《中国历史地图集》时，如何界定历史上的中国范围的这一棘手问题。作者认为，应以清朝完成国家统一以后，帝国主义侵入中国以前（1840年）的清朝版图作为中国的范围。这个范围，是几千年来历史发展所自然形成的。在这个范围内活动的民族，都是中国史上的中华民族；在这个范围内建立的政权，都是中国历史上的中华政权。历史时期的"中国"，是一个变化的概念，以"中国"作为国家主权范围的观念早就存在，而在鸦片战争后，经过几十年学者论述中国国家概念而顺理形成。

2. "中国"内涵的历代演变。"中国"这两个字的含义，不是固定不变的，是随着时代的变化而变化的，随着时代的发展而发展的。《诗经》等古籍中的"中国"与现代不相同。如魏源《圣武记》中所用的

"中国"的概念就与现代概念相异。春秋时周王朝、晋、郑、齐、鲁、宋、卫等，这些国家亦都自认为是"中国"；到秦、汉时"中国"是秦楚之地；到了南北朝，双方均以中国自居。唐朝人李延寿修南北史时，将南朝、北朝都视为是中国的一部分。到宋朝则把辽、金、夏地看成是夷狄。元朝人则把辽、金、夏看成是"中国"。"中国"存在着不同的区域概念，存在各历史时期上的中国，历史时期的中国和今天的中国范围彼此既有联系而又不同。近代中国，是把几千年来历史发展所自然形成的清朝完整版图的中国为中国。即，1840年之前的中国范围是中国疆域。1840年之后，资本主义列强、帝国主义侵略宰割了中国的部分领土后的状态，已不是完整的中国疆域了。

3. 1840至1949年是被蚕食掠夺的中国。清朝版图是历史发展自然形成的。清朝以前，中国北部与西北部边疆地区跟中原腹地长期以来关系很密切，在政治上曾经几度和中原在一个政权统治之下。东北地区在唐朝时候已经建立了若干羁縻都督府、羁縻州。到辽、金时代版图已东至日本海，北至外兴安岭，经过元朝直到明朝的奴尔干都司，都是如此。北方也是如此，蒙古高原上的匈奴，在西汉时跟汉朝打得很热闹，最后匈奴归顺了汉朝。唐太宗一度统治整个蒙古高原，远达西伯利亚南部，几十年之后突厥才复国。元朝的时候，蒙古高原是元朝的岭北行省。清朝在巩固政权之后，顺应历史、顺应民意、顺应生产发展，完成了中国统一。1636年皇太极继皇帝位，把国号大金"改为大清"，臣下所进呈的劝进表就是由满、蒙、汉三种文字写成的，充分表明这个王朝是由满、蒙、汉等多民族组成的。清朝在18世纪时形成的这个版图是中国历史发展的结果，包括台湾、新疆、西藏等省、自治区。中国是56个民族共同创建、缔造的。

中国人"中心"概念古来为尊。周天子所居京师，即称"中国"。中国不只是地理概念，亦是文化概念。行周礼之地视为"华夏"，非也则视为"夷狄"。"汉人"称谓产生于东晋、十六国时期。汉族与中国不是一回事，不是一个概念。中国人习用东、南、西、北、中，而四、五、九是较常用的数字。常用诸如四方、四渎、四野、四海、四望，五土、五湖、五岳、五郊和九州、九川、九原、九域等词，因"四"与东南西北四方相合，故而有"中"。四方及中之外再加上东北、东南、西北、西南方向，就有了"九"的格局。始于"一"终于"九"，为天地之至数。"九"为分，"一"为同，九九归一。"四方谓臣民，中央为主君"，"道生一，一生二，三生万物"，强调一统，这是"中国"产生的哲学思维形式。在地名意义上亦有映示。

（四）中国历代国家的称谓内涵

《三国演义》中开篇有句话，天下大事分久必合、合久必分。中国几千年的历史，是56个民族及祖先的名与实的统一体，是分分合合的沿革史。或分或合，都是重新"洗牌"进行国家权利的再分配。有时有助于生产发展与社会进步，有时则反之。从三皇五帝之后，主要国家名称包括夏、商（商后期）、周、东周、秦、汉（东汉）、三国（魏、蜀汉、吴）、晋（西晋、东晋）、十六国、南北朝（宋、齐、梁、陈、北魏、东魏、北齐、西魏、北周）、隋、唐、五代（后梁、后唐、后晋、后汉、后周）、宋、（南宋、北宋）辽、夏、金、元、明、清、中华民国和中华人民共和国等。其中，多次由少数民族领袖称帝、称王。中国正式为国名，是中华民国的成立。上述国家的演变，均属于中国合与分的演变。而在每一朝中，还有帝王继承人的变更，郡、县设置的改变，社会制度的变迁等。然而万变不离其宗，均保留着国家大地名的载体信息。"中国"名称深含着一部浩瀚国家的历史，涉及到各个领域，是地名学难以全部承载的。

二、郡县制是封建制分配地图

行政区域的划分，是阶级社会的产物，是一种权利的陆续分配，以利于阶级的统治。行政区域划分是社会基本制度的框架结构，在国家政权建设中占有十分重要的位置。中国历代封建王朝都把行政区域划分，作为治理国家和稳定周边的主要手段。因此，每当改朝换代之时，必然同步伴随着行政区划变革。中国行政区域沿革史达三千余年，内容十分繁杂，历史学者为此耗尽精力与智力，但仍然是难以穷尽的课题。

（一）秦朝郡县制的历史意义

秦始皇是中国历史上最富影响的帝王之一。公元前221年统一了中国，结束了春秋、战国长达500余年的各诸侯王国的混战，建立了中国第一个封建专制主义的集权国家，推动了社会发展，起到进步的历史作用。

1. 秦王政统一中国，强化封建制。嬴政灭六国而天下独尊，"王"的称号已不能显示出绝对权威。他认为，自己的功绩比古时的三皇五帝还大，因而决定采用"皇帝"这个称号，自称为"始皇帝"，自授皇帝有至高无上的权力。为了加强中央集权统治，让他的社稷江山传千世万世，秦始皇建立了一整套封建专制制度。在中央设立以三公九卿为首的封建官僚体系；在地方实行郡县制，郡县的长官由皇帝直接任免。秦始皇采用丞相李斯的建议，书同文、车同轨，统一货币、度量衡。为了抗御匈奴的入侵，征调民夫差役修筑了西起临洮、东到辽东的万里长城。长城的修建虽劳民伤财，但在某种意义上，有助于安定中原地区人民的生产和生活。

2. 郡县制通名产生的历史意义。秦始皇统一六国后，创立封建制，废除分封制，全部推行郡县制度。在全国范围内，"郡"、"县"成为一级政权组织。并且"郡"、"县"作为地名通名，这在中国地名史上具有划时代的变革意义。

秦始皇二十六年（前211年），将统辖区分为36郡，以"郡"制对管理区域进行政治划分。据《中国地名学源流》统计，郡的专名来源大致有三种：

（1）因袭战国时代各国的故郡之名。含燕国故郡上谷、渔阳、右北平、辽西、辽东，赵国故郡雁门、代、云中，韩国故郡上党、三川，魏国故郡上，楚国故郡汉中，秦国原有郡陇西、北地、巴、蜀等，共计16郡。

（2）以其故都改置的郡。魏之旧都安邑设河东郡，以楚国旧都郢、寿春置为南郡、九江郡，在赵国旧都晋阳设太原郡，又以赵都邯郸置邯郸郡，并于韩都阳翟设颍川郡、齐都临淄设齐郡，共7郡。

（3）秦在并吞六国过程中新置的郡。在楚故地置南阳郡，始皇时又在魏故地置东郡，赵故地置巨鹿郡，楚故地置泗水、长沙、琅琊3郡。战国时期"七雄"之外如鲁、宋、越等国，虽早已灭亡，秦在取得这些故国之地后，分别设置了薛郡、砀郡和会稽郡。秦始皇三十三年，攻取河南地、陆梁地而置为九原、南海、桂林、象4郡。

以上三类，总共36郡。这是《汉书·地理志》的说法，亦有他说。正如谭其骧先生所说，秦郡之数不必拘泥于某一具体数目，秦朝在建国以后，郡的建置有所增补，那是无可置疑的。应当看重的是，郡县制是封建制的标志，是国家管理上的巨大制度变革。从郡的名称（专名）上分析，继承原地名者为多。

秦朝郡下辖县，大致有千数之县。与县平级的政区还有"道"，是设在边区少数民族聚居地方的政区。《史记》卷一二九《货殖列传》："宣曲任氏之先，为督道仓吏"。《集解》引韦昭曰："督道，秦时边县名"。

秦朝末年的农民起义，催生了楚、汉之争，多年以后刘邦的胜利、项羽乌江自刎而宣告新王朝－西汉王朝建立。公元前202年（高帝五年），刘邦正式分封异姓功臣七人为诸侯王，这些异姓诸侯拥兵占地，所辖地域占去了汉朝疆域的一半。由于异性诸侯已行割据之实，所谓分封只不过是承认既成事实而已。汉初实际是皇帝与诸侯分治天下的局面。汉初增设县、道为列侯的封地，以及为皇后、公主的食邑，均直属于中央。

这种分封制与封建制并存，衍生诸多矛盾，汉皇室不断采取措施，向郡县制过渡。汉武帝以"推恩法"蚕食王国的领域，封侯越来越多，而王国领域越来越小，于是王国的地位只相当于郡。后来郡和诸侯王国并称"郡国"，"郡国"成为汉代第一级政区通名，郡国并行制与郡县制逐渐趋同。因而说，政区地名表现着制度的斗争。

公元8年，王莽篡权称帝，国号"新"。新朝虽仅16年，然而多次下令变法，改民田为王田，改奴婢为私属，改五铢钱为新货币；又乘全面改革官制之机，大规模地增设郡、县，任意更改各级行政区域地名。增设了20余郡、600余县，改名的郡、县约占西汉末郡、县总数的五成，其中郡七成、县占四成以上，均创历史新高。

（二）"省"通名的产生及沿革

省，作为全国性的政区通名始于元代，其渊源始于汉朝。其涵义亦有变化。

1. "省"，初为内宫之地。"省"，除现为中国一级行政区域通名外，还有另外义项。浦善新先生在《中国行政区划改革研究》一书中，考证了"省"通名产生的沿革，为地名学的研究提供了难得的论点、论据。本节引用了该书对省、县名的论述，多为节录，均未加引号。

　　"省"，作为通名始用于宫中及官署。"省名起源甚早，原指宫禁之地。"李善注引《魏武集》："荀欣等曰：汉制，王所居曰禁中，诸公所居曰省中"。《北齐书·神武纪下》："孙腾带仗入省，擅杀御史"。省字由禁中演化为官署之称，将居于宫禁之内的尚书、中书、门下等官署习称为省，久之，遂以省为官署名称。魏晋时设有中书省、门下省，其后的南北朝、隋、唐、宋设有中书省、尚书省、内史省、秘书省、殿中省等。《旧唐书·职官志一》："尚书、门下、中书、秘书、殿中、内侍为六省"。《新唐书·职官志一》："其官司之别，曰省、曰台、曰寺、曰监、曰卫、曰府"。此时的"省"皆为中央行政机构的部门称谓。东汉以后，中央政务由三公改归台阁（尚书）。东晋以后，中央官称台官，在地方代表中央机构的称为"行台"，南北朝的东魏、北齐时，都曾在地方设"行台"，作为中央派出的机关。隋开皇二年（582年）曾经设河北道、河南道、西南道3个行台省。"省"，开始用于行政区名称。唐初为征讨窦建德，亦曾于陕西东部设大行台，平定窦建德后即废。上述行台、行台省、大行台等，皆因军事需要而为临时之设置，代表中央统管地方，属于派出机构，类同于一级行政区，多数事罢即撤。唐太宗以后，行台之制渐废。

　　2. 元代的行省制。唐朝、宋朝并未实行行省制，而在同期并存的金朝且建有行省。故元朝行省的建立，主因是沿袭于金朝的行省制度。金初熙宗十五年（1137年）"置行台尚书省于汴"（今河南开封市），治理河南地。天眷元年（1138年）迁行台尚书省至燕京，三年再移置于汴。皇统元年（1141年）以燕京路隶于尚书省，为地方行政区直隶中枢之始。之后，凡派尚书省大臣出征、戍边或处理地方重大事务，多准许便宜行事，均称行省于某处。或以宰相职衔授予地方官，称某行尚书省，简称某行省。先后置大名、陕西、河北、中都、河东、东平、山东、上京、辽东、婆婆、益都、陕西东路、陕西西路、河中、京兆、关中、关陕和京东等行省。可见，金朝所置的行台或行省，虽然仍属尚书省派出的临时性机构，但已明显带有地方政权的性质，且与现行省制地方多数重合。

元朝建国之初，效法金之制，在新占领地区遣亲王、重臣统治，对意图夺取之地，则遣宗室帅臣以主其事，号称行尚书省。成吉思汗先后置燕京行省、山东行省（又称济南路行省）、山东西路行省（又称东平行省）、益都行省。这种行省仍属临时"分任军民之事"，都不带宰相的职衔。后来，这一类的行省名号逐渐被取消。

元太宗灭金以后，占有黄河南北的广大地区，而政治中心偏处北方，为便于统治，设立燕京行尚书省，或燕京行台、中都行台。在汉文史籍上称为"燕京等处行尚书省事"、"别失八里（今新疆奇台东北）等处行尚书省事"和"阿姆河等处行尚书省事"。

三、省，通名的完善及制度化

元朝省制，历经世祖、成宗、武宗三朝的实践与改进，逐步得到制度上的完善，并且推至全国，成为地方最高一级行政区域建制。省，成为一级政区通名。

（一）省制过渡期

元世祖忽必烈继位后，于中统元年（1260年）设立中书省总理全国政务，改行尚书省为行中书省，简称"行省"。先后立秦蜀行省、西夏中兴行省、北京行省和山东行省、河南行省、东京行省、四川行省、云南行省、荆湖行省及荆南行省等。此时期的行省多属于中书省的临时派出机关，以中书省丞相、副丞相出领各行省，称行某处中书省事，而且变化极为频繁。时设时撤，未成定制。而且所立的行省，大多没有相对稳定的治所，其辖区范围多变，或者范围不清。

（二）省制统一完善时期

元世祖至元十三年（1276年），元军占领南宋临安，南宋亡。初置江淮行省于扬州，又称扬州行省或淮东行省，统淮东、淮西和浙东、浙西地区。省府在杭州与扬州两地几易，省名随变，至二十六年再迁至杭州。至元二十八年（1291年），以长江之北诸路隶于河南江北行省，复称江浙行省。至元十四年（1277年）之后，先后立隆兴行省，又称江西行省、四川行省。到至元末，元朝共设中书省和辽阳、征东、云南、甘肃等15个行省。至此，行省从中书省的临时派出机构演变为常设的地方最高一级行政机构。在南宋故地推行了行省制的同时，对北方的行省进行了调整和增设，基本上形成了行省制度。行省的长官，从中书省宰相职衔过渡到为常职官员。省，作为行政区域通名，逐步地稳定下来。

（三）省制定型期

1. 明代省制。明初承袭元朝行省制，至洪武四年（1371年）底，共设南京（直属中书省）和江西、湖广、福建、四川等12个行省。后山东行省调整为山东、胶东2个行省，中书省分解为北平、山西2个行省，广东行省由广西、湖广2个行省析置，江浙、河南2个行省析置为浙江、河南、江南3个行省，江南行省于洪武元年（1368年）改为南京。洪武九年（1376年）改行中书省为承宣布政使司，简称司，习惯上仍称行省或省。十一年（1378年）改南京为京师。十三年（1380年）罢中书省，京师各府、州直隶于六部，始有直隶之名。十九年（1421年）迁都北京，改京师和北京行部为南、北直隶。至此，全国共设2个直隶和山东、云南、贵州、交趾等14个承宣布政使司。宣宗宣德二年（1427年），交趾失于安南。至此，明共设2个直隶和13个承宣布政使司，合称十五省。元宣政院辖地分设为乌思藏、朵甘2个相当于承宣布政使司的都司，后改为宣慰司。在元辽阳行省辖区设奴儿干都司，后为女真部。

2. 清代省制。明代的行省成为现代省制设置基本框架。清初，沿袭明布政使司之制，清改北直隶为直隶，改南直隶为江南布政使司，时为1个直隶和江南、云南、贵州等14个布政使司。后析江南布政使司为左、右2个布政使司、析湖广布政使司为湖北、湖南2个布政使司、析陕西布政使司置甘肃布政使司。之后，改江南左布政使司为安徽布政使司，改江南右布政使司为江苏布政使司。至此，共18个布政使司。因当时普遍实行督抚制，故改布政使司为省，合称内地18省。1884年后，置新疆省，析福建省置台湾省，二十一年（1895年）台湾省被日本侵占。清在明女真部设立盛京、吉林、黑龙江3个将军辖区，1907年改设为奉天、吉林、黑龙江3个省。至清末，全国共设直隶、贵州、云南等22个省。此外，明乌思藏、朵甘2个宣慰司分别改为西藏办事大臣辖区和西宁办事大臣辖区，并在原岭北省辖区，设立乌里雅苏台将军辖区和内蒙古地区。

3. 中华民国省制。中华民国初期承袭清省制，1912年共设22个省（不包括被日本侵占的台湾省）。同时在直隶、山西、内蒙古交界地区设绥远、察哈尔、热河3个特别区，析四川省置川边特别区。西宁办事大臣辖区和甘肃省部分地区改设为甘边宁海镇守使辖区和甘边宁夏护军使辖区。1928年，南京国民政府在第二次北伐及东北易帜后，认为直隶、奉天2个省名称含有君权、神权意义，与"以党治国"的主张不符，将直隶省改名河北省（旧京兆区所辖各县一并划入），奉天省改名辽宁省。同年9月，先后将热河、绥远、察哈尔、西康（原名川边）4个特别区改省（西康省设建省委员会从事筹备工作，1938年正式成立），同年甘边宁海镇守使辖区和甘边宁夏护军使辖区分别改为青海省和宁夏省。至此，全国共设河北、绥远、热河、察哈尔、西康、新疆等28个省。1931年"九·一八"事变后，东北三省被日军占领，成立伪满洲国，东三省被划分为奉天、间岛、三江、兴安东、兴安北等17个省。1945年抗日战争胜利，收复台湾省及东北各省，东北17个省合并为9个省。至此，全国共设辽北、安东、热河、察哈尔、绥远、西康、新疆、台湾等35个省。此外，设立北平市、天津市、青岛市、上海市、南京市、广州市、武汉市（后改汉口市）、重庆市、西安市、沈阳市、大连市、哈尔滨市。西藏办事大臣辖区先后改为西藏办事长官辖区、西藏地方，乌里雅苏台将军辖区先后改为外蒙古办事长官辖区。1946年外蒙古独立。至1947年底，全国共设35个省、12个院辖市、1个地区（内蒙古）、1个地方。

4. 中华人民共和国省制。中华人民共和国成立后，一度在省制之上设立大行政区，省由大行政区管辖，省成为二级政区。1949年年底，全国共设平原、察哈尔、绥远、热河、西康、新疆、台湾等30个省，另有12个直辖市、5个行署区、1个自治区、1个西藏地方。

1952年之后，大行政区改为中央政府的派出机关，后撤销，省恢复为地方最高一级行政区。1997年，设立香港特别行政区，1999年设立澳门特别行政区。至此，全国共设河北、海南、青海、台湾23个省，另有北京、天津、上海、重庆4个直辖市和内蒙古、广西、西藏、宁夏、新疆5个自治区，以及香港、澳门2个特别行政区（未含台湾省）。

总之，"省"通名的产生及稳定，经历数百年的实践。

四、市，通名的产生及沿革

中国是世界上最早出现城市的国家之一，城市发展史极为悠久。史前藤花落古城，属龙山文化时期，从考古成果分析是中国城池的初创产物，已有四五千年的历史。全城分为两重，内城方形，外城长方形，并有护城河。全城周长1520米，城内面积达1.4万平方米。古代城池已具规模，根据考古发现，历代建设的城池约有四五千座。浩大城市建设工程，显示出中华先民的气魄和对世界文化的贡献。然而，由于中国古代对城市与乡村，实行不同的理念及行政管理方式，因此直到中华民国北京政府成立之后，才开始正式设市政区建制。现今多数的市制，建制于1949年之后，尤以实行改革开放之后的80年代为集中。

（一）市，通名初始涵义及演变

市，初期使用于市井，《说文解字》"市，买卖所之地。神农作市"。在古城之内必有井，有水。因此有"城池"之名和"市井"之说。聚落地名尾字为市者，谓之市场也。在地名上仍然保留着以"市"作为通名的聚落。如内蒙古区域白市火车站，以及在各地的"牛市"、"马市"，在北京的"珠市"、"灯市"等。把市作为行政区域通名，始于1914年（民国三年）首建北平市，设京都市及市政公所，后又于1918年、1919年相继设立广州市和昆明市。1921年7月1日，北洋政府正式颁布《市自治制》，规定："市为自治团体，以固有之城镇区域为其区域"。并规定：首都、商埠、县治城厢以及一万人口以上的城镇，均可称为市。当时区分为京都市、特别市、普通市三类。国民政府时期，于1930年颁布市组织法，规定市分为院辖市及省辖市两种，并对建市条件有所提高。市的设置，尤其是北平市公所的设立，以及不断扩大市的数量与规模，孕育着资本主义性质的经济模式。中华人民共和国成立后，1954年颁布的第一部宪法中规定。市分为直辖市和市，市又分为设区的市和不设区的市。为了统一设市标准，1955年颁布了《国务院关于设置市、镇建制的决定》，1963年中共中央、国务院作出调整市镇建制、缩小城市郊区的指示，对设市标准作了调整。1986年国务院批转《民政部关于调整设市标准和市领导县条件的报告》，再次对设市标准作了调整。

（二）切块设市模式

切块设市的特殊地方为，以县城或市中心以外的重要工矿区、交通枢纽、风景名胜区、边境口岸及其近郊为区域设置的市，与原来的县（自治县、旗、市）分割为2个县级以上行政区。采用这种模式的市约140个左右，如二连浩特、满洲里，近期的东兴、五家渠、图木舒克、阿拉尔等市。

（三）整县改市模式

以全部县域面积及辖属，整体改为市的模式，包括2个县合并设置一个市。如朔县和平鲁县合置朔州市，定海和普陀2个县合置舟山市等。这种模式为改革开放以来所普遍采用，全国现有的660多个市中，有70%以上是整体县改市的模式。

（四）多中心组合设市模式

一个市含有若干个城市（城区），各城市建成区之间有大片农村相隔。这种模式有3种类型：首先用于分散的工矿区、林区，如山东省淄博市、安徽省淮南市、黑龙江省伊春市；其次用于几个市合并成一个市，如河北省张家口市（宣化市）、秦皇岛市（山海关），为近年县（市）改为市辖区的亦多见。东莞市模式，即由县级市升格为省辖市后未设区，仍直辖若干个镇，而镇与镇之间大路相通，沿街企事业单位成"手拉手"之势，面貌已非原传统概念镇。

市，不仅在行政序列上为省级、地级、县级等3个层次，而在经济规模与人口数量上相差悬殊，在台湾地区，县以下设有市（相当镇）。市，目前有省一级直辖市，省辖地级市，省辖（地区代管）县级市，县辖市（台湾），还有非政区市。比较繁杂，有待规范。

"市"通名是从"市场"、"市井"演变而来，"市"与"县"分立经历数百年变化。

五、县，通名的产生及沿革

（一）县，通名产生及内涵的演变

县，最初不是政区通名，是地域类名，主要用于帝王所居之地，王畿为"县。"《礼记·王制》："天子之县内，方百里之国九"。周朝时在京畿和诸侯国都城的农村地区亦设县，是一级居民组织，由2500户组成，属于遂，其长官称县人。春秋时，齐国属（即遂）下仍设有县。周代划分土地的单位也称县。《周礼·地官·司徒》："乃经土地而井牧其田野，九夫为井，四井为邑，四邑为丘，四丘为甸，四甸为县，四县为都。"郑玄注："四甸为县，方二十里"。

1. 县名之初。《说文解字注》："周制，天子地方千里，分为百县，则系于国；秦、汉县系于郡。"春秋时期周王朝日益衰微，诸侯普遍僭越，公开抗拒周王的命令，常常"挟天子以令诸侯"，甚至反过来号令天子。周天子的命官制度逐渐被废弃，诸侯之间相互兼并，逐渐形成了几十个半独立的国家，大国相继称王。诸侯国在相互征战和血与火的洗礼中，逐步认识到分封制的弊端。秦、晋、楚等大诸侯国为了打破封邦建国旧制度的束缚，确立国君的集权统治地位，同时也为了有效地管理新开拓的疆土，并满足军事上抗御邻国的需要，相继在新开拓的疆土或边远地区废除分封制，由诸侯国国君任命官吏管辖一定的区域，郡、县就在这样的历史条件下应运而生。原世袭采邑变为诸侯直接管辖的行政区，地方行政管理体制由贵族世袭制逐步过渡到官僚制。郡、县主要官吏由国君直接任免，只领俸禄不领封地、采邑，重大事项必须奏报国君，无权擅自决定。从而打破了贵族制下的血缘联系，排除了旧贵族对地方政权的世袭把持，第一次对区域管理实行了郡县制。在一个诸侯国内，有了现实意义的行政区划，实现了行政区划史上一次质的飞跃。行政区域通名"县"，得以彰显其划时代的意义。"县"通名出现，体现了社会进步。

县，古文同"悬"，《说文解字》称：县"本是悬挂之悬，借为州县之县"。因为春秋初期设置的县，多为诸侯国新开拓的疆土（兼并小国，或夺取邻国土地），位于边地，远离国都，悬于大夫采邑之外，故名"悬"；或原为大夫采邑被国君收回而改置，因悬于诸大夫采邑之间，与国都有相当的距离，所以亦名"悬"。春秋初期，受命县大夫者，或"有力于王室"，或"能守业者"，或"以贤举"，往往可以世袭。县的长官称大夫，也称县守、县尹或县公，后称县令、县长等。

据现存资料考证，作为行政区的县制，最早出现于楚国。大约在周庄王七年（前690年）以前，楚武王（前740年—前690年）灭权国，改建为县，为县制之先河。《左传·庄公十八年》："初，楚武王克权，使斗缗尹之。"《左传·哀公十七年》记载，楚子谷曰："彭仲爽，申俘也，文王以为令尹，实县申、息。"即楚文王（前689年—前677年）灭申国、息国，设申、息2个县。其后西部大国秦、北方大国晋等，相继采用县制。《史记·秦本纪》曰："（秦）武公十年（前688年），伐邽、冀戎，初县之"；"十一年，初县杜、郑"。即秦武公于公元前688年设立邽县、冀县，前687年设杜县、郑县。晋国在公元前627年已开始设县。《史记·晋世家》："六卿欲弱公室，乃遂以法尽灭其族，而分其邑为10县。"

"县"通名的产生已接近三千年，且名称非常稳定。

2. 普遍设县时期。据史料记述，春秋后期各诸侯国已普遍设县，并逐渐将县制从边远地区推广到内地，且县的长官不再世袭。顾炎武在《日知录》中说："春秋之世，灭人之国者，固已为县矣。"根据《左传》记载，晋襄公三十年（前598年）楚子伐陈，设陈县，翌年又伐郑，郑伯愿"使改事君，夷于九县"；鲁昭公五年（前537年）"韩赋七邑，皆成县也"，"因其十家九县，其余四十县"。

据谭其骧教授主编的《中国历史地图集》第一册，春秋时期能考证名称和驻地的县有祁、邬、孟、平陵、平阳、涂水、马首、梗阳、瓜衍、杨氏县、朱方、期思、陈、州、苦、温、鲁、息、申、原、蔡、权、杜、郑、冀、邦等。

在春秋时期，有的地区亦设郡，郡、县之间互不隶属。郡，多设在边远地方，地广人稀，面积较县大，人口比县少，开发程度低，经济不如县发达。清代姚鼐在《惜抱轩集·郡县论》中指出："郡之称盖始于秦晋，以所得戎翟地远，使人守之，为戎翟民军长，故名曰郡。"

3. 郡县二级制度。战国中期，郡、县设置普遍，随着疆域扩张，郡面积日益增大，作为军政合一的"郡"地位越来越高，于是在"郡"下分设数"县"；在内地，为了军事上能统一指挥，各诸侯国亦纷纷仿效边远地区，普遍置郡统管数县之军事，后来逐渐管辖整个区域内的政治、民政、军事，遂逐渐形成郡、县两级制。至战国后期，郡县制被多数诸侯国所采用，为之后秦的行政区划奠定了基础。

经过春秋近三百余年的兼并战争，至战国初年，只剩下秦、楚、齐、韩、赵、魏、燕七个大诸侯国和十几个二等诸侯国。分封制进一步崩溃，郡、县二级制度得到认同。以秦国为例，孝公十二年（前350年），商鞅实行第二次变法，在秦国普遍推行县制，将乡、邑、聚等合并为县。"并诸小乡聚，集为大县，县一令，四十一县"；惠文公十年（前328年），"张仪相秦，魏纳上郡十五县"。据《中国历史地图集》第一册，战国时期能考证名称和驻地的县，除了春秋时期就已存在的祁、鄣、盂、平陵、期思、陈、州、苦、温、杜、郑、冀、邦等县外，还有邺、武垣、上原、苦陉、兰陵、中牟、上庸、蓝田、频阳等。

（二）秦始皇统一中国后县制

1. 秦始皇建县制。秦始皇二十六年（前221年）统一中国之后，全面推行郡县制，共设900～1000个县（有据可考者300多个）。将县分为两等：万户以上为大县，置县令；万户以下为小县，置县长。大县率方百里，其民稠则减，稀则旷。

2. 隋、唐完善县制。隋朝，曾进行并州、县。故大业五年（609年）县总数为1255个，比之前有所减少。隋初沿袭三等九级制，后改为三级。

唐按照政治、经济、军事地位和人口多寡，将县分为京、畿、望、紧、上、中、中下、下八个等级，京都所在之县为京县（亦称赤县），近京之县为畿县，其余为普通县。

宋至道三年（997年）设县1162个，元丰八年（1085年）增为1235个。宋建隆元年（960年）分县为赤、畿、望、紧、上、中、下七等，后又增加中下一等，共八等。

元至元三十一年（1294年）设1127个县。元分县为上、中、下三等，3万户以上为上县，1～3万户为中县，1万户以下为下县。

明万历年间（1573～1620年），设1169个县，另有相当于县的散厅215个。明朝按粮赋多寡分县为上、中、下三等：6万石以上为上县，3～6万石为中县，3万石以下为下县。

清末设1031个县和相当于县的150个散州、10个散厅。清朝沿明制仍按粮赋多寡分县为一等、二等、三等。

中华民国二年（1913年），裁撤府、州、厅，一律改为县，县激增为1791个，后不断增加。1939年颁布《县各级组织纲要》，规定县为地方自治单位，按面积、人口、经济、文化、交通等综合状况，由各省分县为三至六等，报内政部核定。

3. 中华人民共和国县制。中华人民共和国成立后，1949年有2067个县。很长一段时期，县的数量一直维持在2000个左右。

（三）县，在中国历史上的重要地位和作用

"县"作为行政区域名称的出现，是行政管理上的需要，同时源于社会经济发展与变化。春秋战国之际，动摇了分封制的基础，打破了层层封闭的藩篱，新兴地主与名商大贾形成一体，构成了一种强大的兼并势力。另一方面，新的经济基础，要求上层建筑做适应性改变，不能继续由个别家族组织区域内的家长式统治机关，而只能实行中央集权制度下封建制的统治形式。因此，"只有守土之责，而无专土之权"的县制，作为"裂土分封"制度的对立面应运而生。

"县"的通名，在中国历史上之所以保存至今，是因为县制不是一种权宜之计，而是由于政治、行政和经济等种种因素而作用的结果。经过两千多年的发展，县逐渐成为社会政治、经济、文化等方面相对独立的、呈稳定状态的基本政治、社会单元，能够在任何朝代制度下都以不可轻易分解的行政实体而发挥作用。孙中山先生明确指出，县是自治单位，其人民有直接选举及罢免官吏之权，有直接创制及复决法律之权。中华人民共和国成立后，由人民直接选举人民代表大会的代表，组成县人民代表大会，设立县人民政府、法院、检察院，构成完整的县级国家机构。县承上启下、沟通城乡、总揽农村全局的战略地位日益稳定、突出，其政府成为中国县域经济的组织者、管理者和调节者，也是国家政治行为和经济发展的聚结点。县，作为地名一直传承沿用几千年，县的名称存在时间差异，其语言涵义多有不同，且地名体的结构、人口、经济等都发生了极大变化，导致古县与今县不能相提并论。县名通名未变，而县地名体及其专名不断地变。故此"县"通名在中国历史与地名史上均占有重要地位。

六、乡（镇）通名的产生及沿革

（一）镇名的演变

"镇"，在初期是中国古代一种军事组织。通常是在各地驻扎重兵的军事要地，而相应设置的军政区域单位。级别时大时小，古无定制。公元4—6世纪，北魏（鲜卑族）为统治占领土地上的各族人民，在军事要地遍设军政合一的镇。其后，内地的军镇均改建为州，但北方诸镇为防卫和镇压当地人民反抗予以保留。唐代以数州为一镇，派遣节度使总揽军政大权。至天宝年间，镇节度使又兼任各道的采访处置使，至此道、镇合一。至乾元元年（758年）镇有44个，逐渐形成藩镇割据的局面。此时，镇的级别尚无定数。北宋初废除藩镇，但在边境地区设有县级或县以下的镇、城、堡、寨、关等行政区域单位。而这些行政区域通名镇、城、堡、寨、关等，逐渐成为聚落通名。在习俗上，"城"与"镇"等字的使用，多用在人口较多、交通便利而又有贸易场所之地，或者是农村较大之聚落。

镇，作为行政区域通名，普遍使用是在中华民国期间。中华人民共和国成立之后，写入宪法作为基层政权组织。固定成为由市、县、自治县管辖的基层行政区域，初期多为县机关所在地，以及部分工业发达或有特殊性的聚落设镇。镇多为人口较多、又有一定工商业基础、交通方便的地方。它属于城与乡之间的过渡形态。国务院曾在1955年颁布的《关于设置市、镇建制的决定》中，对建镇标准作了具体规定，其后又在1963年和1984年作了调整。

（二）乡，通名的产生及演变

"乡"名始于周代，当时规定：五家为比，五比为闾，四闾为族，五族为党，五党为州，五州为乡。实行乡制与军制合一，为地方自治组织。其后秦、汉、隋、唐、明等朝代，在县以下均有乡或相当于乡级的地方自治组织。民国二十八年（1939年）9月，国民政府公布县各级组织纲要，正式确立乡、镇为县以下的基层行政区域，设立乡民代表会和执行机关乡公所。中华人民共和国成立后，1950年中央人民政府政务院通过的《乡（行政村）人民代表会议的组织通则》，规定乡为县领导下的基层行政区域。设乡人民代表会议（代行乡人民代表大会的职权）和乡政府。1954年颁布的宪法规定，乡为农村基层行政区域，并设相应的政权机关，即乡人民代表大会和乡人民委员会。1958年实行人民公社化后，乡人民委员会被政社合一的人民公社组织取代。1982年颁布的宪法规定实行政社分开，乡仍恢复为农村基层行政区域。1983年10月12日中共中央、国务院联合发布《关于实行政社分开建立乡政府的通知》，政社分开建乡正式开始。全国曾建乡4万个以上。

（三）其他行政区通名

行政区域名称通名中，"省"与"县"是最为主要的两个通名，"州"通名产生最早，现在少数民族地区仍在使用，亦是使用历史时期较长的一种，只是层级不完全一致。此外，历代王朝行政区域名称通名使用过国（国中之国）、郡国、郡、县、州、道、府、路、省、市、行政区、厅、散厅、行署、盟、旗以及代管民事的将军、都统、军、监等。历代军事组织用于区域名称通名的有镇、戍、节度使、方镇、卫、所、军、监、堡、关、寨、驿、站等。民族地区政区通名有州、盟、旗、豀、宗（宗伯克）、卡伦等。

乡及"乡"以下组织名称及聚落通名还有乡、里、邻、村、甲、党、土、井、丘、台、庄、屯、方、家、邑、鄙、知、野、津、关、郭、圆、圈、瓦、甸、集、院、庭、厢、店、宅、亥、原、交、圩、墟、铺、营、场、阡陌、陆、郊、遂、疆、芦、域等。

都市及街路名称有京、城、邦、国、都、市、区、衢、路、道、街、邸、间、廊、坊、巷、胡同、门、区等。

上述通名，有的只在局部地区使用，有的存在时间很短。

第三节　地名是历史演进的化石

城市的出现，劳动者有了分工，昭示着非农劳动者大军形成，非农民阶层、阶级走上历史前台。中国著名考古学家夏鼐先生在他的著作《中国文明的起源》一书中这样写道："现今史学界一般把'文明'一词用以指一个社会已由氏族制度解体而进入有了国家组织的阶级社会的阶段，这种社会中，已有城市作为政治、经济、文化各方面活动的中心。城市，是人类文明的象征，文明是人类的骄傲，无可置质疑。"

一、城邦（地名体）进入奴隶社会的证明

城市，对不同阶层的人们来说意义是不同的：对于文化人，它可能是精神家园；对于城市原住民，它是一段童年记忆，或者与住地凝固一处的民俗故事；对于社会学者，它是从农村散落式形态，逐步构成密集人群的立体构架；对于经济学家，它是工农分离，生产要素多元化；对于考古学家，它是一段可以触摸到的历史；对于地名人，它是地名符号系列的母集之一，是人文地名体的外在形式。

有古书记述，大禹的父亲鲧"筑城以卫君，造郭以居人"，始创城郭。学者认为，原始城邦在史前新石器时代中期就已出现。考古学家们在山东、河南、湖北、湖南、四川等地，相继找到了新石器时代的许多城邦遗址，这些发现让考古工作者欣喜万分。沉默了数千年的古老城址告诉子孙，祖宗在五六千年以前，已有城垣，其上空已放射出文明的曙光。在世界人类史上，中华始祖在世界各地向文明前行的马拉松比赛中，处在第一梯队的行列之中。

据《中国城池史》（张驭寰. 百花文艺出版社. 2003年版）认为，迄今中国年代最早考古发现的城址，是湖南澧县的彭头山城址，年代在距今6千多年前，属于大溪文化。整个城址平面略呈圆形，直径约310米，城墙的修筑采用了原始的地面堆筑的方法，城外有护城河。仰韶文化时期中原大地，已筑有相当规模的原始城郭。在河南郑州西山遗址，有一座兴建于5500年以前的城址，城址平面也是接近圆形，城墙底基宽11米、残高3米，采用了比较进步的方块版筑夯法。西山古城开启了中国版筑法的先河。在当时的城址内，已有了一定布局。古城中部和南部是居住区，房屋有大有小；北部和西部有两处墓葬区；城外有护城河。龙山文化藤花落古城遗址，是中国城市的早期建筑。外城为长方形、内城为矩形，是王城城池规划建设的蓝本性质的遗址。郑州商城的发掘更有重要意义，此城建在平原上，说明农业生产已经发达，已进入了奴隶制社会，展现出3500年前的商代文化和社会面貌，是城市建设史上的阶段性标志。从该古城址推论"河之南"，古来就是中华文明的繁荣地带。

　　远古时代，林立的城邦，是人类社会生活方式演进过程中的成果，具有里程碑意义的大事。在古老的采集狩猎时代，成千上万个游牧人群迁徙不定。后来，人们发明了农业，开始定居，又组成了一个农耕者和游牧者的平等社会组织——氏族公社。互有亲属关系的群体组织成为集体生活体，地域接近的氏族公社联合成高一级的部落，这时就产生了塔式层级的管理机构，酋长成为部落的管理者。作为部落联盟的驻地，一般要建在经济中心，这是城邦出现的政治基础。社会生产力提高以后，人口迅速增长并相对集中；制陶、琢玉、纺织等手工业技术向更高的水平发展，手工业开始与农业分离；知识和财富慢慢聚集到少数人手里，孤立分散的居住状态难以满足特权人物的要求，自此有了建城的客观需求和经济基础。当然，还有势力范围内防御的需要，以及宗教上的原因等。总之，一个个原始城邦的雄厚根基在史前已经奠定，有了它们就有了文化的深度和个性，就有了政治的运筹帷幄和法制规范，就有了经济的繁荣和发展。

　　近年来史前城址一个接一个地被发现，这成了考古界最令人瞩目的现象。史前先民拥有的生活景象，超出了今天人们的想象与了解。也许，不久的将来，我们还能发现没有城墙，却是政治经济中心的早期城市。总之，当代人已无法描述祖先们在城池中的生活情景，先人们的生活元素和快乐音符，可能将成为难解之梦。从地名学者角度看，对城市最关心的是叫什么名字，主要街路有没有名字，恐怕这些都难以追寻了。还好可以用今名替代。而地名体的出土及变化，为地名人以地名说事儿提供了素材。是否可以如此说，农村聚落的出现，证实先祖走出大山，向氏族公社迈进；而城郭的建造，成为奴隶社会的奠基石；都城的完善，宣布了原始公社的解体，阶级社会的产生。

　　人们期待着从殷商甲骨文那些刻在龟甲牛骨上的字符中，能找到城郭的指称—地名。郭沫若先生在他的《古代文字的辩证发展》一书中论证："彩陶上的那些刻画符号，可以肯定地说是中国文字的起源，或是中国原始文字的孑遗"，是"具有文字性质"的符号。在这些刻画符号中，有没有地名符号呢？期待着古文字学家们的破译成果。

二、南京城证明进入封建社会

南京古城，是中国历史上著名的古都之一。南京名称几经改变，而城市名称的演变是历史变化、主人更替的鼠标。在此定都的有吴、东晋、宋、齐、梁、陈及南唐、明、太平天国、中华民国等，可谓是"十代古都"。南京地名也历尽沧桑，城池在征战中多次被损毁，地名之几易，地名与地名体多次共变。《禹贡》时为扬州之城。春秋时，先属"吴"，后属"越"。吴王夫差曾在此铸造武器称"冶城"，朝天宫所在的山古称"冶城山"。这里是最早的南京城胚芽。今南京朝天宫北侧，仍然有"冶山道院"（巷）的地名。公元前472年，越王勾践灭吴，在今中华门外秦淮河畔筑城，名"越城"，又称"范蠡城"。公元前333年，楚灭越，在山上修城，当时的紫金山叫金陵山，以山名城改叫"金陵邑"。"南京"古名"金陵"从此始。公元前221年，秦始皇巡游东南，路过南京，听方士说此处有王气，秦始皇听后不悦，下令"凿方山，断长垅"沟通淮水，改道入江，以泄王气，并埋金压之。此事件充分证明天下为帝王之天下，帝王之尊溢于言表。后改名"秣陵"。现有"秣陵镇"，南京有"秣陵路"。公元211年，孙权从"京口"（镇江）迁治"秣陵"，改名为"建业"。后西晋灭吴，复用"秣陵"。后因避讳愍帝司马邺，改名为"建康"。东晋南朝宋、齐、梁、陈均以"建康"为都，"六朝古都"由此得名。在街路名称上留有"建康"、"建业"等名。公元589年，隋灭陈，废建康。时"紫金山"名"蒋山"，故设"蒋州"。唐时改名为"白下"、"昇州"、"上元"等名称，均留存在街路名称上。五代十国时，改"昇州"为金陵府，公元937年南唐时称"金陵"为"江宁府"，宋建炎三年改为"建康府"。元先改为"建康路"，后改为"集庆路"。明太祖朱元璋于1356年改"集庆路"为"应天府"（取帝业昌盛、顺应天时之意），洪武十一年（1378年）改"应天"为"京师"。永乐十九年（1421年）改"京师"为"南京"，南京名从此始。清一度废"南京"，复称"江宁府"。1853年太平天国定都南京，改名"天京"。中华民国时复称"南京"。今天的南京城曾名或又称"石头城"（战国楚筑金陵城于石头山，孙权时更名为石头城）。

三、盛唐长安城为世界大都会

（一）唐初长安城地理环境

西安在历史上曾经是西周、秦、西汉、隋、唐几个朝代的国都，它对中国封建时代文化的发展起过很大的作用。尤其是唐代的长安城，不仅是当时全国最大的城市，也是当时世界上最大都会之一，极负盛名。长安城位于渭河流域的关中平原，此地河流汇集，便于农田灌溉，土地肥沃，为重要粮仓。从周、秦以来，在渭河平原先后开凿了郑国渠和白渠。隋、唐（公元581—618年）向东开凿了通往潼关的300多里长的广通渠。当时西安水运已沟通了南北，长安成为南北物资运输中心。长安也是全国陆路中心，交通四通八达。从长安到重要城市的陆路交通线上，每隔30里就设有一个驿站。驿站供应过路官吏的食宿和交通工具，亦成为重要的聚落，驿站名迄今尚存。在水路上，设立水驿，供应船只。一般客店还备有驴子，供来往客商乘用，叫做"驿驴"。唐代的国际交通也很发达。波斯（今伊朗）人和大食（今阿拉伯）人，朝鲜、日本等诸多国家与唐朝不仅有商业往来，而且有佛家弟子和留学生教育等方面的交流，长安是当时著名的国际都市。

（二）长安城的规模

长安城于隋文帝开皇二年开始修建，经历了隋与唐两代扩建，形成完整都城。唐高宗永徽三年（公元652年）又修筑了长安城的外郭城。规模宏伟的长安城，表现了中国古代劳动人民高度的智慧和创造力，表现了高超的古代建筑术。长安城分三部分，北部叫宫城，是皇帝、后妃和太子居住之所。宫城的南边为皇城，是官员办公之地。皇城的南边又叫外郭城，也叫京城，它从东、西、南三面把宫城和皇城包围着，为城池居民之住宅区、商业区。整个长安城大致成方形，周围约有70里长。城里有14条东西大街，11条南北大街。这些纵横交叉的大街，把长安城分隔成许多方块的区域。这些方块区域中，除有东西两个市场和一部分寺院名胜区外，大部分是住宅区。当时称这些方块区域为"坊"，每个坊都有不同的名字和居住区内不同的街巷市场布局。"城坊"作为通名广泛使用。

（三）长安城的繁盛与分化

唐朝立国后的一百多年的时间，历史学家称为盛唐时期，尤其是开元、天宝年间，为历史上社会经济发展的高峰脊线，呈现一片异常繁盛的景象。由于长安城东面修建了大明宫和兴庆宫，使得城里的居住情况发生了变化。有权有钱者都尽其力要住到接近帝宫之地，故兴庆宫的永嘉坊成为公卿、王侯、贵族抢占之地，标志帝王官僚日益腐败。帝王扩宫殿，官僚建豪宅。诗人白居易在《卜居》诗曰："游宦京都二十春，城中无处可安贫，长羡蜗牛犹有舍，不如硕鼠解藏身。"

盛唐长安为国际性都会，当时亚洲多国都和唐朝建立了友好往来的关系。整个唐代将近三百年间（公元618—907年），居住在长安的外国人很多。唐代的高僧，特别是玄奘［zang］和义净，他们都去过印度，也都带回很多印度佛经，在长安从事翻译，使长安城成为研究佛教文化的中心，朝鲜、日本等各国佛教僧徒都不惜辛苦远道来长安。长安城中著名的佛寺，如兴善寺、慈恩寺、经行寺、崇福寺、西明寺、荐福寺、醴泉寺等，都有印度等国僧侣。

盛唐虽繁荣，亦存在严重社会不公平，为官不廉，贫富悬殊。阶级矛盾一天比一天尖锐起来，老百姓被逼迫得走投无路，只有起来反抗。唐僖宗中和元年（公元881年），由黄巢领导的农民起义军攻入了长安城。从此，一代盛唐都会长安城开始衰落。唐王朝覆灭后，由于长安地形复杂多样，交通不便，两宋以后都城易地。宋朝以后都城改在开封、杭州、南京、北京等地。然而，唐长安的城市地名体之规模、繁荣及街、路、坊、城门名称，成为靓丽的地名史话。

（四）唐长安城坊名的特征

长安城坊式城市规划，由11条南北大街、14条东西大街相区隔，处中心的南北大街名"朱雀大街"，为城内万年、长安两县之界，每县约50坊，合计约100左右城坊区块，为全国城坊式城区结构之大成。坊内有小巷，被巷区隔的方形区域为"曲"（似相当于现社区）。官宅通常称"邸"。在百余个坊名中，九成以上为意愿命名，开辟了古代地名规划之先河。

1. 寓德化之教、达政通人和者，约25条。如力政、通政、大通、修德、道法、怀德、安德、居德、崇德、崇化、昌明、升道、兴道、永崇、兴化、敦化、开化、开明、布政、怀远等，约占总数的四分之一，且以"德"字居多。

2. 期盼安居乐业、和平幸福者，约30条。如安定、永安、靖安、安乐、丰安、大安、安善、安业、安邑、常安、大宁、保宁、兴宁、永宁、普宁、和平、太平、永平、升平、宣平、永乐、映乐、昌乐、长乐、丰乐、永嘉、晋昌等，以"安"、"宁"、"乐"字居多。

3. 寓意幸福长寿者，约6条。如长寿、光福、平康、延福、延康、延寿等，占百分之五，以"寿"、"福"、"康"组字居多。

4. 宣扬仁义为本、举贤慎行者，约25条。如崇仁、安仁、亲仁、通义、归义、崇义、敦义、宣义、安义、义宁、通善、靖善、翊善、群贤、待贤、崇贤、昭行、光行、宣阳、务本等，以"仁"、"义"、"善"、"贤"字组句者居多。

5. 赞胜业永昌者，约12条。如金城、长兴、新昌、永兴、丰邑、辅兴、永阳、醴泉、胜业、大业、崇业、嘉公等，约占十分之一。

6. 其他。如青龙、曲池、入苑、芙蓉园等10余条，约占十分之一。

唐长安城坊名，多为期盼类人文文化，与北京胡同名依物描述为主的名称有异曲同工之妙。

四、北京城古代与现代对接

北京，位于华北大平原的西北部，地处平原与山地交界地带，西北部群山环抱、山岭连绵，东南是洪积、冲积扇形地和冲积平原组成的倾向渤海的一片平川。北京城位于永定河扇形地的背脊。山地约占全市面积三分之二，最高峰灵山2300米。平原约占三分之一。海拔40余米。属大陆性气候，夏季炎热多雨，冬季寒冷干燥，春旱多风，秋季短促。年平均气温为12℃。总体上北京的地理环境适宜建都。

（一）北京历史沿革

据考古资料，在约五六十万年以前，中华的祖先——北京人就在燕山脚下劳动、繁衍、生息并创造了远古文化。山顶洞人，是旧石器时代晚期的北京居民，距今约一万八千年，已会使用打制石器，还能制作一些简单的装饰品，原"北京人"所带有的"原始性"已逐渐淡出。在北郊昌平县雪山村，出土的新石器时代的陶器碎片，表明大约四、五千年以前，北京地区已有固定的聚落地名体，并且不断地在扩大聚落范围。

北京古称燕和蓟。《史记·燕世家》载："周武王之灭纣，封召公于北燕。"琉璃河遗址包括贵族墓葬和古城墙基址，可见这里原是西周的封地燕国的政治中心。公元前221年，秦始皇统一中国。蓟城是秦广阳郡的治所。北魏王朝（386—534年）统一北中国后，蓟城仍为燕郡、幽州治。隋开皇三年（583年）废郡，幽州仍存。大业三年（607年），改幽州为涿郡，仍治蓟城。隋、唐时期，蓟城在北方的军事地位显得十分突出。辽会同元年（938年）改幽州为幽都府，建为南京，又称燕京，作为陪都。开泰元年（1012年）改幽都府为析津府，故北京在历史上又叫析津。南京城址使用幽州旧城。贞元元年（1153年），海陵王完颜亮迁都燕京，改名中都，改析津府为永安府，次年改为大兴府。金中都在辽南京旧城址上加以扩展和改造，已具相当规模。十三世纪初，成吉思汗十年（金贞祐三年，1215年），蒙古军攻取中都，废中都，改置燕京路总管大兴府。元至元元年（1264年）复号中都，作为陪都。九年（1272年），忽必烈改中都为大都。从此，北京取代长安、洛阳、开封等古都的地位，成为中国统一多民族国家的政治中心。元大都城建于金中都的东北郊。城市规模宏伟，宫殿富丽堂皇，苑囿景色优美，人口稠密，经济繁荣，文化发达，是当时世界上最为壮观的著名都市之一。

公元1368年，朱元璋建立明朝，定都南京。大都，改名北平府。将四子朱棣封于北平，称为燕王。建文元年（1399年），朱棣起兵自称"靖难"。四年夺得皇位，是为永乐皇帝。永乐元年（1403年），升北平为北京，称为行在，北京一名从此始。永乐十九年（1421年），北京改称京师，国家行政中心正式从南京迁都北京。

（二）中华人民共和国首都

明朝对北京城进行了改建。大都北墙南移五里，仍开两个门，即今安定、德胜门。永乐十七年（1419年）又将大都南墙南移二里，仍开三门，即今宣武，正阳、崇文门。嘉靖三十二年（1553年），南面增开二门，即左安、右安门。东西两面又各开广渠、广安门。西北、东北又开西便门、东便门。宫城以太和、中和、保和三殿与乾清、交泰、坤宁三宫，沿中轴线组成建筑群体，殿宇金碧辉煌，高大雄伟，突出了统治者至高无上的地位。其名称显示帝王之思维。

清朝建都北京之后，对明朝的宫殿、城池、街衢坊巷，未作大的改动，只是在城内相继建了不少王府。在西郊经营园林，建有圆明园、畅春园，香山的宜园，玉泉山的静明园和万寿山的清漪园等"三山五园"。尤其是圆明园，中外闻名，被誉为"万园之园"。颐和园是中国保存下来的最完整的大型古典园林，也是中国园林建筑中的瑰宝。鸦片战争以后，帝国主义列强接踵而入，园明园被英、法联军劫掠焚毁。"三山五园"惨遭破坏，造成了世界文化史上的一次浩劫。1911年辛亥革命，结束了中国二千多年的封建统治，建立了中华民国。民国初年，北京仍为首都，仍称京师，改顺天府为京兆地方。1928年设北平特别市，市作为政区首次出现，1930年改北平市。日军占领时期称为北京特别市，1945年复为北平市。1949年9月，中国人民政治协商会议第一届全体会议，正式决定改北平为北京。10月1日，毛泽东主席在天安门上庄严宣告中华人民共和国的成立。从此，这座闻名世界的古都成为中华人民共和国首都。北京从明清封建帝都，演变为中华人民共和国首都，是国家性质的巨大改变。北京及附属地名见证了历史。

（三）北京与现代对接

中华人民共和国定都北京。当时北京皇宫依然，胡同之间填充四合院，其现代化水平处在较低层次。经过几十年的建设，北京城发生了翻天覆地的变化。地铁、城铁、快速路等组成了现代城市交通网；现代工业、信息业已极具规模；金融业、服务业跳跃式发展；北京现代地标"鸟巢"、"水立方"等，是建在北京中轴线上，古代与现代并轨。

（四）北京街巷地名分析

北京街巷名大都带有浓厚的人文色彩。老城区建筑群基本格局奠基于元代，形成于明代，清代虽有变动但总格局未改变。街、路、胡同名称与古都一起经历了历史沧桑，随着朝代的更迭和城市的发展，有的街巷名称已为历史时空所淹没，有的胡同不止一次地"更名改姓"。

俗话说："北京有名的胡同三千六，没名的胡同数不清。"北京的街巷地名繁多复杂，地名中含有天地日月、山河井池、风雨冰雹、飞禽走兽、花鸟虫鱼、瓜果蔬菜、生活饮食、服饰用品、方位方向（如东西南北、前后左右、奇数偶数来取名的）等因素；有的以人体的有关部位来命名。最为抢眼的，当属皇城、内城、外城、天安门、天安门广场、长安街、东单、西单与东四、西四、王府井、前门、大栅栏、景山、正阳门、崇文门、宣武门、朝阳门、东直门、阜成门、西直门、安定门、德胜门等为胡同与街名。胡同中以楼阁为名的更为奇妙，如 "欧楼"、"箭楼"、"角楼"、"戏楼"、"钟楼"、"鼓楼"。北京胡同名主要是描述性的地名或依据地形地物为名者，这与唐长安城坊名完全不同。

西安、南京、北京三个都城，在地名上所呈现的沿革，成就了用地名讲述历史。而在街路名上所表现的差异，又为地名史的研究提供了证据。

第八章　地名·民俗

地名是民俗的载体，同属于过程性文化形态，具有一些共性特征。民俗，是一种悠久的、民族的、区域的历史文化传承。包括，姓氏、仪式、习惯、图腾、宗教信仰以及神话、传说、故事、谜语、歌谣、谚语、戏剧等。民俗除传统的信仰、传说、民间文学等精神"遗风"外，亦包括物质方面的风俗，诸如地名体之不同、民居结构的不同、生产方式的不同、服饰的不同、饮食的不同等。民俗是以区域（地名）为场景，通过地名讲民俗。

地名学与民俗学有亲缘关系，民俗学家常把地名作为研究对象。在调查民风民俗的时候，以地名为界线，且以地名作证。区域的民俗特质，常常给地名烙上深深的印记，民俗事象常常和地名融合在一起，二者形影相随。民俗和地名都具有"约定俗成"的特征，不属于个人的创造，大多不是因为政府强制，而是人们自发又是情愿而形成的。具有历史性、区域性、传承性、变异性的元素，一些元素有着原生态文化遗存的突出特质，称为活的"遗风"。民俗，可分为一个洲的，一个国家的，一个省的，一个地理区的，一个地方的，均以大小地名作标志。

第一节　地名与民俗

民俗具有区域性的特征，是以地名为记号的，地名可成为一些民俗的徽记。一般而言，民族的常常是区域的，至少在形成民俗过程中的初期阶段是如此。在民俗中的各种事象，都给予地名以深刻的影响。

一、地名与习惯

一个民族或一个地域共有习惯，经过百年、千年，是数代人磨合的结果。民俗的传承离不开群体，任何民俗事象的传承和发展，都必须有群体的共同参与，只有依靠群体行为，民俗事象才能代代相传，薪火不熄。

（一）地名是习俗的符号

朝圣是一项民俗活动，而朝圣之地是为地名。北京妙峰山的进香朝圣活动历史悠久，引人注目。香客来源除京、津、冀之外，还有全国其他地区。持续的时间，从农历的正月十四开始，一直到农历的八月，均有香会组织进香活动。每年香客人数往往达数万人。由于有了一代又一代人的参与，妙峰山的进香民俗得以不断传承与发展。"妙峰山"地名成为民俗进香（请佛保佑）的风标符号和历史传承的见证。

（二）地名是神地

西藏地区对神山与神湖的朝拜，终年不断，而且认为山山有神，湖湖有龙。信徒们对布达拉宫的供奉会倾其所有。藏语"纳木错"其意义为天湖、天水。地名中的神韵，是民俗神灵的注入。地名往往是民俗群体的标志。中国人用筷子，就有了筷子地名；信土地老，就有土地神地名。

二、民俗的地域性

民俗地域性，又可以称为地方性、地区性，是民俗事象在空间上表现出来的特征，也可以称为地理特征或乡土特征。常常以地名为首领，并界定区域。成语有"入国问禁，入乡随俗"；俗话说"十里不同风，百里不同俗"。任何民俗事象都存在或多或少的地域差异，古今中外莫不如此。正如《礼记·王制》所说："凡居民材，必因天地寒暖燥湿，广谷大川异制。民生其间者异俗，刚柔、轻重、迟速异齐，五味异和，器械异制，衣服异宜"。也就是说，民俗的地域性具有普遍意义，无论什么民俗事象，都会受到一定地域的地理条件、气候条件、生产生活条件等的制约，表现出某种程度的地域色彩。因此，不同地域拥有不同的民俗事象；同一类民俗事象的内容与形式，在不同地域存在差异。东北种玉米，睡火炕。南方种水稻、睡高架屋等。这些在地名上均有表现。

三、民俗的民族性

民俗属于不同民族，不同民族的民风、服饰、节日等都各有其特色，表现出差异性。民族意识高度相互认同促成强劲的群体凝聚力，是维系社会或群体生存和发展的根本保证。唐代孟浩然诗曰："宇宙谁开辟，江山此郁盘。登临今古用，风俗岁时观。"是说观察民俗的最佳时间是时节。中国传统民俗节日极富内涵，且有着明显的地域性、民族性。如中国春节，又称"年节"，古称"元日"、"元旦"、"三元"（岁之元、时之元、月之元）等，是最大、最隆重的传统节日。中国的大部分民族都过这个节日。"年"是个时间概念，它的产生与农业、历法直接相关，是古人对农作物生长周期和季节变化的一种总结。所以古籍云："年，谷熟也"。相传，远在尧舜时代对这种周期称"载"，夏代称"岁"，商代称"祀"，周代称"年"。中国红，在春节有明显张扬，红灯、红对联、中国结等，一直延续到红军、红旗、红字地名插遍华宇。清明节，与古时"寒食节"相合而成。在我国的传统节日中，它是唯一同节气合一的节日。"清明"一词的含义是天清气明。清明除扫墓之外，人们还喜欢到郊外踏青。实则是今天的春游。端午节，又称"端阳节"，为每年农历五月初五。其起源说法不一，有的说源于吴越地区的龙图腾崇拜，有的说是为了纪念屈原，有的说源于夏至，有的认为五月五日是个"恶日"，端午节的活动是为辟邪驱恶。我们不妨把端午节看做是古代的卫生节。乞巧节，即七月七日，古代又称"七夕"，是天河宇宙地名的故事。这一节日源于牛郎织女的传说。过去因妇女们常在这一天晚上趁牛郎织女高兴的时候，向他们乞求智慧和技巧，故名"乞巧节"，又称"女儿节"。现代社会的人们，已把七月七日称为中国情人节。中秋节，在农历八月十五日，与春节、端午合称三大传统节日。农历七、八、九三个月为秋季，八月十五日恰在秋之中，故名"中秋节"。其起源说法不同，一说源于战国末期的神话《嫦娥奔月》，人们于八月十五日祭月以盼嫦娥归来。二说源于古人对月亮的崇拜，我国远在周代，已有秋日拜月的活动。古籍有"天子春朝日，秋夕月"的记载，"夕月"即于晚间拜月。从实质上说，中秋节是庆贺丰收的农事节日，可称为"月亮节"。"中秋节"最明显的风俗就是吃月饼、"月亮"、"天河"都属于宇宙中之地名。总之，"中国年"、"中国节"是发生在"中国"的民俗。而这些在地名上都有映像，均有表现。与民俗有关多的地名与发生地的名称连在一起，故曰民俗是地方的，民俗是区域性的。即，区域以地名为记号。

第二节　地名是民族文化的载体

地名传说与图腾，构成五彩缤纷的地名文化，是民俗学的重要组成部分，受到专家学者关注，广大人民群众更乐此不疲，争相传颂。

一、地名与始祖神话

地名中有诸多含有"神"的意义，这与古代信仰有极大关系。汉人心目中的"老天爷"，西方人眼中的上帝，被认为主宰着人类。神灵与神话在人类思想深处有块领地，影响着地名意义的形成。科学家在努力证明其他星体上存在着高级生命，也许有更高超的智慧。

（一）《山海经》中地名与始祖

《山海经》是一部难得的上古时代的百科全书。该书以地理为纲，涉及内容十分广泛，诸如天文、历法、地理、气象、动物、植物、矿产、医药、地质、水利、考古、人类学、海洋学和科技史等。其中，地名与民俗两项为人们所关注。在《山海经》神话传说里，确实保存了丰富、宝贵的古代社会和自然的史料……神话仍然是我们十分重视的研究课题。《山海经》最突出之处是地域图腾，将祖先神化。如在《山海经》中有16处关于黄帝的记述，"轩辕之国，位于穷桑之际"，文字画是"人面蛇身，尾交首上。"为便于说明，列出了"黄帝"的世系简表：

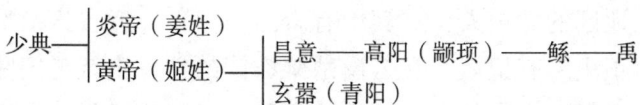

```
          ┌ 炎帝（姜姓）
少典 ──────┤              ┌ 昌意 ── 高阳（颛顼）── 鲧 ── 禹
          └ 黄帝（姬姓）──┤
                          └ 玄嚣（青阳）
```

"炎黄"既是两帝合称，又可以说是古"中华"的地域代称。《西山经》"……有神焉，其状如黄囊，赤如月火，六足四翼，混沌无面目，是识歌舞，实为帝江也（帝江即炎帝）"。轩辕，是上古的族名，传为黄帝的氏名。《海外西经》云，"轩辕之国，位于穷桑之际"。而《史记·天官书》云，"轩辕（星群名）黄龙体"。天体的命名，却是借用人世的事物。蛇身是龙体的象征。郭沫若认为："轩辕是天鼋，民族的族徽（图腾），在殷、周铜器的铭文中屡见。"

在《山海经》民俗文化中，将最高祖先神列三位：

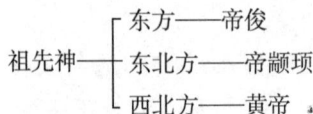

$$
祖先神
\begin{cases}
东方——帝俊 \\
东北方——帝颛顼 \\
西北方——黄帝
\end{cases}
$$

帝俊，东方大神或远祖，传为帝舜。帝颛顼，东夷与东北夷文化大祖先神，荆楚地奉为"高阳氏"。《吕氏春秋·古乐篇》说："帝颛顼生自若水，实处空桑。"黄帝（帝江、帝鸿）西北夏人集群的祖先神。黄帝原为神，由天帝转为人王，极受阴阳家推崇。无论《山海经》是一本百科全书也好，还是地理书也好，总之是一本以地名为载体，用地名作为连接点的大作。书中民俗部分，对中华民族影响很大且深远。

（二）"泽当"—猴子变人的地方

泽当，西藏乃东县政府驻地。曾译写为"孜唐"、"泽唐"（Zétang），传为藏族的发源地。"泽当"，藏语意为"猴子玩耍的坝子"。境内有"猴子洞"地名，似乎与"泽当"藏语意吻合。

藏族很早就流传着猕猴变人的神话，后来经过文人的改造和加工，载入了藏文史书。据说，有一位经过观世音菩萨点化的神猴，在岩洞中修法，后来和岩罗刹女结为夫妻，生出雏猴，取不种自收之谷为食，逐渐毛尾转短，能作言语，最后变成了人类。去掉其中的宗教色彩，留下的就是朴素的猴祖传说。难怪英国人柏尔在20世纪初，就惊奇地写道："西藏人在达尔文未生之前，早已自称为猴之苗裔。"南北朝时期开始活跃于西北地区的党项人，"其中有宕昌、白狼，皆自言猕猴种"。这种说法，"正史"有记载。在云南楚雄彝族的创世史诗《门咪间札节》中，更有"猴子变人"的专章，描述猴子学习以石敲果、击石生火乃至熟食的经过，正所谓"一天学一样，猴子变成人"。佤族和傈僳族中，也流传着"猴祖"的神话。中国原始先民凭着直觉猜测，能够得出如此接近人类进化规律的结论，实在是一种可贵的悟性。神话是一个民族的记忆，它将民族的来源追溯到洪荒时代。虽然让人疑信参半，却维系着永远的民族情结。从太阳神创世到盘古开天辟地，从女娲造人到猴子变人，古代神话给今人留下了重要的启示：人类的先祖先民，在向文明世界迈进的时候，一直在认真思考着有关人类、自然界生成与进化的一系列重大问题，对于某些问题的思考在古代已逼近于科学的认识。

（三）嫦娥奔月的传说

每个人在童年，大多听过爷爷奶奶讲述的天上人间的故事，亦真亦幻引人遐想，终生挥之不去。嫦娥奔月传说脍炙人口，传颂了几千年。

月亮，是地名另类，为星体专有名称。中国人一直把月亮和地球视为一体，如天上与人间。有好多神话传说，有很多民间故事与月亮相关联。最美丽、最动人的传说，当属嫦娥奔月，这个故事叙说着人间的姑娘不畏艰险飞往月亮，而成为仙女（又称姮娥）。嫦娥奔月的传说，一直激励着中华儿女，翱翔天际、上天揽月。2007年10月，中国人终于发射了"嫦娥奔月卫星"，圆了中国人几千年的梦。

（四）西方传说神造的"伊甸园"，有中国版

《圣经》开篇讲道："起初，神创造天地。地是空虚混沌，渊面黑暗，神的灵运行在水面上。"神造世纪人类，是地球上最有影响的民俗，传播地域极广，中国亦深受其影响。80后的人们时而信其有、时而信其无，然而人们均熟知"伊甸园"（地名）是神住的地方。在耶和华神造天地之后，又用地上的尘土造人，将生气吹在他鼻孔里，他就成了有灵气的活人，名叫亚当。神将亚当安置在伊甸园。亚当给他妻子起名叫夏娃，她是众生之母。后来，亚当和夏娃被赶出伊甸园。根据这个神话，"伊甸园"是人类精神家园，成为虚拟而神圣的民俗地名。人活在地上，地又连天，天、地、人合一。基督教义与儒教之说常常相因、相似、相合。是否可以说，神造人与万物传说（说法不同，质同一）是地球村最早之民俗呢？

在《参考消息》上有篇文章假说，"伊甸园"在中国四川。据说，伊甸园原意为天堂，而成都素有"天府之国"之称。

二、地名与图腾

图腾，是原始人类的一种普遍景象，无一不是以地名为载体，有很强的区域性。原始人群的爱与恨，信仰与崇拜，都与生存环境有着极为密切的关系。他们跪拜的神灵，多与自己的地理环境、生存条件息息相关。诸如，以捕鱼为生者，信海神；以狩猎为生的，信山神；以种田为生者，信土地神等。

（一）中国 "龙" 图腾与地名。

"图腾"（Totem）为美洲印第安人的方言，原意为 "他的族"，是用动物、植物、自然现象等作为氏族的标志或符号。原始人类认为，他们祖先与某类动物、植物有血缘关系。在摩尔根《古代社会》一书中，列举了印第安人的图腾。郭沫若较早地解释了中国夏、商、周时代的图腾。所有图腾都有民族性、地域性，与地名关系密不可分。在古代民族名称与地域名称（地名）是融为一体的，"图腾" 既是民族标志，也是地域标志。

中国是 "龙" 图腾的发生地。正像歌曲《龙的传人》所唱： "古老的东方有一条龙，她的名字叫中国。"中华民族称自己为 "龙" 的传人。尊崇龙是中华民族最为普遍的民俗。龙的图腾可能出现在有文字之前，远古始祖不能解释雷电现象而创造了一种偶像，视为万能的神物。在《本草纲目·龙条》记述龙形为，头似驼、角似鹿、眼似兔、耳似牛、项似蛇、腹似蜃、鳞似鲤、爪似鹰、掌似虎等。说明龙在与虎图腾等融合的过程中，逐步综合了各种动物图腾的突出特点，成为腾云驾雾、凌空飞舞的英姿蓬勃的形象。龙文化在地名上有极广泛的反映。在中国历史上以 "龙" 字载有县名的就有40余处。河南省地图册上，以 "龙" 字组成的地名就多达250余处。在延边朝鲜族自治州，就有以 "龙" 的传说成为地名的 "龙井市"，现立有 "龙井地名起源之井泉"。以 "龙" 做地名的广泛分布，说明中华民族龙图腾的广泛性。

古时中原四境，居住着许多华夏族之外的民族，按其方位和一定亲缘关系，被泛称为东夷、西戎、南蛮、北狄。《史记.夏本纪》所载的 "鸟夷"、"喁夷"、"莱夷"、"淮夷"、"岛夷" 和《后汉书·东夷传》所载的 "徐夷" 等沿海、滨湖地带居民，东北地区历史上的肃慎、鲜卑、夫余等东胡，以及江、浙、闽、粤等地的百越，可泛称东夷。东夷民族及其现存的后裔苗、瑶、畲、高山、黎、壮、水、侗、布衣、仡佬、蒙古、满等十几个民族，都存在着不同程度的龙崇拜。

中国原始时代的"三皇五帝"时期，以及夏、商、周、秦时期，是中华各民族的大融合时代。其间，主要是以伏羲为代表的西戎虎文化，和以女娲为代表的东夷龙文化的融合，形成了中华民族光辉灿烂的古老民俗文化和民俗地名文化。

（二）虎图腾与地名

在古老的中华神州大地上，在以龙为主要图腾的同时，存在着以虎图腾为代表的族群。夏、商、周各代，都存在着不同程度的龙崇拜和虎崇拜，且越往前行龙崇拜的迹象突出，龙与虎图腾日渐趋于融合，成为龙的图腾。在杨和森著《图腾层次论》（云南人民出版社·1987年版）上对于彝族虎图腾的发生、发展及变化做了详细地论证。

虎图腾与龙图腾谁先谁后，尚难举证。有人主张，在祖先原始图腾中，存在龙与虎图腾共生共荣，龙、虎两个部落不断融合。作为华裔前身的华夏族，最早是由虎图腾的炎黄部落与龙图腾的蚩尤部落相融合而形成的。从考古发掘的成果看，在虎图腾古羌戎活动中心的陕、甘、青地区，除有表现虎图腾的文物外，也出土了许多表现龙虎两部落融合的文物。夏有"龙旗虎历"。以龙为图腾的商代则有"龙虎尊"，它体现了商的龙图腾中有虎。姬周出于虎图腾羌戎，但周文王"龙颜虎肩"，已把龙虎集于一身，周朝巡视诸侯时钦差持"龙节"和"虎节"，到江河湖海之滨的"泽国用龙节"，到高原"山国用虎节"。周天子和秦始皇皆用玉质印玺"螭（龙）虎纽"。龙中有虎、虎中有龙，龙隐虎显、虎隐龙现，龙虎相融、形成一体。在以龙、虎为图腾的两个部落的融合过程中，作为综合性图腾龙的形象，也逐渐地被完美起来。汉代学者王符认为，龙有九似，其中有掌似虎。可见，龙正是在同虎部落的融合过程中，逐步综合了各种图腾的突出特点，使之由原来的较单一的动物形象变得日益丰满起来，成为腾云降雾、凌空飞舞的英姿蓬勃不是动物的动物形象。龙，是中华民族创造出的极富魅力又极富想象力的动感形象，是真实的诸物种再现。龙，又是虚拟的。俗语说："龙生龙，凤生凤"，将人生与命运结伴，亦是宿命论版本。故自秦始皇到清朝末代皇帝溥仪，在长达两千多年的时间内，所有大大小小的封建帝王都称已为龙身，而武将都以虎将称之。

金沙江畔彝族"虎"图腾，在地名上有大量表现。在中国西南滇、黔两省彝区，现在依然普遍地存有以虎、兔、龙、蛇、牛、羊、马等"十二兽"为地名的集场。朱琚元《彝语支地名与中国民族地名学》，一书中，论述了虎图腾给地名以影响，从彝语支地名出发来阐明建立"中国民族地名学"的必要性和重要性。

（三）熊图腾与地名

"兴安岭"是北方人的远古祖先居住地。存在对熊的图腾崇拜。北方各族原始人类亦存在过自然崇拜、植物崇拜、鬼魂崇拜、偶像崇拜、器官崇拜等。吉林省境内清末到处存在叫"封堆"的地名，反映出满族的原始崇拜。崇熊在东北民俗中占有一定地位。中外学者认定，北方某些民族崇熊习俗，是图腾崇拜的遗迹。在远古民间就流传着有关由熊变成人或人与熊结成夫妻的传说。《萨满教研究》记载着一段鄂伦春族熊是先祖的传说。这些图腾崇拜产生在母系时代。鄂伦春族、鄂温克族，生活在今之黑龙江省大兴安岭地域，产生了熊图腾崇拜。《黑龙江沿岸的部落》一书曾指出，熊祭"这种仪式，是在通古斯人移居到有熊的山林区之后，方在他们中间传播开来。参与创造祭熊神话和熊祭仪式的人群，还有一些非通古斯人群体。"诸如贝加尔湖西部和东部接壤的山地原始森林区，在地名上留有崇拜熊的印证。

（四）"凤凰"在华宇落地

凤凰，是古代传说中的百鸟之王，雄为凤、雌为凰，是华人普遍崇拜的象征祥瑞的神鸟。凤凰的华贵和祥瑞之气使得龙传人争相附凤，成为俊杰之士的代名词。

在民俗传说中，凤凰只在梧桐树上栖息，所以才有"种的梧桐树，方引凤凰来"之说。《三国演义》第三十七回写道："凤翱翔于千仞兮，非梧不栖；士伏处于一方兮，非主不依。"以"凤凰"为地名者广布华宇各地，较大的地名，如辽宁省"凤凰城"、屈原故里"凤凰山"。在《中国历史地名大辞典》中，以"凤凰"为名的54处，还有以"梧桐"、"梧桐树"为名的多处。在中国民俗中，黄帝自诩为"龙"，而皇后则自称为"凤"。有"龙凤呈祥"之典故，"凤还巢"之戏曲。从地名上看，更是广见。

（五）青龙、白虎之地名说

以青龙、白虎为地名者，散见各地。青龙，亦作"苍龙"，是古代神话中的东方之神。即二十八宿中之东方七宿——角、亢、氐、房、心、尾、箕。因其组成龙像，位于东方，色青（按阴阳五行给五方配五色之说）故称。同白虎、朱雀（即朱鸟）、玄武合称四方四神。《礼记·曲礼上》："行前朱鸟而后玄武，左青龙而右白虎。"孔颖达疏："朱鸟、玄武、青龙、白虎，四方宿名也。"道教常以青龙、白虎、朱雀、玄武作护卫神，以壮威仪。《抱朴子·杂应》述老予彤象："左有十二青龙，右有二十六商虎，前有二十圆朱雀，后有七十二玄武。"《云笈七籤》卷二十五《北极七元紫庭秘诀》："左有青龙名孟章，右有白虎名监兵，前有朱雀名陵光，后有玄武名执明，建节持幢，负背钟鼓，在吾前后左右，周匝数千万重。"在唐长安城中心大街，有朱雀大街、玄武门等地名。

（六）马祖，海神图腾

马祖，传与民间信仰的"妈祖"林默娘有关。民间流传着林默娘奋不顾身，投海寻父，几经磨难历尽艰辛，身背父亲尸体，飘流到南竿西岸澳口的感人故事。后人为了彰显默娘的孝道，将西岸澳口称为"妈祖澳"，以妈祖之名立庙奉祠，林默娘的石棺则保留在妈祖天后宫内。于是，"马祖"地名存世（"马祖"地名则为"妈祖"的谐音）。马祖地方开发较早，在明成祖永乐年，郑和下西洋期间，曾经在此造船。明郑成功亦曾在此屯兵。马祖，亦是福建沿海渔民经常停泊船只之处所。岛上居住着少数种地之农民。各岛之间均以海上交通联系，各岛内均修有不同等级之道路。马祖地区近年旅游业有很大发展。不仅自然风光很美，如一线天、北海航道、西尾西照、壁山景塘、后沙滩等。而且有意义的人文景观多处，如中流砥柱、国帝庙、烈女义坑、天后宫、历史文物馆、津沙公园、经国先生纪念馆、大埔石刻等。在澎湖列岛上有妈祖宫，明万历二十年（1592年）建，为台湾省最古老的妈祖庙。澳门和福建沿海各地均有供奉妈祖之庙宇，在台湾信仰马祖和道教的信众达1200余万人。

三、少数民族地名传说

以地名为由讲故事，通行于大江南北，成为民俗文学的组成部分。现举几例示意。

（一）满族，长白山传说

长白山传说有多个版本，此传说见于史书。在长白山主峰东，图们江上游左岸的山岭间，有一圆形池水，面积约1公顷，周围松柏苍翠、古木参天。池水自古清而浅，常年不涸。现在人们称它为圆池。其峰标准名称为天女峰。清朝政府奉长白山为神山，岁岁朝拜。长白山天池上一块巨石，称为补天石，传说为女娲补天之石，还有的说这块巨石是《红楼梦》书中说的那块石头。长白山坡上的浴躬池，满语为"布尔湖里"或"布库里湖"，取自传说中的清皇室远祖爱新觉罗·布库里雍顺的名字。据传说，它为清皇室远祖降生地。现在的版本是其降生地为长白山主峰上的天池。在清朝出版的《八旗通志》中，有这样一个神话：很早以前，有三位天女，大姐叫恩古里，二姐叫正古伦，小妹叫佛古伦。三姐妹久居天上，感到无趣，想到下界人间来游玩。三山五岳她们不爱，五湖四海她们不喜欢，人间闹市又嫌纷乱，选来选去选中风景优美、寂静的长白山。她们飘然降落在长白山上，游玩间不觉来到圆池畔。只见池水如镜，周围苍松翠柏，举目望去，到处是盛开的鲜花和如茵的绿草。这天风和日丽，白云天上飞，池中云影动，小鸟在头顶婉转歌唱——这景致太美了。三姐妹高兴极了，不知是谁出个主意，说是要到池里沐浴一番。三位天女脱掉外衣，只穿内衣，在池水中沐浴嬉戏。正在玩耍，一只神鹊口衔一枚朱果飞到这里，一张嘴，将朱果丢落在小妹佛古伦的衣裳上。三位天女沐浴后跳上岸，小妹佛古伦跑得最快，发现这枚朱果红莹莹非常可爱，于是拾起来不意间放入口中，不知怎么了，这朱果一进嘴就滑进肚里。这时两位姐姐已穿好衣服，呼唤小妹一起飞回天上去。但小妹自觉身体沉重，已经飞不起来了。如果晚回去是要受处罚的，两个姐姐没办法，只好含泪留下小妹佛古伦，飞上天去。佛古伦不知道自己是怀孕了，但不久就生下一个男孩。这男孩生下来就相貌非凡，风一过就长成奇伟的男子。佛古伦给他取个姓名叫爱新觉罗·布库里雍顺。给他扎好木排，让他顺水而下，以后就成了三姓地方的贝勒。这圆池没有出水口，怎能乘木筏顺流而下？大概清皇室觉得此说有漏洞不能自圆其说，后来把天女沐浴的地方，改在长白山主峰的天池。以后，清朝祭山的官员就直称天池为"天女池"了。

现在池的西北边上立有一块石碑，刻着"天女浴躬池"几个字。这是长白山区少数几个来源于神话的地名之一。

（二）傣族，西双版纳

云南神奇的西双版纳有这样一个故事，在很久很久以前，傣族居无定所，到处流浪。傣族的远祖首领帕雅阿拉武，带领着族人在云南高原上四处游走。一天，帕雅阿拉武正在深山里打猎，突然发现了一只美丽的金鹿，他立即喜欢上了这个美丽的动物。说来也真奇怪，那只金鹿看见生人，也不害怕，亮闪闪的眼睛仿佛在对帕雅阿拉武说："跟我来吧，年轻的小伙子"。帕雅阿拉武就跟着金鹿爬过了九道山梁，淌过了十道河流，最后金鹿跳进了一泓湖水，刹那间湖面上开满了美丽的莲花。帕雅阿拉武发现金湖边土地肥沃、草木茂盛，是个美丽的安家地方，于是连夜将全族的人召唤到了这里，从此定居下来。这里就是今天的西双版纳，人们都叫她"金湖边美丽的地方"。"西双版纳"是一句傣语。傣语的"西、双、版"三字，译成汉语就是"十、二、千"；而傣语的"纳"，是汉语"田"的意思。所以一些介绍西双版纳的文章，按字义将"西双版纳"译为"十二千田"，在解释地名来由时，未考虑语言环境。据傣文历史资料《渤西双邦》一书记载，勐泐地方古代分布着邦荒、邦帕、邦罕、邦洛、邦绍、邦黑、邦兰、邦莫、邦盖、邦陇、邦赖等12个傣泐部落。这12个傣泐部落为与其他民族争夺平坝，结成了一个叫做"渤西双邦"的部落联盟组织，他们的共同头领就是傣泐王。傣泐王由天王封委，世袭不替。但是有一代傣泐王突然逝世，后裔却远在异国他乡。机智勇敢的几达沙里，受众人委托，带着12个勇士去找寻。他们历尽千辛万苦，终于把王室后裔接回勐泐，辅佐他登基继位，并用计除掉了他的政敌召真罕，使那位名叫召苏婉纳波龙的王室后裔稳坐王位。由于几达沙里及手下12名勇士辅佐傣王有功，被分封管理12个邦，允许他们建立领地——"勐"和"景"。古来地名与族名是通用的，而"勐"和"景"成为尚在使用的地名通名。

从此以后，傣泐地方便出现了西双景（12个城池）和众多的勐。这是"西双版纳"得名和最初雏形。傣历522年（公元1160年），年仅32岁的帕雅真征服了各勐，在勐泐地方建立了景陇金殿王国，帕雅真自称为"召片领"，意为"广大土地的主人"。为了便于统治，他将这些集合在一起的土地又分成12份，每一份都有一千亩地，分别委派12名心腹大臣去管理，由他们去收取田赋。以后，又在这12块地的基础上，建立了12个行政区。于是"西双版纳"合起来就是"十二个一千亩田"，也就是"召片领"的所有领地的总称，沿袭下来，西双版纳就成了这个地方的名字。

（三）朝鲜族与"龙井"地名

坐落在吉林延边朝鲜族自治州的海兰河畔、帽儿山下的龙井市，是座清秀的边境城市。凡来到市内的人，都要去市中心参观一棵古雅参天的垂柳，相传它的年轮已在几十年以上。垂柳旁伫立着一块一丈高的石碑，石碑上镌刻着9个金光闪闪的大字："龙井地名起源之井泉"。在石碑下面，有一口嵌石裙的深井，这眼井有一段动人的地名传说。

相传一百年前，这里缺水。有一位朝鲜族青年叫郑俊，以他的智慧和勤劳为人民挖水井。历经千难万苦，整整挖了三个年头，终于感动天神，派小白龙相助，出现了清泉。从此人民解除了痛苦，群众都说这是一口"龙井"，是天神而助。传，初期井中经常显现小白龙之身影，后来小白龙爱上了人间，爱上了好人郑俊，变换成人形与郑俊结为恩爱夫妻。人们为了纪念他们为民造福的精神，就在井旁栽了一棵柳树，并立了碑。半个世纪以来，人们争相传颂龙井之传说，这确是地名与民俗关系的一个耀眼之例。

四、"讳"地名与纪念地名

（一）讳地名的产生及流传

讳地名始于秦朝，到清朝止，长达二千余年。封建理学认为，地名上有尊者之名之字，谓之不敬，故要求地名讳，或改音或变形。讳地名是中国特产，在国际地名史上是比较独特的现象。地名避讳，大体有：①因地名上有帝王名与字者要改名。如，汉文帝名恒，改恒山郡为常山郡；②皇族名与地名同字者，改。如，秦始皇父名子楚，因此对楚地改称荆；③与国号同名者改。如，唐置明州到明朝时改称宁波。除此，还有与孔丘同名者，有时要改。如，龚丘县改龚县。清雍正时规定，"凡系地名，改丘为邱"。正因为讳地名的出现，有一些地名一改再改。这些讳地名，疑是皇帝意志的产物，是封建制帝王文化在地名上的反映。

（二）纪念地名

人类的思维方式，有着明显的时代痕迹。在此朝曰"不"，到彼朝曰"可"、曰"好"。在远古，名字被理解为有某种保护作用，"报上名来"认为不吉利。在《封神演义》中就有：某某家住哪里，姓甚名谁，还不下马更待何时。在关于武则天电视剧中，也有帝后做纸人念武则天之名咒其死的事情。似乎叫名就有某种神奇的力量，可置他人于死地。发展到讳地名时，而是呼名有不尊敬的意思。并以地名之"讳"，显示"普天之下莫非王土"的神权思想。发展到现代，则以地名纪念某些代表人物。在前苏联以党和国家领导人命名的地名随处皆是。以革命先行者（孙）中山成地名者几十处，如中山市、中山路、中山公园等。在中国台湾有以蒋介石、蒋经国命名的地名，今尚存。在中国大陆，没有用领导人姓名命名的地名，有用名人命名的地名，或以英雄人物命名地名。如，尚志县、靖宇县、自长县等。纪念地名还有日本在广岛原子弹爆炸处，建立了和平纪念公园，那里的一切设施都在呼唤着——和平。

（三）西施与地名传说

西施是吴越春秋时代的越国人，她深深爱着自己的国家。传，当越国军队无法战胜吴国时，弱女子西施挺身而出，为国献身。以她倾国倾城之美，报效越国之深情，醉迷吴王，使吴王沉湎于西施之色，不理朝政，终于被越王所灭（当然吴王灭亡的原因颇多）。民间流传的西施与范蠡的故事，产生了诸多的地名，成为民俗学的一个内容。在西施的出生地浦阳江边留有"浣纱石"，重修有"西施亭"。广为流传的"沉鱼之美"的"白鱼潭"、"钱池"，以及纪念西施的"西施庙"、"浣纱溪"、"西施畈"、"胭脂石"、"美女山"、"西施山"、"西施里"、"西子湖"（即今杭州西湖，"欲把西湖比西子，淡妆浓抹总相宜"，据说出于此），西施梳洗的"胭脂江"，和范蠡分手的"离山"、"马回岭"，吴王迎召处留有"西施洞"、吴王为讨西施欢心所修的"琴台"、"玩月池"等。当越王打败吴王之后，范蠡弃官而与西施潜居"蠡山"脚下。这些地名都留下了西施报国的传说。唐代诗人李白曾留下："西施越溪女，明艳光云海"的佳句，称颂西施的"国家兴亡匹夫有责"的精神。

（四）地名的备忘录

1. 事件辨伪。徐福村的发现，对于考证徐福东渡日本有着很大的意义。除此，据说在日本还留有纪念杨贵妃的地名。

2. 历史的备忘录。新华社杭州10月20日电（1988年），发布消息说："绍兴《沈园》重建后对外开放。""沈园"为何如此有名，是得于千古名篇——陆游《钗头凤》。当年陆游在诗中表达了他与唐琬合与离的悲伤。唐亡故后，陆游多次来沈园作诗寄情，故沈园因此而颇负盛名。沈园在绍兴城东南洋河弄，为南宋时著名园林。重建后沈园有郭沫若提匾"沈氏园"，展出了陆游诗作"城上斜阳画角哀，沈园非复旧池台，伤心桥下春波绿，曾是惊鸿照影来！"此诗以地名触景生情，讲述"名依旧，景非昨，情它移"，是地名犹在景情之中的感慨。

3. 触景生情的地名–天涯海角。海南岛南缘，巨石上镌刻着"天涯"、"海角"，这是海南的地标。地名"天涯"、"海角"，成为最美丽的地名词。同时"天涯"、"海角"令人感慨，起始天涯海角处，非今日之美景，而是荒凉之代名词，故起到了备忘录的作用。

4. 地名与民俗事象。地名中与民俗相关的现象极为普遍。地名中以"东"与"西"组成地名词者多见，且多数是作为方位词出现的。而这个"东西"，含常说的"买东西"、"你是什么东西"，其中含有民俗的因子。古代的术数是用金、木、水、火、土等，来推算相互生克的道理和运势，这"五行"又与东、西、南、北、中等相配，测出古今变革、人生命理、万事相撞及相互依附的关系。"东"为"木"，代表一切植物；"西"为"金"，代表所有矿产。东西者，物也（南属火、北乃水、中属土）。这是在地名上均有映现。

5. 地名与艺术。地名可以出诗入画。中国的山水画，均以山与水地名体为对象，画家们抓住每座山、每条河的突出特点，以标志性景物突出地名体的特征，尤以黄山迎客松最为典型。长江的三峡、怒江的峭壁等都极有特色。在中国地名研究所举办的"地名书画展"上，可以见到许多有关地名的艺术作品。

以地名入诗自古就很盛行。唐诗人贺知章《回乡偶书》："少小离家老大回，乡音无改鬓毛衰。儿童相见不相识，笑问客从何处来？"诗人将家乡普通化，人人都可以作为自己心境的描述。王之涣的《登鹳雀楼》："白日依山尽，黄河入海流。欲穷千里目，更上一层楼。"以地名说事，成为千古佳句。还有李白的《早发白帝城》："朝辞白帝彩云间，千里江陵一日还。两岸猿声啼不住，轻舟已过万重山。"李白的《望庐山瀑布》："日照香炉生紫烟，遥看瀑布挂前川。飞流直下三千尺，疑是银河落九天。"刘禹锡的《浪淘沙》："九曲黄河万里沙，浪淘风簸自天涯。如今直上银河去，同到牵牛织女家。"此两首均成为以地名入诗的绝唱。崔颢两首《长干行》是用地名"长干"抒发感情的名诗"君家何处住，妾住在横塘。停船暂借问，或恐是同乡。"毛泽东主席在井冈山和长征中作的诗词或以地名为题或以地名说事儿，极为生动。如《长征》："红军不怕远征难，万水千山只等闲。五岭逶迤腾细浪，乌蒙磅礴走泥丸。"五岭指大庾岭、骑田岭、都庞岭、萌渚岭、越城岭。《忆秦娥·娄山关》："西风烈，长空雁叫霜晨月。霜晨月，马蹄声碎，喇叭声咽。雄关漫道真如铁，而今迈步从头越。从头越，苍山如海，残阳如血。"杨成武将军有诗附曰："无边风雨夜，天堑大渡横。火把照征途，飞兵夺泸定。"以地名为题抒发了革命者伟大的情怀。

（五）地名是艺术

人说，"上有天堂、下有苏杭"，而杭州之美，美在西湖，西湖地名成为自然最美的代词。西湖三面环山，一面临城，面积5.65平方千米。那一泓脉脉含情、盈盈凝睇的丽水，就涵藏在这一带若隐若现的山峰中。湖中三岛小瀛洲、湖心亭、阮公墩鼎足而立，就像三颗绿宝石，巧妙地镶嵌在这碧玉似的水面上，而苏堤、白堤则像两条飘带飞逸其中。著名的西湖十景形成于南宋时期，基本围绕西湖分布，分别为：苏堤春晓、曲苑风荷、平湖秋月、断桥残雪、柳浪闻莺、花港观鱼、雷峰夕照、双峰插云、南屏晚钟、三潭印月等。这些地名美与景美交融，名写景、景为名映现。水映山容，山容益添秀媚；山衬水态，水态更显柔情。每个景名（地名）都有迷人故事，让人回味。而西湖美景常使游人流连忘返，目迷心醉西湖十景之地名。

　　"苏堤"这个地名即苏公堤，为纪念宋代苏东坡而名。苏轼于元祐四年（1089年）任杭州知府时，组织民众疏浚西湖，取湖泥葑草筑成一道长堤。该堤横亘南北，将西湖截为两段，使西湖分为里湖和外湖。沿堤遍植桃柳，苍翠葱郁，可谓"西湖景致六条桥，一枝杨柳一枝桃"。曲院原在今灵隐路上的洪春桥畔。南宋绍兴初年，这里有一家酿造宫酒的庭院，院中种植荷藕，清香远溢，景名"曲院荷风"。康熙南巡时改名"曲院风荷"。西湖孤山东南有楼一处，楼前碑亭上有康熙题名"平湖秋月"。月圆之夜在此品茗赏月，湖面微风拂面，令人心醉神迷。"断桥"是白堤东头的第一桥，因孤山之路到此而断，故名。传说，"白蛇传"故事中白娘子与许仙首次相会，就在此桥。大雪初霁，断桥拱顶处积雪先融，远远望去，桥顶雪残恰似断开，此景名"断桥残雪"。西湖东南岸，柳浪桥畔翠浪层层，莺声呖呖，行人驻足而听，故名"柳浪闻莺"，沿湖柳荫夹道，宛若图画。南宋时苏堤第三桥与第四桥相对，其间一水名花港，通花家山。山下原有卢园，园内有池，鱼种奇异，时人提名"花港观鱼"。现今，鱼池上石桥曲折，池内金鳞红鲤悠然自得，为观鱼佳处。"雷峰山"为南屏山支脉，在西湖南岸，峰顶原有雷峰塔，传说是白娘子被法海禁锢处。每当夕阳西下，霞光耀眼，孤塔披一身金彩，兀立苍穹，是为"雷峰夕照"。双峰指北高峰和南高峰，两峰于薄雾轻岚之中时隐时现，远望如插云天，因取名"双峰插云"。"南屏晚钟"指西湖南面宛若屏障的南屏山和山下净慈寺内的钟声。每当暮色苍茫，万籁俱寂，寺钟一响，山谷回应，传声悠远，历久方息。"三潭"是西湖三石塔。塔身中空，呈葫芦形，腹部有5个圆孔。每当皓月当空，在塔内点上灯烛，洞上蒙上薄纸，光束透过圆孔倒映水面，月光、灯光、湖光交相辉映，塔影婆娑，别生情趣，故名"三潭映月"西子湖传说"西湖"这个名称，始称于唐朝。在唐以前，西湖有武林水、明圣湖、金牛湖、龙川、钱源、钱塘湖、上湖等名称。到了宋朝，苏东坡咏诗赞美西湖："水光潋滟晴方好，山色空蒙雨亦奇。欲把西湖比西子，淡妆浓抹总相宜。"诗人别出心裁地把西湖比做我国古代传说中的美人西施，于是西湖又多了一个"西子湖"的雅号。

西湖，是地名中有传说、传说中有民俗，每个地名都有故事、有风景。歌颂西湖名诗词众多，描绘其山水画众多，皆成为艺术之美。故景名成为软实力，成为旅游的软资源。西湖及风景区名称，是地名规划之范本。

第三节　地名与氏族

姓氏、族称、地域名三者，是人类社会最早出现的语言文字符号之一。地名与姓名古来就相伴而行，始而为一、行而又分、分中有合、合中有分，始终相互渗透、相互影响，是最为亲近的一对，说孪生而分异，亦不为过。因为，产生的因由相似，命名的心理相近，表述的形式雷同，而人名与地名变化又常常并肩而走，最早一批村庄名与住户姓与名相同、相近，其关系极为密切。

一、地域称与族称

地域称谓，多从部落名和族称开始。翻开《中国历代纪年表》，所见周、鲁、齐、晋、秦、楚、宋、卫、陈、蔡、曹、郑、燕等，既是姓氏，又是国名。而七雄之齐、楚、燕、韩、赵、魏、秦，亦是国名，也是姓氏。而以人名作地名，以地名作人名者从古迄今在延续。

（一）族称与姓氏

在人类之初，个人并不具有姓氏与名。到了现代社会人都打上了社会，每个记号，即人出生要报户口，必须有名字。姓是一个家族或有血缘关系的人的共同体。初期的姓氏多是地域称谓，与图腾有关。凡姓氏带"女"旁的多为原始社会姓氏，表示血统。华夏人的姓名，在文字创立之前的远古时代就已诞生，如"盘古"、"女娲"、"伏羲"、"神农"、"黄帝"、"炎帝"等。这些神话传说中的人名，都是开天辟地的英雄、创世纪的巨人，他们的名字很早很早就在民间流传着。文字产生之后，才被整理出来，记录下来。而盘古、神农等名字，亦代表着族、部落，标识着地域，而且又延续成为现代地名。各地关于盘古与神农氏的传说，人与地怎样的结合，更是亦梦亦幻，亦真亦假。华夏族象形字的发展，字符所表述的意义不断扩展，汉字独特的形式及字涵，造就了地名与人名语义的天然美和独特意境，成为一种文字外在美与意义内在美的结合，成为有着深刻涵义的符号系列。"人"为姓+名，"地"为通名+名（专名），这些汉字可以组词连语成句，可以摹状、抒情、言志，可以比喻、象征、用典等。尤其宽带网上的虚拟姓名可谓是五彩缤纷，五花八门，泥沙俱下。总之，其表达功能丰富多彩。地名与人名字，是一幅画、一首诗、一支歌、一篇座右铭、一声美好的祝福；也可以是一片片理想的彩云、一道道真理的闪电、一阵阵夏日凉风、一次次心灵的春雨。有的名字凝结着伟人之志；有的名字深含着哲人之思，构思巧妙，闪耀着智慧的火花；有的名字是一种寄托，或许在编织着一个彩色的梦。好的名字，在音、形、义上均很讲究，读起来上口，字义智趣隽永，具有千古不朽的魅力，丝毫不亚于玲珑剔透的艺术品。在少数民族中的姓名与地名词，更加生动、美好，极负有诗意。

（二）姓氏与国名、自然村名

以姓氏为地名，在自然村名称中占有很大比重。据河南地名办公室统计，以姓氏命名的村、屯，约占七成以上。部分姓氏地名成为城市。如，全国最大的"庄"石家庄已成为500万人口的大庄；郑家屯成为全国最大的"屯"，有20万人。到今天姓只是符号了，与住户没有了依存的关系。卢氏县早已不是卢姓独有。人名作地名经历了长期演变过程，初期由族称代地名，后来又禁止用帝王名作地名，再后来又用地名来纪念名人，地名与人名的关系，忽左忽右、反反复复、曲曲折折地一路走来。

最早见于文字记载的姓氏，出自商代的甲骨文中，从已经识别的甲骨文字看，有'帚秦'、'帚楚'、'帚杞'、'帚周'、'帚庞'等。其中'帚'即后来的'妇'字，'帚秦'即'妇秦'，指来自

'秦'等部族的妇人。上述'秦'、'楚'、'杞'、'周'、'庞'等字，可能是早期姓氏的一部分。一些姓氏与地名同源，是由部落式的国名演变而来的，有些则是从官名发展而来的，有些是历史上一些民族的称号，如常见的齐、鲁、秦、吴等姓，大都是由历史上的齐国、鲁国、秦国、吴国等国家名称的沿用，他们或者是皇室宗族、或黎民百姓，因怀念故国而以国名为姓。以国名为姓的习惯亦在相沿。在台湾，人们为纪念民族英雄郑成功，称为"国姓"，并成为驻地名。当代，在社会福利院长大的孤儿们也常常姓"国"、姓"华"、姓"党"。在古代地名与姓名常常是互为借用的，这种以地名为人名的情结，现代人仍在继续，"京生"、"鲁生"等即如此。

有些姓氏是由祖先的官爵谥号而来。如周代管理粮仓的官，粮仓称为"庾"，有房顶的粮仓称为"廪"，粮官的后裔便以"庾"与"廪"为姓。

二、名的演变及发展

地名与人名中的"名"有时是独立存在的，且更鲜活。如鲁迅文化现象，反映不同历史时代的心理情结和思维方式，以及当时当地集群人们所注重的理念，常常可以反映社会特征。

地名与人名意义板块化有相似性。始祖孔子、孟子后裔，仍在沿用早已排定的各辈人名的用字。还有在地名和人名上存在从古迄今的共用常用字，流行有数千年，常见字有强、盛、华、卫、安、国、祥、富、贵、平、和、顺等。名字中含有英武的阳刚之美，有些则表露儒雅的阴柔之风。这些字亦出现在城市街巷名称之中。

地名与人名的美，具有时代差异性，如，1966年"文化大革命"开始后，一批口号式的名字接连出现，如红卫、红旗、永红、向东等。1990年后，想富、盼富、显富的用字，又在人名与地名上显现出来。改革开放以后，西方的物质文化与精神文明一股风儿似地吹入华夏大地，使人们的审美观念有了变化。起"雅名"或中西合璧式的名字出现了，一些人直接用洋名。与此同时出现了体现改革开放、和平统一、环保、高科技的特色名字，如登科、爱树、新绿、向宇、田雨、夏凉、杨光，犹如一道新的风景。只是同名者的较多。

三、传统命名

中华传统命名文化中，受《易经》的影响极为深广。五格、阴阳五行、周易等说，对起名的心理暗示，长期在起作用。

（一）五格剖象命名法

五格剖象法初用于人名，是将人的姓名按五格（天格、人格、地格、外格、总格）剖象法来解释。五格剖象法，根据《易经》的"象"、"数"理论，依据姓名的笔画数，人为的给予了某种意义。五格剖象最初有人设计了框架，构筑了五格数理关系，运用阴阳五行相生相克的道理，人为地推算出所谓人生各方面运势的方法。"人为"是人算，并非是天算。

（二）五行学说命名法

在中国传统的文化中，阴阳五行学说在古代有其重要位置，影响深远。在现代仍有人推崇。五行，指木、火、土、金、水五种物质。古代的先哲们，用这五种物质说明世界万物的起源和多样性的统一，提出了"五行相生相胜"的命题。按照这个学说，世界万物均在相生、相克中发展，"相生"意味着相互促进，如"木生火、火生土、土生金、金生水、水生木"等，"相胜"即"相克"意味着互相排斥，如"水胜火，火胜金，金胜木，木胜土，土胜水"等。阴阳五行的理论模式，包容了许多自然现象和社会现象，如五色（青、赤、黄、白、黑），五声（角、徵、宫、商、羽），五味（酸、苦、甘、辛、咸），五脏（肝、心、脾、肺、肾），五常（仁、义、礼、信、智）等。五行学说中，含有朴素唯物论和辩证法中的某些元素，对中国社会发展和民众生活产生了重要影响。两千多年前祖先关于五行的辩证思维，达到相当的高度。

运用五行相生来命名人名与地名，在历史上并不罕见。这种命名思维，其中传承了生生不息的理念，再现了为今生、来世、后世等宿命观和轮回因果观。

从五行学说理论上讲，人禀赋的五行之气，决定着一个人的天赋高低和命运上下。按五行之说，一个人所禀的五行之气与他的生辰八字有关。所谓"生辰八字"，是指一个人出生的年、月、日、时，是用天干、地支相配合来标记的，这种天干地支配合的标记，每项用两字，共有年、月、日、时四项，共用八字。将天干、地支与五行相配，生辰八字就代表了人所禀赋的五行。在命名中，采用五行中的金、木、水、火、土而加在名字中，借以补救"生辰八字"的欠缺，是一些父母给子女命名的常见现象。同理，在地名上也有五行命名的成果。

从心理学理论来说，注重自己身体内的阴阳五行平衡，有助于保持心态平稳。根据自己禀赋五行的不足（我们常听人说，我火重，我阴虚，我有火，实际上就是一种自我心理暗示和自我承认）而起一个相应的名字，有助于个人在心理上获得暗示刺激，从而求得心理平衡。这种效果类似一种温和持久的心理治疗，不能说是"封建迷信"而抛弃。"平安街"就是千年平安的昭示。在辽源市，主要街路命名为东吉、西宁、南康、北寿地名，即是五行泛意的应用。

（三）周易八卦命名法

《八卦》是中国人文智慧的产物，它对中国古代科技和祖宗的思维模式有着重大的影响。《周易》是以八卦为基本结构，保存了最古老、最深奥的思想，是学术殿堂中最为神秘又最为辉煌的著作之一。

《八卦》主要象征天、地、雷、水、火、山、泽、风等八种自然现象。八卦之中，以乾、坤两卦为核心，阴阳之说为主题词，古人视为自然界和人类社会一切现象的根源。以八卦来预测自然和社会事物，民间用它占卜吉凶，因而卦辞被罩上一层神秘又令人敬畏的色彩，这对于有着趋吉避凶心理的中国人有着莫大的吸引力，产生了运用八卦来命名的理念，借助爻辞中神秘力量增强自身力量，达到趋吉避凶之目的。运用八卦来命名，最简单的方法是直接使用卦名。

八卦最基本的空间结构较精密，有八个方位，八卦与八方向相配是：震为东方，巽为东南，离为南方，坤为西南，兑为西方，乾为西北，坎为北方，艮为东北。人们往往用八卦的方位来取名。至于以巽卦、坎卦、艮卦、离卦等卦象来命名的，历史上为数不少。

运用八卦来命名，是典型的中国智慧的运用。资产阶级革命家熊秉坤是一例，他字载乾，其名径取八卦中的坤卦名，其字也是取八卦的乾卦名，坤为地，乾为天，天地相合，意美满至极。吉林省乾安县中的"乾"字取自卦，为西北方之意，乾安县境内地名取自《千字文》，按序索地，此命名法今人仍然称道。最为典型的是浙江省余源太极星象村；太极星象村位于浙江省金华市武义县，距县城20公里。南宋时，在松阳任儒学教谕的杭州任俞德过世后，其子俞义护送其灵柩回杭州，路过这里投宿时，停放在溪边的灵柩被紫藤缠绕。余义认定这里是神地，便置地葬父，并留下守墓，且与当地人通婚，至今已第30代。现在，余源村2000多人口中，大多姓俞，是全国规模最大的余姓聚居地之一。

相传，明代国师刘伯温与该村俞氏第五代俞涞是同学，俩人感情甚笃。余源是刘伯温从婺州、杭州回老家处州青田的必经之路。当时，余源旱涝交替，常发瘟疫，民不聊生。刘伯温好勘舆之学，上通天文，下晓地理，设计并指挥改村口直溪为曲溪，以溪流为阴阳鱼界线设立太极图。

经测量，太极图直径为320米，面积120亩。同时，设立了村庄建筑的星象，八卦布局。村周十一道山冈与太极阴阳鱼构成天体黄道十二宫，八卦形排列的28座堂楼，对应星象二十八宿、七星塘、七星井呈北斗星状分布，被誉为"处州十县第一祠"的俞氏宗祠正好位于其星斗内。

四、地名与人名的共轭

地名与人名的共轭现象，不仅仅表现在族称、地称、姓氏同一上，同时表现在血缘称谓用于地名上，这在汉文化圈中均有表现。中国社会科学院语言学家张惠英先生著《语言与姓名文化》（中国社会科学出版社.2002年）一书，对"东亚人名地名族名探源"有深刻的论述。地名、族名、人名存在着通用音与共用字，存在着将对父、母、祖父、祖母的称谓直接作用于地名上。

（一）地名与人名共用的"巴"bā

在四川与西藏地区，在地名上共用巴（即"爸"）bā的现象较为普遍。如"贡巴"、"仲巴"等。

1. 藏语词尾—pa（—ma）
2. 土家语词尾—pa（—ma）
3. 拉祜语词尾—pa（—ma）
4. 藏族自称"博巴"，羌族自称ma（妈）等。

在《中国大百科全书·民族卷》中记述，藏族自称"博巴"、阿里地区称"兑巴"、后藏地区称"藏巴"、前藏地区称"卫巴"、藏东与川西称"康巴"、藏北（川西北、甘肃南部）称"安多娃"等。据考证，"博巴"即"伯爸"或"蕃爸"。西藏地名中的"巴青"、"巴嘎"、"桑巴"、"多巴"、"岗巴"、"仲巴"、"门巴"、"约巴"、"若巴"、"边巴"等，"巴"字最初可能来自"爸"或雄性、男性。张惠英先生分析，西藏语"巴"（pa）词尾指男性，"巴"在合成地名词后，含义有了变化。然而，可以窥见地名用字与族属、人名有关。因为，西藏地名总体上还存在原生态地名，留存着原词义，是可贵之处。藏族人名中，有"巴"字的极为普遍，与父亲称谓或者与男性称谓相关。

在四川省地名中，"巴"（坝）字亦多见。如泥拉坝、宗塔坝、普公坝、巴安、巴巴、巴川、巴曲等，用于指村落或平原，起始用此字与"爸"有关联。张惠英先生还认为，四川的"蜀"，来自"叔"，因其发声为对男子的尊称。

在藏语中的"措"（错）亦属于地名与人名共用文字。"措"为湖的通名，亦用于"村"。诸如甲措（错）、巴措、措麦、措美等。《西藏志》认为，"至香王苏隆藏千布，乃观音菩萨分体之光化生，故常在轮回，而本性不昧，曰根敦朱巴，曰根敦姜措……相继转生，凡六世，皆称为达赖喇嘛。"其他五位都以"姜措"结尾，显然是一种尊称或一种头衔。"错米"为寨主，"措混"为兵头，"措哇"指部落等，可见"措"字在地名、人名上常见，有历史因由。

（二）地名与人名共用的"母"（妈）

中国的"母（姆、姥、屺、妈、马）"字地名，散见于各地。如浙江"河姆渡"、"天姥山"，安徽"姥山"，江苏"姥山"，福建"太姥山"、"马祖山"、"马祖岛"（马祖，原"妈祖"），广东"妈湾"，香港"马湾"（妈湾），贵州"母家湾"、"纳母"等。在三都地方以"母"为地名的较多，"母改"、"母下"、"母见"、"母荣"等；在海南岛以"母"为地名与人名也多见，如"母合"、"母能"、"母老"等。在海南省地名中的"美"字多为"母"字的替代字，或用"迈"字。

综合上述，可得出结论，地名与人名存在着诸多共性，存在着相互融合、转换、替代，并有过族称即姓氏、氏族、地域之名的历史阶段。

第九章　地名·文化

　　文化，是个抽象概念，存在于宇宙之间。文化一词，已成为社会上广泛的流行语，无时不在、无处不在。一切知识都与文化有缘，所有人类加工过的物质形态、意识形态都属于文化。美国克罗伯与克拉克合著的《文化—有关概念和定义的回顾》一书，列举的文化定义约160余种（不含中国著作文本定义）。而中国各位学者对文化的定义难以统计。为什么会这样呢？原因很多。因为，每个人的知识结构、爱好、情趣不同，占有的资料不同，人们的视角不同，不同国家不同民族的文化背景不同，以及语言的发生、发展不同，在表述上会有原义、引申义以及歧义存在，但自然定义的语言形式不尽相同。尤其是欧美国家与中国对文化的理解，存在多种层次的差异。对中国而言"文"与"化"是两个字，两个字各自有产生因由，原始涵义与现代意义亦不尽相同。"文"字在商代甲骨文中表述像身有花纹袒胸而立之人，后引申为各色交错的纹理，并进而引申为文物典籍、礼乐制度、文德教化等。"化"字在甲骨文中尚未见到，其涵义有改易、变幻、生成等。初指事物形态和性质的改变，后被引申用于教行、迁善等社会意义。《中国传统文化概论》（主编田广林·高等教育出版社）对"文化"的解释是："文化是人类有意识地作用于自然界和社会、乃至人类自身的一切活动及其结果。"古代文化与武功相对，有文治教化之意，而武功属于动物历史化形式。《易·象》言："文明以止，人文也。观乎天文，以察时变。观乎人文，以化成天下。"文化，有多种分类形式：从时间上分，有原始、古代、近代、现代文化等；从空间上分，有东方、西方、海洋、大陆文化等；从不同层面上分，有贵族、平民、官方、民间文化等；从功能上分，有礼仪、制度、服饰、校园、企业文化等。就文化自身逻辑性而言，概括为物质与精神两个大的分类。文化，多是以国家、民族、地域的名称为风向标的。地名文化是各民族、各地方、各种文化的载体，因此地名文化是多元的、广义的文化范畴。

第一节 地名是一种文化形态

地名是一种文化，而文化是一种已经变成了习惯的生活方式和精神价值（余秋雨网上语）。故而，常常在地名上能找到民族历史文化的印记。在传统文化影响下，地名词常常直接照抄一些常用字，因而成就一批直接蕴含在深层之中的传统文化理念主题词，如元、道、世、人、德、善、诚、真、仁、义、勤、勇、智、忠、孝、礼、信、和（和谐、和平、和睦）等传统文化极具代表性的常用字，在地名上被广泛使用，尤其在街、路、道、巷等名称上较为集中，而寺庙道观名称上使用道、儒、释教真言者更是俯首皆是。所以说，地名成为传承传统文化的载体。讲地名文化，要放在历史文化的纵断面上。

一、地名承载着中华文明

四川汶川发生8级大地震，造成民族劫难。当时中央电视台主持人马东访问了著名文化学者余秋雨，谈到在救灾中的一句口号"救人第一"，认为这是一种"大爱"。在终极价值面前，教师为学生而献身，官员为百姓而献身，军人为平民而献身，是为真英雄。县长、乡长奋起救百姓无暇顾及家人，解放军力尽艰险而救民于水火，老师用身躯为学生挡住危险。那种忘我精神，是中华终极价值观的展现。成千上万人为献血排队，华侨倾其有献款，全国三分钟为普通人的默哀，中国成为"天使"的家园，是中华民族在大拯救中表现出了最温暖、最善良的至亲、大爱，是深层中华文化的点燃而释放出的巨大情感能量。余秋雨说，5月12日"一批中国地名擦亮了世界的眼睛"，"中国文化本性上是讲'大道'的'大道'之行也，天下为公，主张'至善'与'兼爱'等。"余秋雨还讲到了《都江堰》（这是他写的文章，收在中学语言课本中）："《都江堰》它是这次世界解读中华大爱地图的第一个地名，也是世人目睹巨大灾难的第一道伤口。"这是余先生用地名说事儿的精典之处，是地名人的前行榜样。台湾学者南方朔说："汶川大地震当然让我们非常悲伤，但从文化意义上，却让全世界的中国人扬眉吐气。"因为地震大救助，是中华子孙精神价值观的透彻显现。这就是中华文化的核心价值观。这种"大爱"、"以民为天"的理念，在地名语义上均有表现。

中国为世界文明古国之一。以汉族为主体的中华56个民族，在历史上创造了辉煌灿烂的中华民族文化，为人类进步事业作出了杰出的贡献。中国在漫长的历史长河中，出现了许许多多享誉世界的政治家、思想家、文学家、艺术家、教育家、史学家、科学家，他们的伟大杰出思想，光照千秋，启迪后人，成为中华民族进步的思想根基。作为他们的思想文化载体——浩瀚的古籍文献存留至今者，是中华民族的一笔巨大的精神财富，理所当然地受到人们的珍视，世代相承，从中吸取精神营养，激励着炎黄子孙前进。这其中的地名篇引人注目。那么，在地名文化上都传承了哪些主要思想呢？

（一）百家争鸣之说

孔子发扬《周易》思想之精华，"刚柔交错，天文也。文明以止，人文也"（《系辞》）。"天行健，君子以自强不息"，"地势坤，君子以厚德载物"。确立大志（天地运行原则）、大勇（自强不息）、大德（厚德载物）、大慧（刚柔相具，因势作为），崇尚勤劳、智慧、坚韧、爱国、正义、忠孝、慈善、热爱和平等，是中华民族宝贵的文化资产。而且地名文化融入其中，其例广泛。以"德"命名地名者多处。约在4千年前产生的华夏文化与夷狄文化，相互影响与融合，形成了以黄河流域为中心的夏、商、周的华夏文化。春秋时期，孔子本着"述而不作，信而好古"的宗旨，整理文献典籍，出现《书》、《诗》、《易》、《礼》、《乐》、《春秋》等"六经"，突破"学在官府"的贵族垄断教育，用以传授子弟，培养出一批在野的智力阶层（士），为战国诸子"百家争鸣"开创了条件。代表中华民族的华夏文化，又发展为秦蜀、邹鲁、三晋、燕齐、荆楚以及吴越等区域文化。在纵横交融相互影响下，出现了儒、道、法、墨、名、释等各家学派，中国春秋、战国时期的思想文化，处于百家争鸣学术思想空前活跃的发展时期，各种思潮都有其存在的理由,相互影响从而推进了中华文化的长足进展。并且,历代之"士"都不吝在地名意义上展示他们的智慧。

(二)独尊儒术之要

秦、汉以后,由于小农自然经济的稳定,随着统一的专制主义中央集权国家的建立,"罢黜百家、尊崇儒术",被定为国策,形成以儒家为主、法家为辅、综合诸家的思想文化。两汉之际,佛教输入中国,继而在老子学说基础上产生的道教,使中华思想文化又增添了新内容。此后,大约经历近4个世纪的民族迁徙、冲突与斗争,儒、道、释等诸家思想相互渗透又彼此排斥,在矛盾与争论中此消彼长,在儒家上扬之时,传统的经学处于纷繁复杂的斗争之中,又出现了"祖述老庄,立论以为天地万物皆以无为之本"的玄学,要求突破儒家的礼教束缚,一时间道家的"无为而治"的思想有所活跃。这个"无为"留有地名。

隋、唐时期,在中国重归于统一的转机下,社会处于稳定繁荣阶段,以儒家思想为主导,内蓄道、释经典精神,外收西域中亚文明,从而形成了丰富多彩的中华文明,受到亚洲地区乃至世界各国有识之士的关注。伊斯兰教创始者穆罕默德曾告诫其子弟说:"学问虽远在中国亦当求之!"

宋、明时期,在科技文化高度发展影响下,传统的儒家思想文化也发生了新的变化。新兴的理学居于社会统治地位,它的产生正如程颢所说:"出入于释、老者几十年,反求诸六经而后得之。"显然在佛、道思想影响下,理学是儒家思想文化的新变种。特别是朱熹的《四书集注》问世后,禁锢士子思想,露骨地强调封建纲常、伦礼、道德,受到封建帝王及当权统治者的赞扬与推崇,中华传统思想文化引向一个方向极端,某些正确人文思想发展遭到扭曲。15世纪以后,长期滞缓的西方思想文化有了明显的进展,并同东方思想文化开始进行交流。中华思想文化在多种原因作用下,在缓慢而艰难的前进着。明、清以来,不少思想家开始认识到某些传统文化理念的弊端,抨击那些"束书不观,游谈无根"的心性之学,他们创导"经世致用"之学。在西方列强入侵中国后,知识界的先哲们痛心疾首,反对"闭关锁国"政策,要求"破去千年以来科举之学之畦畛",学习西方先进的思想文化与科学技术,振兴中华民族思想文化，终于酝酿出现"五·四"新文化运动，从此中华民族的思想文化进入了一个新时代。

中国传统思想文化与民族气质精神，均具有鲜明的特征。重视理想，性本"大道"、"大爱"，力主"大道之行也，天下为公"。儒家讲"止于至善"，道家说"上善若水"，墨家说"兼爱"，孙中山说"天下为公"，毛泽东说"为人民服务"、"人的生命是最宝贵的"等。这种民族精神在地名词上表现非常充分。人们去追求理想世界，强调刚健有为，"自强不息"，永远向上，奋斗不止。赞扬多民族和睦共存，主张协同合作，倡导内省尚文。中国人长期形成的含蓄、包容、谦和、礼让的传统美德，进一步张扬。强调教化，"有教无类"、仁政治世、追求理想的大同世界。在传统思想文化与民族气质支配下，在历史长河中，中华民族形成了巨大的创造力与凝聚力，可贵的民族自尊心与自信心。这是中华民族之魂，也是中国智慧的根基，它曾产生了无穷的精神与物质的力量，谱写了光照千秋的历史篇章。中华民族克服了艰难险阻，走过了坎坷道路，战胜了黑暗势力，粉碎了凶恶强敌。以2008年北京奥运为标志，中华民族终于以巨人般的英雄形象屹立于亚洲大地之上，恢复了中国人的尊严。诸子百家学说及理念，在成千上万的地名词中反映出来，或说得到证明。地名，是中华传统文化的符号群，承载着中华文明，成为民族魂魄的安放平台。

国学教授弓克先生新著《纲常新论》提出的"一元六本十德"新说，以现代文化人的视角，再次解读了中国传统理念，在继承与扬弃旧纲常论的同时，作了某些创新和发展，提出了纲常新论，成为传统文化的继承、创新、发展的新论。有学者认为，《纲常新论》是时代化了的与时俱进。而这些理念及用字，在地名上有广泛的使用与映现，尤其在城市街道名称中的表现得更为集中。

二、中华传统文化对地名的漂染

传统文化对地名之影响，是在潜移默化中成型的，可以说是无时不在，形影不离，始终不弃。

（一）人本位理念，对地名的影响

儒家思想强调人本位，重视理念，重视人的价值。儒家将天、地、人三者并列，认为是"万物之本"。汉代董仲舒说："人之超然万物之上而最为天下贵也。"唐代刘禹锡在此基础上提出了"天与人交胜"的命题，认为"人能胜天者，法也。"清代思想家王夫之又提出人可"相天"、"裁天"、"胜天"的思想。肯定人的社会价值及人能胜天的思想，已成为中华民族认识与改造自然与社会的出发点，从事物质与精神生产的思想武器。必须指出，儒家的人本位思想，与西方个人自由的思想观念不同，强调的往往不是自然人的个人利益至上的社会价值，而是同宗法观念的君臣、父子、夫妇、兄弟、朋友"五伦"等联系在一起的，有些理念是没落的，故传统文化表现出精华与糟粕往往杂糅于一起，在涉及到社会道德规范问题时，很难作出简单的一分为二结论，难做全面肯定，或是全面否定。因而，很多具体问题应作具体分析，只有坚持历史唯物主义观，才有可能做到在传承中剔除其糟粕，吸取其精华。

孟子要求"士"人做"大丈夫"，养"浩然之气"。这是对人的自身修养中至关重要的命题。"大丈夫顶天立地，富贵不能淫，贫贱不能移，威武不能屈。"孟子所讲的"刚直"、"义道"，与孔子"匹夫不可夺志"是一致的。它是中华民族性格形成的思想基础，历史上出现的许许多多英雄人物及其业绩，是与这种思想的哺育分不开的。《礼记·大学篇》是中国古代修身典范文献，其主导思想以"修身为本"，提出"正心、修身、齐家、治国、平天下"的系统思想主张，把修身作为社会整体链条加以考虑。传统思想文化是在历史长河中逐渐形成的，它包含封建思想文化在内，又不能与封建思想文化划等号。思想文化是人类社会长期实践的产物，一个学说、一种思想不是偶然地出现于某时某地，而有其渊源继承性，有时是脱离政治制度而独立发展演进，甚至是超越时代。超越社会阶级、阶层或集团的先进理念，迄今仍有引导意义，这是人们共同努力实践的结晶。既有其共性，又有其个性。今天看来，"三纲五常"的社会基础已不存在，忠君、孝悌、亲夫、教子、交友等内涵已有了极大变化，甚至是质的变化。然而，不是完全割裂的，仍然有的观念在新时期以变异的姿态表现出来。君义臣忠、父慈子孝、兄友弟恭等，以辩证的思维表现出来，架起新旧思维连接的通道。而传统的忠、义、慈、孝、友、恭、别、信（上述八个字在地名上广泛引用）长期被推崇作为社会道德规范，张扬其合理成分，不能认为完全属于封建范畴，甚而一笔抹杀。"五常"讲的仁、义、礼、智、信范围更广，涉及整个社会的人际关系与道德规范问题，同样在特定的社会有其特定的含义，对维系社会秩序、稳定局势、和谐人际关系的作用具有继承性特征，其社会意义不可低估。有关仁、义、礼、智、信（在地名上广泛应用）其五个字的含义，历代思想家都有所说明或发挥。孔子说："仁者人也，亲亲为大；义者宜也，尊贤为大。"《礼记》载："夫礼者所以定亲疏，决嫌疑，别同异，明是非也。"智者"不惑"（孔子语）、"知己"（子路语）、"知人"（子贡语）、"自知"（颜回语）；信者诚信之意，为"行之基"。五者均属人们在社会生活中举止言行，待人接物的道德约束。任何一个社会的约束职能，一是法律，二是纪律，三是道德。其中道德规范与前二者不同，具有普遍的社会意义，既有时代局限性，又有其不可忽视的超越时代的继承性。尤其是要建设一个高度文明的社会主义社会，不讲信、义是可以设想的吗？"礼"的社会功能，儒家认为"先王承天之道，以治人之情"，是为巩固社会制度而制定的，具有鲜明的阶级统治内涵，所谓"礼、义、廉、耻，国之四维，四维不张，国乃灭亡"，一向为人们所重视，古代社会所提倡，现代社会同样不能忽视讲礼貌、守信义、知廉耻！时代在变，思维不断有新的变化、新的解说。行为方式在变，古人朋友相见打揖，现在握手。过去见面说，你吃了吗？现在问，你上网了吗？理，是相通的，文明没有终极。儒家思想在地名上的反映，长达千年以上。如县名中的"德惠"、"怀德"，都是以德治国的教化。至于以仁、义、礼、智、信为地名者，以台湾城市街路名最为醒目。台湾民众对传统文化的信守与全国人民一样，均非常明显。

儒家提出的一系列社会道德规范，有其时代的、阶级的局限性，但其中某些内容多有可资借鉴之处。例如：个人修养方面的，三省九思，恪守谦恭，"正其志虑，端其形体，广其学问，养其性情"，而知思、知慎、知节、知畏、知保。人际关系方面的，待人以礼，长幼有序，先人后己，尊老爱幼，互敬互助，"不失色于人，不失口于人，不失足于人"。品德陶冶方面的，人生处世强调"谦德"，"德行广大而守以恭者荣，土地博裕而守以俭者安，禄位尊盛而守以卑者贵，人众兵强而守以畏者胜，聪明睿智而守以愚者益，博闻多记而守以浅者广。"孔子说："饱食终日，无所用心，难矣哉！"他主张人要"发愤忘食，乐以忘忧"，要有所为。《周易大传》载："天行健，君子以自强不息。"催人奋进，即"刚建笃实辉光"。报效国家方面的，倡导忠于祖国，"国家兴亡，匹夫有责"。宋代民族英雄文天祥在其就义时发出的高歌："人生自古谁无死，留取丹心照汗青"，一直激励着人们。毋庸讳言，这些思想品德是传统思想文化中最闪光的成分，它激励着古往今来的炎黄子孙们奋勇前进，并且广泛深入地影响、支配甚至是主宰着今天的人们。各地以英雄为地名者，就是对闪金光的传统文化的张扬。如"孔庙"、"关公庙"、"岳飞庙"、"张飞庙"、"孔明庙"等，这些庙宇的地名景观，彰显的乃是传统文化中之精髓，在先人身上所展示的爱祖国、讲信义、图民族、奋向上的理念，活在海内外华人心中，古往今来成为民族凝聚的符号。

（二）以"德"教化，在地名词上普遍存在

三千年前的中国进入了阶级社会。以父家长制为基础的君主专制政体，是在原始民主制度被瓦解的"废墟"之上建立起来的。奴隶主统治，或是封建主统治，均属于剥削阶级统治的社会，其政治体制一脉相承，没有本质区别。一切取决于君主行"仁政"，因此强调君主为一国的首脑作用。受命于唐太宗撰写的《帝范》讲得非常生动："君不约己而禁人为非，是由恶火之燃，添薪望其止焰。"君主"先正其身，则人不言而化矣！"这个理念，对现代国家颇有借鉴作用。法家主张法制，韩非说："中主守法术，拙匠守规矩，则万不失矣。"诸家政治思想主张，都是适应当时的社会政治需要而提出的，多直接涉及到中国古代政治思想中的根本问题，诸如"王道"与"霸道"、"人治"与"法制"以及"无为"与"有为"等问题。许多思想家发表过大量的发人深省的见解。其中不少观点针锋相对，有过长期的争论。其目的是如何巩固封建专制主义制度。然而，其中不乏为人民大众而呼喊者。

首先，强调法制。以法治国与以权治国比较起来是一种进步的制度。孟子深知：尧、舜之得天下，因得其民；桀、纣之失天下，因失其民。所以亚圣提出"民为贵（重）、社稷次之、君为轻"的见解，比喻

为"君者舟也，庶人者水也，水则载舟，水则覆舟。"这一观念迄今仍有现实意义。有的城市街路名叫"人民路"、"公仆路"、"民生路"等，则是"人民为大"的表示。

其二，自我约束。《易经》讲"谦谦君子，卑以自牧。"孔子提出的"克己复礼"，首先在于约束自己。孟子把行"仁政"比作射箭，"射者正己而后发，发而不中，不怨胜己者，反求诸己而已矣"。治国者如"皆反求诸己，其身正而天下归之"。宋代民族英雄岳飞说："正己可以正物，自治可以治人"。"己所不欲，勿施于人"，"严己宽人"等，一直是中国人（含现代人）所提倡的。如"正人村"、"和谐路"、"正冠街"等，其地名均为此意义。

其三，忧患意识。自古以来明智者，无不谨慎戒惧。《左传》僖公二十二年七月，臧文仲说："国无小，不可易也；无备虽众，不可恃也。"因此，他引证《诗经》中"如临深渊，如履薄冰"的警句，告诫当权者。人们常以"安不忘危，治不忘乱"，"存而不忘亡"而自戒。中国人一直有着"先天下之忧而忧，后天下之乐而乐"的博大胸怀。清朝末年，当中华民族受到帝国主义列强欺侮的严峻时刻，一些志士仁人"以爱国相砥砺，以救亡为己任"，奔走呼号，拯救祖国。孙中山先生在《兴中会章程》中号召"有心人不禁大声疾呼，亟拯斯民于水火，切扶大厦之将倾"，用以唤醒群众，激励人们振兴中华，何等宝贵！"复兴"、"光华"、"平等"等地名都在展现"辛亥"理念。又，北京"长安街"就含有患忧方为安的哲理。

其四，变法图强。《易经》的主导思想是个"变"字，"穷则变，变则通"，"唯变所适"。这种思想成为中国古代变法思想的源头，此后历代有作为的政治家无不因势利导，变法图强。战国时商鞅说："治世不一道，便国不必古。"秦王朝因商鞅变法而大兴，终于统一全中国。清朝后期，随着中国封建社会的衰落，政治弊端丛生。启蒙思想的先驱者龚自珍极力主张革旧立新，他《上大学士书》中指出："自古及今，法无不改，势无不积，事例无不变迁，风气无不移易。"这种思想到清末已形成一股巨大的潮流。康有为上皇帝书中认为："守旧不可，必当变法；缓变不可，必当速变；小变不可，必当全变。"并且尖锐地指出："变事而不变法，变法而不变人，则与不变同耳！"这种变法图强的精神为国人留下了深刻的反思余地。故此以变革为地名者，近年颇多。文化既是人的创造物，又是人的标志物，文化的意义在于人所以为人的表述，即价值取向。地名文化表现出人的精神世界完美性、丰富性、超越性、高尚性的追求，是一种人世间的大爱、大智慧。

（三）泛文化的思想，在地名上广为渗透

中国文学是中华民族的性格、气质与精神的表现。提倡："诗言志，歌永言，声依永，律如声，八音克谐，无相夺伦，神人以和。"中国史学具有知识获取、品德修养以及制约君主言行的社会功能，内涵极为丰富。有关史观、史法、史才、史家、史书的立论，自成体系，发人深省。孔子撰《春秋》，"乱臣贼子惧"，在于宣扬先王之美德，给人以垂诫。强调史学的"取鉴"、"资治"、"经世"、"明道"的作用。司马迁尤其倡导并励行"秉笔直书"其事，对社会现象，"爱而知其丑，憎而知其善，善恶必书"，为后人所敬仰。

中国哲学以其论题、概念体系及探究方式形成特色，在世界哲学宝库中占有一席之地。围绕"天人关系"、"形与神"、"人性论"、"性善（恶）论"、"立志"、"玄学"等命题开展，并由此引申道与器、知与行、动与静、名与实等问题的深入讨论，极大地促进了民族智慧的增长。

中国经济学思想丰富，先秦诸子多有各自不同的见解，其中以管仲与荀卿最为有名。《管子·牧民篇》提出的"仓廪实则知礼节，衣食足则知荣辱"，是将传统的伦理道德与经济关系联系在一起，认为"治国之道，必先富民"。以"富裕"、"富强"为意的地名经久相继。

中国教育是世界教育，特别是学校教育的产生为最早的国家之一。历代教育家对教育功能、教育内容、教学方法、学习方法等问题有许多精辟见解。孔子创办私学，提出"有教无类"，"化民成俗，其必由学"，"建国君民，教学为先"，充分肯定了教育的社会价值。汉代王符说："教育为治之大本，太平之基。"中华民族勤劳勇敢，富于创造精神，在改造社会的同时，显现改造自然的气魄，为许多人赞叹不已。因之，在科学技术等方面成果显著。正如英国学者李约瑟博士所作的科学论断："倘若没有中国古代科技的优越贡献，我们西方文明的整个过

程，将不能实现。试问若无火药、纸、印刷术和罗盘针，我们将无法想象，如何能消灭欧洲的封建主义，而产生资本主义！"问题在于，中国并未因此消灭封建主义，产生资本主义，反而退步变成了半封建、半殖民地社会。自18世纪以后，中国长期处于落后状态，而且同西方发达国家相比，差距越来越大，其原因很多，是应当加以深刻反思的。在地名上的反映是，城市化进程极为缓慢，而街路名称数量增长极小，且命名形式、方法及内涵无大变化。到了20世纪80年代方发生经济大发展，各个城市几乎都有"文化街"、"繁荣路"，可谓是对发展文化的认同。

一个国家、一个民族及文化的发展，不仅只是物质的丰富，还必须有理念的支撑，具备更多智慧、信念、意志力等精神层面的平台。汶川大地震中的"不抛弃、不放弃"、"好好活着"、"去建设新家园、新生活"，应当是地名文化新的音符。

三、民族观给地名打上了印记

中国自古就是一个多民族国家，有史以来中华民族的构成多变。从民族分野来说，经过数千年的沧桑，大有"你唱罢来我登场"之景象。原在主要大河流域的一些民族，有的凝聚、融合，有的民族在分化、消失，演化为一些新的民族共同体。在中华民族的形成和发展史上，各族有时是兵戎相见，有时是民族和解和合作，经过无数次艰难和曲折、矛盾和斗争，谱写了各族纷繁复杂而多彩多姿的历史画卷，并越来越明显地形成了以两河流域华夏族为主体，各民族通力合作、共同缔造了中华民族的光辉历史。它就像千条江河归大海，你中有我，我中有你。今天，中国的56个民族，便是历史上许多古代民族的继续和发展。地名的演变能旁证这样的历史。

其一，民族融合起自远古。早在远古的传说时代，在黄河中上游的黄帝部落和炎帝部落结成联盟，在江淮流域和黄河下游还有号称"九夷"的部落，在南方蛮族中又有"三苗"，后来经过多次征战，终于由黄帝部落统一中原各部，形成部落大联盟，为华夏的形成奠定了基础。黄帝也被后人推崇为华夏的始祖，通常称我们中华民族为炎黄子孙，即渊源于此。尧、舜、禹时代，又和"三苗"、"九黎"部落发生过激烈战争，禹打败"三苗"。夏、商、周时，散居在黄河流域和长江流域的各族，逐渐融合为以夏、商、周为核心的华夏族。到春秋、战国时期，由于各诸侯国互相兼并，华夏族与周围的夷、蛮、戎、狄各族共同融合起来，至秦汉时形成了以华夏族为主体的多民族统一的封建国家。自汉武帝、宣帝以后，华夏族渐被称作汉族。虽然，历史上华夏与其他各族的称谓曾经有过许多变化，但大体上在秦汉时期，中国古代民族的分野与构成已基本上定型。这在地名上极明显地反映了各民族的区域分布。

中华民族是由国内许多民族组成的一个整体民族。清末政治家所说的汉、满、蒙、回、藏"五族共和"，实际上是几十个民族共和的简约之说，这是中国各民族在漫长的历史活动中，共同努力经营的结果。

历史上众多的思想家，包括历代帝王、名臣贤相、武将和学者，从各自的政治眼光和所代表的阶级、阶层的利益出发，在看待历史上各族的民族构成、民族观、民族政策、民族交往、民族融合等方面，都曾经提出过许多不同的观点和看法。对民族和民族问题的看法，多是围绕着华夷之辩，而"贵华夏，贱夷狄"的错误思想观点，则一时流行和普遍。在一些地名的用字上，也反映了这类错误理念。

其二，多民族和睦共处观。在对待少数民族的政策问题上，有人总结汉、唐以来的御戎之策，大体有五：和亲、守备、征伐、抚定、羁縻，并因时而为之。和亲之论，首倡于西汉，从西汉高祖到东汉和帝近三百年中，双方达成很多次和亲盟约，但实际上汉朝真正以"公主"嫁匈奴的只有四次。最有影响的是汉元帝将宫女王昭君嫁给呼韩邪单于，被后世传为佳话。唐朝同吐蕃、回纥、铁勒、吐谷浑、突厥、鲜卑、契丹、奚等族均有和亲关系。然而，无论当时之人，还是后人，对和亲历来评论不一。但是，唐代名臣房玄龄却给以充分肯定，"和亲之策，实天下幸甚"。唐玄宗更盛赞此举，说："朕以公主在蕃，亲爱之极，纵有违负之过，讵移骨肉之情，深明至怀，知得良算。至于止戈为武，国之大猷；怀远以德，朕之本意。中外无隔，夷夏混齐，托声教于殊方，跻含灵于仁寿，朕之深旨。"这一番话，基本上代表了唐统治者对待和亲的看法和态度。为此，"昭君墓"地名留下了民族和睦的永久记忆。

有的历史学家把唐太宗"贞观"时期视为处理民族政策比较好的时期。唐太宗说："自古皆贵中华，贱夷狄，朕独爱之如一。"他认为："中国（中原）百姓，天下根本，四夷之一，犹于枝叶。"因而，唐朝推行"抚九族以仁"的方针，对周边少数民族采取比较宽厚的羁縻政策。对待民族之间的交往，历来的思想家们都比较强调民族和好。北宋初重要谋臣赵普说："议定华戎之疆，永息征战之事，立誓明著，结好欢和。"这在地名上，尤其在政区设置上有明显制度的落实，而政区地名反映了历史事实。

其三，民族观。所谓民族观，是指人们对民族和民族之间问题的看法，也是人们世界观的反映。中国是一个由多民族组成的大国，自古以来有华夏与夷狄之分，对若干重要民族问题的看法分歧很大。有人极力宣扬"贵中华、贱夷狄"，鄙视少数民族。而凡属有作为的政治家则持不同的态度：汉文帝刘恒为了"使万民之利"，则与匈奴"结为兄弟之义"；唐太宗李世民对"中华、夷狄"声称"爱之如一"；明成祖朱棣认为"华夷本一家"；清末有识之士黎庶昌、黄兴、孙中山等人，提出"民族平等"口号，倡导"五族一堂"。对于民族问题，他们认为"革命之成功在使不平等归于平等"。尤其是新中国成立后，倡导各民族平等，地名上出现的"自治"以及废止或更改有辱少数民族之地名，就是例证。

第二节　地名与近现代文化

美国哈佛大学教授S.亨廷顿于1993年提出了"文明冲突"论，其主要观点是，各民族国家的文明在表层上可能表现出认同，但在内核上，如价值观、宗教信仰、民俗等方面将难以兼容。他从捍卫美国文化立场出发，宣扬"一个不属于任何文明的、缺少一个文化核心的国家，不可能作为一个具有内聚力的社会而长期存在。"这个论点是说给美国人听的。应当说，他讲的是大实话，对中国人更有警示作用。我们学习外国进步文化，借以改造中国某些落后文化是正确的，然而不能全盘"西化"中国传统文化延续2千多年，在新文化运动中，经历了激烈的反思，有过"打到孔家店"的波浪和"中西体用"的大辩论，出现了"莫道书生空议论，头颅掷处血斑斑"的血雨腥风。知识分子为文化而战没有停止过。翻开中国近代史，从1840年鸦片战争开始，至1919年

"五四运动"，由封建社会转变为半殖民地、半封建社会。大量国土丢失，港、澳、台等地沦为殖民地，东北地区一度为日伪统治的满洲国。故而殖民文化不可避免地在地名上打上了深深的印记。同时，一些改良思想亦在地名上有所反映。而现代史极其重大的历史事件，当属1921年中国共产党成立，并领导全国各族人民，取得的反殖民主义、反封建的巨大胜利。自此以后，红色地名成为标志。今天我们应当思考，如何创建先进的地名文化。

一、近代改良派思潮在地名上的反映

清启蒙思想家魏源提出学习西方技术科学，"师夷长技以制夷"。林则徐的得意门生冯桂芬提出"采西学"，以夷务为"第一要政"。晚清政治家郭嵩焘提出，学习日本，仿效西方。维新派代表人物郑观应提出"商战"主张，而且认为"习兵战，不如习商战"，"中西胜败，决胜于商战"。近代外交家薛福成亦提倡学习西法，以"振百工"。翻译家严复主张"中学与西学并存"，"有比例交长"，对西方实行"开户牖"政策。孙中山提出开放主义，但反对"全盘照搬"西方文明。不过，有人主张维护传统文化，坚持反对西学的侵入，认为西方有的中国早已有之，尽斥西学为异学。所以，清末重臣李鸿章感叹道："惟中国积弱由于患贫。西洋方千里数百里之国，岁入财赋以数万之计，无非取资于煤铁五金之矿，铁路电信局等税。酌度时势，若不早图变计，择其至要者逐渐仿行，以贫交富，以弱敌强，未有不终其敝者。"（《李文忠公全集》卷一八）。放眼望去，地名中的"民主"、"民权"、"民生"等即是这种文化思潮的见证。

二、殖民地色彩地名的泛现

两次鸦片战争以后，外国资本主义势力凭借不平等条约，从沿海深入内地，大量商品涌入中国各地城乡。中国传统农业和手工业遭到严重摧残。中国社会面临的"千古未有之变局"。西方殖民主义强力压迫中国，接受西方文化，鼓吹买办文化，摧残中国传统文化。时至今日，他们仍在世界各地推行西方文明模式。曾为伪满洲国新京市的长春，在老地名中留有这样的痕迹，如大同大街、协和町等。

19世纪60到90年代的近40年间，中国已经迈出向近代社会转型的脚步。从清政府自身的角度看，洋务运动是一场自救运动。因为，统治者在国内外动荡不安的环境下，已经不能完全按照旧的模式继续统治下去，物质层面的改革亦势在必行，否则社会经济将出现全面危机，从而丧失清王朝的统治地位。从社会发展的角度看，洋务运动则是一次较低层次的近代化运动。即使它自身有很多弊病，但作为中国近代化的最早尝试，它深刻动摇了传统农业社会的经济结构。尤其是近代化大机器生产企业的初步建立，中国开始从传统农业社会向近代工业社会转型。近代工业化历程。意味着长期适应于农业社会和自然经济的中国传统文化，必须努力适应刚刚起步不久的资本主义工业社会和商品经济的要求。实际上，中国文化在近代的发展和演变，一直是人们密切关注的重要问题。在城市街路名中，反映了这种现代思潮。

三、地名记载了人民革命的史实

1919年"五四运动"最响亮的口号是，"内惩国贼，外争国权"。实际上，这次大规模的群众斗争，主要是反对帝国主义侵略和北洋军阀的军事独裁统治。这也是一次爱国主义启蒙教育。更为重要的是，在"五四运动"中，中国工人阶级显示了自己的政治力量。当时，在北京、上海、天津等地已经成立共产主义小组。在他们的宣传组织下，马克思主义理论逐渐与中国革命实践相结合，与日益高涨的工人运动相结合。在这样的理论基础和社会基础上，1921年7月，中国共产党宣告成立。从此，中国革命有了一个中心，她成为此后中国人民进行民主主义革命和社会主义建设的核心力量。

1924年，在共产国际和中国共产党帮助下，孙中山顺应时代潮流，对国民党进行改组，在广州召开了国民党第一次全国代表大会。在会上，孙中山提出了"联俄、联共、扶助农工"的三大政策，将旧三民主义重新解释为新三民主义，主张反对帝国主义列强在中国的侵略势力，切实解决农民的土地问题，实现耕者有其田，团结和依靠广大工农大众，打击北洋军阀的独裁统治。孙中山之所以伟大，还在于他能够顺应时代潮流，关心民众的疾苦和国家的命运，不断发展和更新思想，提出解决中国问题的主张。此次会议以后，国内出现了第一次国共合作的局面。1925年发生的"五四运动",把全国的革命形势推向高潮。1926年夏,国共两党组建北伐军开始北伐,在较短时间里,打垮了军阀吴佩孚、孙传芳的主力,国民革命席卷半个中国,北洋军阀政权迅速崩溃,中国的政治格局发生重大变化。随着北伐战争的胜利,工农运动不断发展,革命形势日益高涨。但是,在国民革命中势力壮大起来的蒋介石背叛革命,发动政变,对共产党人和革命群众实施镇压,导致轰轰烈烈的大革命失败了。

1936年12月12日,张学良、杨虎城两位爱国将领发动了"西安事变"(双十二事变),要求蒋介石联共抗日,之后国共两党再次合作,团结起来共同抗日。

1937年7月7日,侵华日军制造了"七七事变",向中国发动全面进攻,抗日战争全面爆发。在以国民党军队为主的正面战场上,众多的国民党爱国官兵和爱国人士,以高昂的战斗热情,英勇抗击着处于绝对优势的入侵之敌。中国共产党领导的八路军和新四军,深入华北、华中敌后,逐步建立了一批敌后抗日根据地,发动群众,开展游击战,牵制了大量敌军,在战略上配合了正面战场的作战。在经过极其艰苦的防御、相持阶段以后,随着世界反法西斯战争的展开,自1944年起,中国战场开始全面反攻。中国共产党领导的敌后解放区军民,在华北、华中和华南先后作战两万余次,解放了8万平方公里国土和200万人口,成为对日大反攻的先导和主力。1945年8月,日本帝国主义宣布投降,历时八年的抗日战争结束了。但是,中国人民为这场战争的胜利付出了巨大代价。此阶段的历史,存在于殖民主义性质的地名更名之中。

1946年6月,大规模内战再一次爆发。自恃在军事和经济上占有优势的国民党,发生了空前的军事、政治、经济危机,国民党政权陷入全民的包围之中。1948年下半年,国民党被迫由全面防御转变为重点防御,国民党政权摇摇欲坠。形势表明,人民解放军进行战略决战的时机已经成熟。此后,中国现代史上著名的"辽沈战役"、"淮海战役"和"平津战役"三大战役取得决定性胜利,为人民解放军南渡长江、解放全中国奠定了基础。1949年4月21日,渡江作战全面打响,人民解放战争在全国范围内取得胜利。10月1日的开国大典上,中华人民共和国主席毛泽东亲手升起第一面五星红旗,向全世界宣告中华人民共和国成立，中国人民从此站起来了。基于此，各地兴建的纪念馆名称，反映了解放战争史。由于多种原因台湾没有解放，对于台湾的旧地名，成为"台独分子"说事儿的工具。

从1840年鸦片战争到中华人民共和国成立，这长达110年的极为艰难的日子里，中国人民历经千辛万苦，流血牺牲，终于实现了民族的独立和解放，驱逐了外来侵略势力，并开始走上现代化的道路。这一个多世纪，是中国历史上社会变化最为剧烈，思想观念更新最为迅速的时期。中国没有走西方国家近代化的老路，因为这条路走不通。中国社会有自己独特的历史和国情，必须走自己的道路。尽管在前进的道路上遇到各种问题和坎坷，但是在中国共产党的领导下，中国人民取得了新民主主义革命的最后胜利，同样能够取得社会主义建设的伟大胜利。实现中华民族的伟大复兴，需要经过长期的艰苦奋斗和不懈努力。这种理念在近些年城市扩容后，新街路名上大范围体现出来。在地名上的"民主"、"民权"等，展现了共产党对人民权利的高度关切。然而，这里的"民主"与西方倡导的"民主"国际化、神圣化、工具化、标签化碎片化、格式化、绝对化等民主理念不相同。西方或亚洲亦有"民主"街名，但人们对地名"民主"的理解并不相同。

1949年新中国成立后，红色文化有了特殊地位。红色地名成为"中国红"新的风向标。

四、先进地名文化的思考

什么是先进地名文化？这是个大题目，需要深入思考。"先进"是相对应"过往"，什么是过往文化？离不开对中国传统文化、欧美文化、世界文化的认知。纵观各国历史与现状，难以认同一种文化全都好，一种文化全不好。连带的问题是，地名文化应汲取何种营养呢？先进地名文化，应当是继承中有创新、引进中有变化，在中西文化结合中有新论。如此方符合时代的要求。

江泽民同志讲："牢牢把握中国先进文化的发展趋势和要求，坚持以马克思列宁主义、毛泽东思想、邓小平理论为指导，立足于建设有中国特色社会主义实践，着眼于世界科学文化发展的前沿，不断发展健康向上、丰富多彩的，具有中国风格、中国特色的社会主义文化"（《论

"三个代表"》）。这是在经济全球化、科技信息化、中西文化在交流碰撞中，提出的符合民族利益和国情的发展文化的方针。这是对毛泽东主席提出的"民族的、科学的、大众的文化"，邓小平提出的"两手硬"和"反对资产阶级自由化"的具体运用、继承和发展，也是"始终代表中国先进文化的前进方向"的解读。地名文化不仅是中华传统文化的组成部分，而且是社会主义先进文化的内涵之一。由于地名词的无时不在、无处不在，尤其是建筑物名称十分醒目，因此其语词文化和实体文化的先进性值得重视。在改革开放以后，城市化建设加快，新楼群涌现，新地名应运而生。在这些名称中的，各类价值取向都有所表现，是不能漠视而应引起重视的。有的地名词，把赤裸裸的个人主义、利己主义、享乐主义、资本主义、封建主义……张挂起来。一部分先富起来的人们，并没有做到精神世界的同步富裕，有点钱就崇拜封建帝王的没落生活，津津乐道资本主义的极端利己主义。在影视剧台词中，总听到"我是商人，追求利润最大化"，这种思想在楼盘名上也有表现。片面宣扬金钱至上，是在鼓动两极分化、贫富对立，是地名文化应当唾弃的东西。在虚拟地名中所展示的朦胧派、意识流、存在主义、黑色幽默、荒诞不经派等，应加以积极引导。地名文化在"地球村时代"而出现的价值取向的多元化是难以避免的，这期间充满探索、试验、冲突、竞争，这在地名上已成为事实，成为改革开放时期地名文化的标志。地名是各民族的精神产品，有着公共财产的意义，提倡多样化是必然的选择。也许政治的、经济的、社会的、文化的利益集团，在地名词上均要展现，亦是无法避免的。但是不能忘记保护中国文化安全，包括地名文化的安全问题。要弘扬主旋律，实现多样化。胡锦涛同志讲："文化建设是中国特色社会主义事业总布局的重要组成部分"。人民群众的精神文化需求是多方面的、多层次的。只要是能够使人民群众得到教育的启发、得到娱乐和美的享受的精神产品，都应受到欢迎和鼓励。地名文化在价值取向上是有层次的，有先进、中间、没落之分的，应当提倡先进性的内核。始终不要忘记反问起名人，起这样内涵的地名对谁有利？对中国文化安全是保护还是腐蚀？中国是中国人的母亲，作为中国的自然人，为祖国的地理实体命名，都要展示黑眼睛、黄皮肤的中国人的智慧，都要表现华夏儿女的人文精神。

第三节　地名与宗教

宗教在地名上的反映，极为显现。全国数千座庙宇及其名称，均展现了地名与宗教的关系。庙观名称属于地名，应无异议。而庙堂之名，必彰显佛家、道家等之理念。

一、道教对地名的影响

道教是中国土生土长的教派。古来就自称为"神州"之神，有极为深厚的土壤和众多的信徒。在不同时期，不时被帝王将相所推崇。其道观之名加上对联映衬，其道义透出文字，深扎在部分人心中。在一些地方，信道教者甚众，仅台湾约有千万。道教，中国的原生态宗教，源于古代的巫术，亦可谓是对鬼神魂灵的崇拜。秦汉时为神仙方术。黄老道是早期道教的前身。奉老子为教主，以《老子五千文》即《道德经》为主要经典。于是，道教逐渐形成。

道教对地名的影响很深、很广。以"土地庙"成村名者广见，而以道家真言"洞天福地"成为广泛流传的地名用字（习称"神仙所居名山胜境"为"洞天"；"得道之所"为"福地"）。传，麻姑为古之仙人。能掷米成珠，眼见东海变桑田。后得道成仙，山名以记之。"麻姑山"中有"仙人"、"五老"、"五寿"等峰名，被誉为二十八洞天，为道教地名集合体。四川的"丰都"，为道教地名展现。以"上清"为名者多因道教，而以"天官"、"地官"、"水官"为名者亦是因道教。广州著名的"三元里"地名因抗英侵略而享誉，其涵义来自道教。

二、佛教对地名的影响

佛教与基督教、伊斯兰教并称为世界三大宗教。相传前6世纪至前5世纪为古印度迦毗罗卫国（在今尼泊尔南部）王子悉达多·乔答摩（梵文：Siddhār tha Gautama），即释迦牟尼创立（Sākyamuni）。佛教传入中国大部地区和朝鲜、日本、越南等国的，以大乘佛教为主，称为北传佛教，其经典主要属汉文系统；而传入中国的西藏、内蒙古和蒙古、俄罗斯西伯利亚等地区的，为北传佛教中的藏传佛教，俗称喇嘛教，其经典属藏文系统；传入泰国、缅甸及中国傣族等地区的，以小乘佛教为主，称为南传佛教，其经典属巴利文系统。佛教在晋、南北朝时得到发展，梁武帝自称"黄帝菩萨"。杜牧诗曰："千里莺啼绿映红，山村水郭酒旗风，南朝四百八十寺，多少楼台烟雨中"。地名与佛教之密切可见。至于隋、唐达到鼎盛，形成天台宗、律宗、净土宗、法相宗、华严宗、禅宗、密宗以及三阶教等中国佛教宗派。两宋以后，佛教某些基本教义为儒教所吸收，其在社会生活的各个方面仍有影响。

佛教对地名的影响尤为深刻，以"真如"、"普陀"为地名者均源于佛教之义。上海"真如"站、浙江"普陀山"、贵州"梵净山"皆源于佛教。以"观音"命名者分布全国各地。据栾广高先生统计，在江苏省地名中与佛教相关联的地名在千个以上。他在"江苏佛教地名源流概述"一书中有较为深刻分析与见解。凡以寺、庵、殿、堂作通名者与信仰有关。文中讲到"西天村"（红宁县）与西天极乐世界有相关的渊源。佛教"观音佛"地位显赫，大慈大悲，能现三十三化身，救十二大难。以"观音"为地名者各地甚多。诸如，观音山、观音洞、观音巷等。佛的教义在西藏地名上表现更加明显。

三、基督教对地名的影响

基督教，奉耶稣基督为救世主之各教派统称。包括天主教、东正教、新教和其他一些较小教派，为世界三大宗教之一。公元1世纪起源于巴勒斯坦，逐渐流传于罗马帝国全境。信仰上帝（天主）创造并主宰世界，认为人类从始祖起就犯了罪，并在罪中受苦，只有信仰上帝及其儿子耶稣基督才能获救。以《旧约全书》（继承犹太教经典）和《新约全书》为圣经。曾于唐贞观九年（635年）传入中国，称"景教"。会昌五年（845年）因朝廷下诏禁绝佛教，基督教遭波及而在中原地区中断。天主教和聂斯脱利派又于元代传入，通称"也里可温教"或"十字教"，但流传不广，至元朝亡又趋势微。明万历十年（1582年），天主教由耶稣会传教士再度传入。清雍正五年（1727），中俄签订《恰克图条约》后，沙皇也派遣俄罗斯东正教传教士进入中国。新教各宗派，于鸦片战争前后陆续传入，通常专指基督教新教。

"圣经"为犹太教的正式经典，包括《律法书》、《先知书》、《圣录》3个部分。主要内容为关于世界和人类起源的传说故事，皆载在犹太民族古代历史的宗教叙述和犹太教的法典、先知书、诗歌、格言等作品中。这些圣书汇集了约前1300年至前100年间的资料，经过多年多人的编纂而成。据传，基督教于唐代传入中国时，曾将《圣经》部分汉译过，但今无存。今存最早汉译《圣经》，包括《新约圣经》之大部分，为明末天主教来华教士所译，现存英国大不列颠博物馆。

基督教对中国地名的影响不大，以"天主教堂"为地名者，仅限部分城镇。

四、伊斯兰教对地名的影响

伊斯兰教，系阿拉伯文Islām的音译，原意为"顺服"，指顺服唯一的神安拉的旨意。中国曾称"回教"、"清真教"、"天方教"等。七世纪初，穆罕默德于阿拉伯半岛创立的神教，与佛教、基督教并称为世界三大宗教。《古兰经》为根本经典，同时也是其立法、道德规范、思想学说等的基础。穆罕默德去世后，由于政治、宗教及社会主张上的分歧，教内发生分裂，形成各种教派。主要有逊尼和什叶两大教派。历史上曾出现过其他支派。史学家一般认为，伊斯兰教于7世纪中叶开始传入中国，宋元以后有一定发展，明末清初出现过一批伊斯兰教学者，经堂教育也开始兴起并得到发展。主要在回、维吾尔、哈萨克、乌孜别克、塔吉克、塔塔尔、柯尔克孜、撒拉、东乡、保安等少数民族中传布。

古兰经为伊斯兰教的根本经典，意为"诵读"，一译《可兰经》。有55种名称，其中以"读本"、"光"、"真理"、"智慧"、"训戒"、"启示"等为穆斯林所常用。中国旧称"天经"、"天方国经"、"宝命真经"等。中国自明、清以来，开始有选本，对经文进行翻译。20世纪20年代起出现通泽本。其教义在地名上有印记，多分布西北地区。其教堂地名体建筑极富特色，为典型的地名标志。

第十章　地名研究领域的拓展

　　我国地名学理论研究，一直限于支撑推进地名国家标准化的范畴。然而，地名国家标准化仅仅是地名国际标准化的一部分。因此，在推进地名国家标准化理论研究的同时，应积极参与地名国际标准化的研究。通过不断拓展地名研究领域，大力提高地名国家标准化的水平，并为推进地名国际标准化做贡献。从而，丰富我国地名学内涵，更好地为国家经济社会发展和国内外交往提供优化的地名公共服务，并不断扩大我国地名学理论研究和地名标准化工作的国际发言权与影响力。

　　鉴于月球探测和南极科考蓬勃兴起，其地名研究是地名国际标准化的重要组成部分；中国海底地名系统研究尚属空白，且事关中国海洋权益。据此，中国地名研究所在不断深化地名国家标准化理论研究的同时，积极拓展地名研究领域，设立了月球、南极等国际公有领域的地名研究和中国海底地名研究3个课题，扩大了地名研究视野，并已取得可喜的成果。

第一节　月球、南极洲和海底自然概况

　　对月球、南极和海底的地名研究，着力点是对月球表面、南极洲和海底地理实体的科学命名及地名标准化研究。因此，月球、南极和海底的自然概况，是地名研究的环境和依据。故本节通过简析月球、南极和海底自然概况，为以后3节分述地名研究奠定基础。

一、月球的自然概况

（一）基本信息

　　月球是地球的卫星或伴星，年龄约有46亿年。月球有壳、幔、核

等分层结构。最外层的月壳平均厚度约为60-65公里；月壳下面到1000公里深度是月幔，它占了月球的大部分体积；月幔下面是月核，月核的温度约为1000度，可能是熔融状态的。月球直径约3476公里，是地球的1/4。

月球永远是一面朝向地球，称为正面。月球背面的结构和正面差异较大。月球正面平坦区域比较多；相反，月球背面月海所占面积较少，而环形山较多，地型凹凸不平，起伏悬殊。

月球只反射太阳光。月球亮度随日、月间角距离和地、月间距离的改变而变化。

（二）月球地貌形态

月球地貌形态奇特，与地球地貌有着很大的不同，具有典型的月球地貌特征。

1. 环形山。"环形山"也称"撞击坑"、"月坑"，大大小小的月坑，布满了月面。环形山酷似地球上的火山口，它中央有一块圆形的平地，外围是一圈隆起的山环，内壁陡峭，外坡却很平缓。环形山的高度一般在7千米—8千米之间。环形山大小不一，直径相差悬殊，小的环形山直径不足10千米，大的环形山直径超过100千米。直径大于1千米的环形山多达32000个。最大的环形山是月球南极附近的贝利环形山，直径达295千米，大于海南岛的面积；牛顿环形山，深达8788米。

2. 月海、洋、湖。从观测结果看，月球亮区是高地，暗区是平原或盆地等低陷地带。早期的天文学家在观察月球时，以为发暗的地区都有海水覆盖，因此把它们称为"海"。事实上，这些"海"、"洋"、"湖"连一滴水也没有，那里只是一些平坦广阔的平原，是月面上低凹的区域。上面堆积着厚度不匀的疏松尘土。由于这些尘土反射太阳光比质地紧密的山脉要差得多，因此在人们的视觉中就显得比较阴暗，在地球上看起来好像充满了水。由于历史上的原因，这个名不符实的名称就保留下来。

已确定的月海有22个。此外，还有些地形称为"月海"或"类月海"的。公认的22个月海绝大多数分布在月球正面，背面只有3个，4个在边缘地区。在正面的月海面积略大于50%，其中最大的"风暴洋"面积约500万平方公里，差不多是9个法国的面积总和。多数月海大致呈圆形、椭圆形，且四周多为一些山脉所封闭，但也有一些月海是连成一片的。除了"海"以外，还有5个地形与之类似的"湖"—梦湖、死湖、夏湖、秋湖、春湖，但有的湖比海还大。月海地势一般较低，类似地球上的盆地，月海比月球平均水准面低1—2千米，最低的雨海东南部甚至比周围低6000米。月面的返照率比较低，因而看起来显得较黑。

3. 湾、沼。月海伸向陆地的部分称为"湾"和"沼"，都分布在正面。湾有5个：露湾、中央湾、虹湾、眉月湾；沼有3个：腐沼、疫沼、梦沼。其实沼和湾没什么区别。

4. 月陆、山脉、峭壁。月面上高出月海的地区称为月陆，一般比月海水准面高2—3千米。月陆的面积要比月海面积大。除了犬牙交错的众多环形山外，也存在着一些与地球上相似的山脉。月球上的山脉常借用地球上的山脉名，如阿尔卑斯山脉、高加索山脉等。其中最长的山脉为亚平宁山脉，绵延1000千米。根据"嫦娥一号"获得的数据测算，月球上最高峰高达9840米。月面上6000米以上的山峰有6个，5000—6000米的有20个，3000—6000米的则有80个，1000米以上的有200多个。月球上的山脉有一普遍特征：两边的坡度很不对称，向海的一边坡度甚大，有时为断崖状，另一侧则相当平缓。除了山脉和群山外，月面上还有4座长达数百千米的峭壁悬崖，其中3座突出在月海中。这种峭壁也称"月堑"。

5. 月谷、月溪。月面上有弯弯曲曲的黑色大裂缝，即是月谷，大小不一，有的绵延几百、几千米，宽度数千米不等。较窄、较小的月谷又称为月溪，则到处都有。最著名的阿尔卑斯大月谷，把月球上的阿尔卑斯山拦腰截断，很是壮观。从太空拍得的照片估计，它长达约130千米、宽10至12千米。

（三）成分及资源

月壳由多种元素组成，包括铀、钍、钾、氧、硅、镁、铁、钛、钙、铝、氢等。当受到宇宙射线轰击时，每种元素会发射特定的伽玛辐射。月球上稀有金属的储藏量比地球多。岩石主要有三种类型：第一种是富含铁、钛的月海玄武岩；第二种是斜长岩，富含钾、稀土和磷等，主要分布在月球高地；第三种主要是由0.1—1毫米的岩屑颗粒组成的角砾岩。月球岩石中含有地球中全部元素和60种左右的矿物，其中6种矿物是地球未发现的。月球土壤中还含有丰富的氦$_3$，利用氘和氦$_3$进行的氦聚变可作为核电站的能源，这种聚变不产生中子，安全无污染，是容易控制的核聚变，不仅可用于地面核电站，而且特别适合宇宙航行。据悉，月球土壤中氦$_3$的含量估计为70余万吨。由于月球的氦$_3$蕴藏量大，对于未来能源比较紧缺的地球来说，无疑是雪中送炭。许多航天大国已将获取氦$_3$作为开发月球重要目标之一。大量的月海玄武岩，蕴藏着丰富的钛、铁等资源。克里普岩是月球高地三大岩石类型之一，因富含钾、稀土元素和磷而得名。风暴洋区克里普岩中的稀土元素总资源量约为225亿至450亿吨。克里普岩中所蕴藏的丰富的钍、轴，也是未来人类开发利用月球资源的重要矿产资源之一。此外，月球还蕴藏有丰富的铬、镍、钠、镁、硅、铜等金属矿产资源。

二、南极洲的自然概况

（一）基本信息

南极洲（英文:Antarctica），是人类最后到达的大陆，也叫“第七大洲”。位于地球最南端，土地几乎都在南极圈内，四周濒太平洋、印度洋和大西洋，是世界上地理纬度最高的一个洲，同时也是跨经度最多的一个大洲。其中包括南极点。总面积约1400万平方千米，约占世界陆地总面积的9.4%。在七大洲中面积居第5位。南极洲由南极大陆、陆缘冰和岛屿组成，其中大陆面积1239.3万平方千米，陆缘冰面积158.2万平方千米，岛屿面积7.6万平方千米。南极洲分东南极洲和西南极洲两部分。东南极洲从西经30°向东延伸到东经170°，包括科茨地、毛德皇后地、恩德比地、威尔克斯地、乔治五世海岸、维多利亚地、南极高原和南极点，面积1018万平方千米；西南极洲位于西经50°–160°之间，包括南极半岛、亚历山大岛、埃尔斯沃思地以及玛丽·伯德地等，面积229余万平方千米。南极洲除各国科学考察人员和捕鲸队外，无定居土著居民。

南极洲大陆海岸线长约24700千米。南极洲边缘海有属于南太平洋的别林斯高晋海、罗斯海、阿蒙森海和属于南大西洋的威德尔海等。主要岛屿有奥克兰群岛、布韦岛、南设得兰群岛、南奥克尼群岛、阿德莱德岛、亚历山大岛、彼得一世岛、南乔治亚岛、爱德华王子岛、南桑威奇群岛等。横贯南极山脉将南极大陆分为两部分。东南极洲，面积较大，为一古老的地盾和准平原，横贯南极山脉绵延于地盾的边缘；西南极洲面积较小，为一褶皱带，由山地、高原和盆地组成。东西两部分之间有一沉陷地带，从罗斯海一直延伸到威德尔海。南极洲大陆平均海拔2350米，是地球上最高的洲。最高点玛丽·伯德地的文森山海拔5140米。南极大陆几乎全部被冰雪所覆盖，冰层平均厚度达1880米，最厚达4000米以上。大陆周围的海洋上有许多高大的冰障和冰山。全洲仅2%的土地无长年冰雪覆盖，被称为南极冰原的"绿洲"，是动植物主要栖息之地。"绿洲"上有高峰、悬崖、湖泊和火山。南极大陆共有两座活火山，欺骗岛火山和埃里伯斯火山（又译作埃拉波斯火山）。欺骗岛火山在1969年2月曾经喷发过，使设在那里的科学考察站顷刻间化为灰烬。至今，人们仍然对此心有余悸。

（三）气候

南极洲的气候特点是酷寒、风大和干燥。全洲年平均气温为-25℃，内陆高原平均气温为-56℃左右，极端最低气温曾达-89.8℃，为世界最冷的陆地。全洲平均风速17.8米/秒以上，是世界上风力最强和最多风的地区。绝大部分地区降水量不足250毫米，仅大陆边缘地区可达500毫米左右。全洲年平均降水量为55毫米，大陆内部年降水量仅30毫米左右，极点附近几乎无降水，空气非常干燥，有"白色荒漠"之称。

（四）资源

南极洲蕴藏的矿物有220余种，主要有煤、石油、天然气、铂、铀、铁、猛、铜、镍、钴、铬、铅、锡、锌、金、铜、铝、锑、石墨、银、金刚石等。仅有的生物就是一些简单的植物和一两种昆虫。此外，在南极圈附近，存在着海豹、企鹅、贼鸥等动物。南极洲是个巨大的天然"冷库"，是世界上淡水的重要储藏地。

三、海底的自然概况

（二）基本信息

海底地形，是指海水覆盖之下的固体地球表面形态。洋底有高耸的海山、起伏的海丘、绵长的海岭、深邃的海沟，也有坦荡的深海平原。纵贯大洋中部的大洋中脊，绵延8万公里，宽数百至数千公里，总面积堪与全球陆地相比，其长度和广度为陆上任何山系所不及。大洋最深点深11034米，位于太平洋马里亚纳海沟，这一深度超过了陆地上最高峰珠穆朗玛峰的海拔高度（8844.43米）。

（二）海底地形特点

按照海底地形的基本特征，大致可分成大陆边缘、大洋盆地和大洋中脊三个大单元。所谓大陆边缘，即大陆表面和大洋底面之间存在一个广阔过渡带，是一个巨大而复杂的斜坡带，是大陆与海洋连接的边缘地带。全球大陆边缘纵延35万公里，总面积约为8000万平方公里，占全球表面积的15.9%左右。大陆边缘地形通常又可分为大陆架、大陆坡、大陆隆、海沟和岛屿等次一级地形单元。大洋盆地是海洋的主要部分，地形广阔而平坦，占海洋面积的45%左右。盆地倾斜度小，大洋底部很重要的地势特征是呈脉状分布的，具有全球规模的海底隆起称为大洋中脊，其规模超过陆地最大山谷，其物质组成为硅镁质火山岩。这里有火山、地震活动。

（三）海底地理实体类型及特点

1. 海底火山。海底火山分布广泛，火山喷发后熔岩表层在海底被海水急速冷却，有如挤牙膏状，但内部仍是高热状态。按火山分类：一是边缘火山。沿大洋边缘的板块俯冲边界，展布着弧状的火山链。它是岛弧的主要组成单元，与深海沟、地震带及重力异常带相伴生。大洋中脊是玄武质新洋壳生长的地方，海底火山与火山岛顺中脊走向成串出现。二是洋盆火山。散布于深洋底的各种火山，包括平顶海山和孤立的大洋岛等，是属于大洋板块内部的火山。

2. 海底平顶山。海底山有圆顶，也有平顶。平顶山的山头好像是被什么力量削去的。数量众多的海底山，它们或是孤立的山峰，或是山峰群，大多数成队列式的分布着。这种奇特的平顶山有高有矮，大都在200米以下，有的甚至在2000米水深。凡水深小于200米的平顶山，美国科学家赫斯称它为"海滩"。1964年，赫斯正式命名位于200米深的平顶山为"盖约特"。

3. 海底瀑布。世界上最高的瀑布当属安赫尔瀑布。这条大瀑布落差达979米。然而，海洋学家在冰岛和格陵兰岛之间的大西洋海底，发现了一个名叫丹麦海峡的海底特大瀑布，瀑布高3500米，比安赫尔瀑布还要高4倍。有趣的是，丹麦海峡大瀑布以及其他的海底瀑布，具有控制不同地区海洋的水温及含盐度的奇妙作用。海底瀑布能促使北极海区低温、含盐量大的海水向赤道附近的暖区不停地流动。

第二节　中国对月球和南极洲的地名研究

月球和南极洲，属于国际公有领域。中国地名研究所设立月球表面地名研究和南极洲地名研究课题，是将地名研究由国内拓展到国际的一次尝试，是积极投身地名国际标准化研究行列的重要举措。

一、对月球表面的地名研究

（一）有关背景情况

国际上第一个到月球的人造物体，是1959年9月前苏联的无人登陆器"月球2号"；1966年2月发射的"月球9号"，是第一艘到月球上软着陆的登陆器；1966年3月，"月球10号"成功入轨，成为月球第一颗人造卫星。在冷战期间，美国和前苏联一直在太空领域竞争。美国"阿波罗11号"指令长尼尔·阿姆斯特朗是踏上月球的第一人，尤金·塞尔南也于1972年12月乘"阿波罗17号"登上月球。欧洲航天局，拟在2012年将宇航员送上月球，于2025年完成永久性月球基地建设。日本已初步制订未来探月任务，并计划建设有人的月球基地。印度也计划先发射无人绕月探测器。

我国正在积极实施探月计划，已成功发射了"嫦娥一号"、"嫦娥二号"卫星，取得了重要信息，并正在寻求开采月球资源的可行性。然而，在中国探月取得的第一张图上，没有一个中国自己命名的地名，即使在月球上出现的中国地名，不仅数量少且分布在月球背面，还存在名称不规范的问题。这些问题，与中国的探月水平极不相称，且有损中国的形象与尊严。据有关资料显示，伴随着各国探月的进展，在国际上新一轮月球表面上地理实体的命名竞争已拉开序幕。中国"嫦娥一号"、"嫦娥二号"在探月过程中，都得了清晰的月球影像图，一些探测成果达到了世界领先水平。如不尽快为月球地理实体命名，在国际激烈竞争中将处于被动。因此，形势紧迫必须因势利导。可喜的是，我国探月部门与中国地名研究所就月球表面地名命名问题达成共识，中国地名研究所卓有成效地实施了月球地名规划研究课题。

联合国地名标准化会议对宇宙星球表面地理实体的命名形成了决议。如II/31号决议，要求各国应该通过地名国家标准化和国际协议，对地球和太阳系其他星球上的每个地名，在最大程度上实现单一的书写形式；III/23号决议，提出各国应该用本国的语言文字系统来规范地名。据此，中国地名研究所在实施月球地名研究课题中，将联合国地名标准化会的有关决议作为守则。

（二）月球地名研究框架

对于中国来说，开展月球地名研究的基础非常薄弱，可资利用的现有成果几乎没有。在这样的基础上，月球地名研究将是一个全面、复杂的系统工程。既要尽快达到目标，又要从基础做起。

1. 全面收集资料。为充分把握国际规则，借鉴先进国家经验，确定中国月球命名原则，需要全面收集：（1）先期探月国家的月球命名相关资料；（2）国际天文组织的有关规则资料；（3）有关国家地名委员会、相关组织的资料；（4）联合国地名组织最新决议；（5）国内相关部门、相关组织资料。

2. 分析各方面资料，进行成果转化。通过分析国内外有关资料，制定译写标准，对国际上已经存在地名进行汉字译写转化，完成用中国通用语言文字系统进行地名标准化处理，制定《中国月球命名规则》，形成工作路线和工作方案。

3. 拟定月球命名总体规划。总体规划是月球命名的总体构思，是大规模开展月球命名的指南。主要包括：确定规划原则和技术路线，制定命名工作方案，拟定相关月球命名技术标准体系。

4. 编制月球地名详细规划。根据月球探测的轻重缓急和类别、层次，选择相应区域，如目标探测地区、第一次登月的准备地点、第一张照片中出现区域等，制定出详细的地名规划，对具体的地理实体进行标准化、系统化命名，形成实质性命名成果。

5. 参与国际组织的相关行动。积极参加国际上关于月球等星球地理实体命名的会议，跟踪国际最新动态，把握机会争取主动，同时协调相关的国际关系。切实维护中国月球等空间地理实体命名方面的相关权益。

6. 形成月球命名成果。根据联合国关于星球命名的有关要求，中国地名管理的有关规定和探月事业的需要，月球命名拟形成4个成果：（1）月球标准地名图；（2）月球标准地名图集；（3）月球标准地名录；（4）月球标准地名词典。

7. 将月球地名纳入日常地名科研工作。月球地名是中国地名管理工作的一部分，探月事业永无休止，其科研工作必将伴随星空探测的始终。其中有大量长期工作：（1）月球地名档案管理；（2）月球地名的信息化管理；（3）跟踪国际动态，保持与相关组织的联络；（4）月球地名的理论和应用研究；（5）月球地名知识和文化的传播。

（三）月球地名研究的特点

1. 起步晚、基础薄弱。由于中国开展月球探测起步比较晚，相应的月球地名科研工作也没有开展起来。关于月球地名命名方面的文献资料也非常贫乏，相关科研力量也尚未建立起来。

2. 研究内容广泛。月球地名科研工作大多需要从零点起步，先期需要充分借鉴先进国家经验，吸收已有的成果，在理论、政策、规则、标准等方面推进中国月球地名科研工作。

3. 涉及众多学科。月球地名研究无疑是一项科学事业。同地球上地名研究一样，月球地名命名涉及到月球地质、地图、测绘、语言文字、名词术语等学科的研究。

4. 牵扯诸多相关部门。在中国现行管理体制下，探月工程是众多部门参与的事情，这些部门从不同方面掌握月球探测取得的成果。在开展月球地名研究中，月球探测资料、月面图的绘制等必不可少，需要相应部门的参与和支持。命名本身是为了满足科学研究需要，满足各有关部门的需要。此外，在开展命名过程中，还涉及语言文字部门的政策问题。

5. 科研成果的整体不可分割性。一方面，月球地名命名并不是能凭空产生的，应以月球探测为基础，依据清晰的月球图和对地形地貌及地质构成的判断，与探月取得的成果分不开；另一方面，一旦月球地名产生后，需要借助测绘、制图等手段来表达、标示地名，因此有赖于测绘成果的取得。

（四）推进月球地名研究的措施

1. 积极创造条件，广泛深入地取得国际组织资料。

2. 发挥国家地名职能部门与科研单位的作用，积极协调部门间工作关系。

3. 采取有力措施，落实规划，推进自身科研工作的进度。

4. 加强与其他科研力量的协同。

5. 积极发动社会力量参与。

二、南极洲的地名研究

（一）有关背景情况

长期以来，人类一直在关注、研究南极洲这一处女地。1738~1739年，法国人布韦航海时发现了南极附近的一个岛屿（今布韦岛）；尔后，英、美、俄等国先后发现了南极大陆；1838~1842年，英国人罗斯、法国人迪尔维尔、美国人威尔克斯先后考察了南极大陆；1911年12月，阿蒙森等4名挪威人首次到达南极点；1928~1929年，美国人作了几次南极飞行考察，并建立了"小亚美利加基地"。各国对南极的考察，经历了所谓"帆船时代"、"英雄时代"、"机械化时代"；从1957~1958年的国际地球物理年起至今，许多国家的科学家涌向南极，并建立了常年考察站，人们称这一时期为"科学考察时代"。

中国从1980年起，派科学家到南极开展科考活动，并先后在南极建立了长城站、中山站、昆仑站。中国已多次派出考察队分赴3个考察站开展多种项目的科考活动，取得了丰硕成果，已进入国际南极科考先进行列。

随着诸多国家开展南极科考活动的不断深入，英国、法国、挪威、澳大利亚、智利、阿根廷、新西兰等一些国家，对83%的南极大陆提出了领土要求。由于对南极领土主权的纷争，1959年12月1日，美国、英国、前苏联等12国在华盛顿签署了《南极条约》。该条约规定：禁止在条约区从事任何带有军事性质的活动，南极只用于和平目的；冻结对南极任何形式的领土要求；鼓励在南极科考中的国际合作。中国于1985年5月加入《南极条约》组织，并接纳为协商国。继《南极条约》后，又先后签订了有关保护南极生物与矿物资源和南极环境等公约。从而，为全面保护南极和科考奠定了基石。隶属于国际科学联合会理事会的"南极研究科学委员会"，是专门组织、协调南极科学研究的国际性学术组织，每两年召开一次会议，以促进《南极条约》协商国成员国之间及其他国际学术组织的交流与合作。中国于1986年被接纳为正式成员，并成立了与南极研究科学委员会相对应的"中国南极研究科学委员会"，统一组织、协调全国的南极科考活动。

（二）南极洲地名规划

1. 项目目标：（1）长期目标。根据联合国地名标准化的有关决议，对南极地名进行分级、分类，编制相关南极地名标准，将南极地名进行标准化处理，建立南极地名数据库，编辑、出版《南极标准地名辞典》、《南极标准地名图集》等。长期跟踪国际南极地名的发展态势，适时更新并发布最新的南极地名，为中国南极的各项科研活动提供有益的帮助。（2）近期目标。通过参与南极地球科学常设工作组的工作，以及赴南极进行实地考察获得的地理信息，提出中国对南极地理实体的命名预案，向国际南极组织申报中国的南极地名。履行《南极条约》协商国和南极研究科学委员会的责任与义务，落实联合国地名组织有关南极地名标准化的相关决议，以期达到弘扬中华民族优秀文化和维护国家在南极的合法权益的目的。

2. 项目内容：（1）实地考察南极地理实体，准确描述地理实体的形态，为向国际南极组织申报中国的南极地名提供依据；（2）研究中国的南极地名，对南极临时性科学考察地名进行规范化处理；（3）研究、制定南极地理实体的命名标准，提出未来南极命名的预案；（4）赴有关国家进行地名考察和交流，收集《南极条约》协商国的南极地名资料；（5）参加国际南极研究科学委员会（SCAR）地球科学常设工作组的工作；（6）全面收集、整理、翻译各国南极地名资料，对南极地名进行分类和分级；（7）编制南极地名译写系列标准；（8）编辑国际《南极标准地名辞典》；（9）编辑国际《南极标准地名图集》；（10）编制南极地名数据的各种规则；（11）建立南极标准地名数据库；（12）落实联合国地名组织决议，履行《南极条约》协商国的义务；（13）跟踪地名动态，更新地名数据，发布最新地名。

3. 项目特点：（1）时间紧：中国的南极地名若不抓紧向国际南极组织正式申报，必将严重影响中国在南极的权益；（2）责任大：将代表国家参与国际南极地名工作；（3）任务重：展涉及近40000条地名，而且数量还在不断增加；（4）要求高：全部地名均需分析整理和标准化处理；（5）范围广：覆盖南纬60度以南的所有陆地、海域、海底地理实体名（6）种类多：包括所有类型的自然地理实体名称；（7）译写难：涉及20余种不同语言的地名，均需科学、合理、规范地翻译；（8）内容新：南极地理实体形态不同于传统的地理特征，因而要有针对性地对新地理实体形态进行命名研究；（9）周期长：南极地名需要长期跟踪，动态掌握，资料更新，定期发布；（10）事务繁：既有纯粹意义上的科研活动，又要从事相关的地名工作，还需参加南极地名的国际事务；（11）关联紧：每一个子课题都不是孤立的，它们之间环环相扣，互为表里、互相支撑；（12）效果好：在取得显著社会效益的基础上，还可以获取一定的经济效益。

第三节　中国对海底的地名研究

在开展第一次全国地名普查的后期，我国组织了沿海岛礁地名普查，并对岛礁地名进行了标准化处理，编辑出版了《中国海域岛礁地名志》和《中国海域岛礁地名图集》。但对我国所辖海域的海底地理实体的命名尚未进行系统研究。海底地名研究及地名标准化工作，事关海洋资源开发、航海事业的发展和海洋权益与领土主权的维护。为此，中国地名研究所设立了海底地名研究课题。

一、有关背景情况

海洋是一个立体空间，包括海空，海面、水体和海底。随着科技进步，人类对海底的认识和利用水平不断提高。海底不仅是海洋矿产资源的主要蕴藏地和海底航行、通讯活动的主要场所，还是邻国间海洋划界的重要依据。自1945年美国发动"蓝色圈地"运动以来，各国对海底的探测、研究日益深入。起初，各国独立对海底地理实体进行命名，并引起了混乱。相关国际组织从上世纪60年代开始制定了一系列法规，对海底地名研究加以规范。1974年国际组织通用大洋水深图委员会成立了"国际海底地名领导小组委员会"，致力于为国际海图选取合适的海底地名。

中国海底面积300多万平方公里，有十几万个地理实体，加上中国享有重要海洋权益的海域则面积更大，地理实体更多。在中国的海域邻国中，多个国家对海底地名做了很多工作。其中，日本命名了1000多条海底地名；韩国、印尼等国家也在积极开展海底地名工作，韩国还于2009年5月召开了国际海底地名领导小组委员公第21次会议。

二、海底地名研究概况

由于种种原因，中国海底地名工作尚处在较低水平。中国所辖海域海底地形复杂。1986年中国地名委员会在《关于广东省对南海部分海山海槽命名的复函》中，对22个南海海底地理实体（海山和海槽）进行了命名，这是中国唯一一次对海底地理实体进行正式命名。

近年来，中国海洋测绘部门采用多波速扫描技术，发现了大量的海底地理实体。由于缺乏地名，海洋工作者纷纷使用数字代号、暂用名或者借用外国资料上的地名指称中国海底地理实体。这种现状对海洋研究与开发、海域权益的保护极为不利。

三、海底地名研究立项

2005年，中国地名研究所牵头，会同有关单位联合开展了海底地名研究与规划工作。目的是在充分利用海洋测绘和海洋地质调查工作最新成果的基础上，研究海底地理实体命名规划。同时深入研究国际法，为参与国际公海海底地理实体命名工作打下良好基础。

目前，海底地名研究已经取得的阶段性科研成果，包括《中国海域海底地名命名方案》和《海底地名分类与代码》、《海底地名命名规则》等国家标准。

四、研究重点

（一）海底地理实体命名原则

国际海底地名领导小组委员会制定的《海底地理实体标准化》，规定了命名一般原则、解决命名纠纷的一般性原则问题，同时制定了国际海底地理实体命名的细则，包括通名和专名的选择等。据此，要研究拟定中国与其他国家出现命名纠纷时的处理原则，对其他国家地名的翻译原则、地理实体分级命名原则等。

（二）中国海底地理实体命名申报原则

海底地理实体名称与陆地地名、岛礁地名一样，是国家地名工作的重要组成部分，必须按照国家相关规定进行申报管理。建立完善的海底地理实体名称的申报程序，是海底地名研究工作的重要环节。

（三）建立中国海底地理实体分级分类体系

在浩瀚的海洋之下，地理实体的类型纷繁复杂，规模与形态各异。只有将这些地理实体实施合适的分级和分类，才能进行系统的研究和命名。建立海底地理实体分级分类标准体系，是进行海底地理实体命名的重要基础。

为此，要考虑到以下方面：

1. 海底地质学和地貌学的基础原则。海底地理实体的特征体现在其规模、形态和物质组成等因素，而这些因素主要受区域地质构造、海洋沉积、水流冲刷作用所影响。因此，海底地理实体的分级、分类主要考虑其地质和地理因素，规模和成因类似的多个地理实体组成一个级别。同一类型的地理实体，具有特定的形态和物质组成。

2. 中国近海地理实体的地貌特征和命名工作的需求。中国管辖海域及近海幅员辽阔，各个海域发育的地理实体都各有其特点。在海底地名研究工作中，地理实体的特征研究方法也不能雷同于海底地貌学。

3. 兼顾国际海底地名领导小组委员会已经颁布的海底地理实体条目和定义表，以及国际大洋地势图对海底地理实体分类的现实。

（四）海底地理实体通名体系

地名通名是地名中用来区分地理实体类型的词语，同一类型的地理实体应有相同的通名。海底地理实体通名体系，既要依据海底地理实体分级、分类标准，又要符合其作为地名一部分的特点。

地名通名体系的建立，是以中国管辖海域及近海的海底地理实体地貌特征为基础，并考虑国际公有海域海底地貌类型，采取分级与分类相结合的方法。

海底地理实体通名体系的基本要求为：能明确区分海底地理实体类型，覆盖中国管辖海域及近海、国际公有海域所有海底地理实体类型；简洁明了，不应包含成因、形态描述等内容；以海底地理实体分类为基础，但不完全按照海底地理实体类型名称；同一类型的地理实体，可以提供多种地名通名进行选择；与国际海底地理实体可以提供多种地名通名进行选择；与国际海底地理实体命名的相关标准衔接。

（五）海底地理实体专名采词

地名专名是地名中用来区分每个地理实体的词语。在进行正式的海底地理实体命名时，每个实体均需赋予一个专名。对海底地理实体专名采词要考虑到以下几个方面的因素：符合现行地名专名相关规定，可借鉴相关国际组织对海底地理实体专名命名方法；专名需要符合海底地理实体的系统性和整体性要求与特点，并能够反映中国地名的采词特点和体现中国文化特色；突出地名的指位特征。

引用文献

《中国地名拼写法研究》曾世英著. 测绘出版社. 1981年版。

《地名学基础教程》褚亚平，尹钧科，孙冬虎著. 中国地图出版社. 1994年版。

《地名学论稿》褚亚平主编. 教育出版社. 1985年版。

《地名学概论》王际桐主编，杜祥明副主编. 中国社会出版社. 1991年版。

《实用地名学》王际桐主编，李炳尧，杨光浴副主编. 中国社会出版社. 1994年版。

《地名学简论》杨光浴著. 东北师范大学出版社. 1991年出版。

《地名规划原理》谢前明著. 湖南地图出版社. 2003年出版。

《地名管理学概论》李炳尧、刘保全著. 中国社会出版社. 2007年出版。

《中国地名学源流》华林甫著. 湖南人民出版社. 1999年出版。

《地名史源学概论》孙冬虎著. 中国社会出版社. 2007年版。

《普通地名学》苏联 В．А．ЖУЧКЕВИУ 著（崔志升译）. 1983年版。

《语言学常识十五讲》沈阳编著. 北京大学出版社. 2006年版。

《语言学是什么》徐通锵著. 北京大学出版社. 2007年版。

《社会语言学》陈原著. 学林出版社. 1983年版。

《索绪尔第三次普通语言学教程》屠友祥译. 上海人民出版社. 2005年版。

《中国地理学史》王成祖著. 商务印书馆. 1988年版。

《历史地理四论》（院士文库）侯仁之著. 中国科学技术出版社. 1994版。

《历史地理学读本》唐晓峰，黄文军编. 北京大学出版社. 2006年版。

《历史地理学丛稿》韩光辉著. 商务印书馆. 2006年版。

《东北历代疆域史》张博泉，苏金源，董玉瑛著. 吉林人民出版社. 1981年版。

《中国地图学史》尹良志编. 测绘出版社. 1984年版。

《中国历史十五讲》洪和编著. 北京大学出版社. 2006年版。

《华夏之初》图说中国史编委会编. 吉林出版集团. 2006年版。

《民俗旅游学》邱扶东著. 立信会计出版社. 2006年版。

《民俗学》陶立璠著. 学苑出版社. 2006年版。

《中国旅游地理》吴国清著. 上海人民出版社. 2005年版。

《古民俗研究》李德润主编. 吉林文史出版社. 1990年版。

《图腾层次论》杨和森著. 云南人民出版社. 1987年版。

《哲学修养十五讲》孙正聿著. 北京大学出版社. 2006年版。

《哲学是什么》胡军著. 北京大学出版社. 2006年版。

《系统、结构和经验》欧文，拉兹洛著（李创同译）. 上海译文出版社. 1987年版。

《符号入门学》池上嘉彦（日）著（张晓云译）. 国际文化出版公司. 1985年版。

《中国传统文化十五讲》龚鹏程著. 北京大学出版社. 2006年版。

《中国文化地理概述》胡兆量，阿尔斯朗，琼达编著. 北京大学出版社. 2006年版。

《中国传统文化概论》田广林主编. 高等教育出版社. 2006年版。

《先进文化论》黄力之著. 上海三联书店. 2002年版。

《方言与中国文化》周振鹤，游汝杰著. 上海人民出版社. 2006年版。

《人类的知识》罗素（美）著（张金言译）. 商务印书馆. 1983年版。

《取名与心理》冉苒著. 贵州人民出版社. 2000版。

《开运地名学》潜龙居士著. 祥瑞文化公司. 2002年版。

《中国民间起名学》王军云编著. 中国华侨出版社. 2005年版。

《慧缘姓名学》慧缘著. 百花洲文艺出版社. 1999年版。

《网上取名》陈冠任编著. 中国工人出版社. 2002年版。

《中国行政区划改革研究》浦善新著. 商务印书馆. 2006版。

后　记

　　这是一本以汉语为主的地名学作品。在中国古代、近代相关著作中涉及有地名与地名学内容的著作有数百卷，其历史文化沉淀深厚。而具现代意义的中国地名学的研究，是在上世纪六十年代，国际社会提出了国家地名标准化与地名国际标准化的命题之后，八十年代方得到快速发展，进入了更深层次、更广层面。许多学者有一个共识，地名是个多面体，与地理、语言、历史、文化、测绘、民俗等学科关系紧密，地名学处在相关学科的交汇之处。这似乎在昭示，地名学的基础研究，应当到兄弟学科的理论框架中去寻找。本书着力点在于，在相关学科的边缘，将地名源流与发展的理论点聚合，筑成一个宽广的地名学研究地带。努力寻找与相关学科的接合部，吸纳有关的科研成果，采取"拿来主义"的"引"，近而用科学意义上的"嫁接"方法，制造地名学的因子并打造学科结构的网络体系，搭建地名学研究的基础平台。因此，本书首先是吸纳相关学科成果，不间断引用各家的论据，是实实在在的"编"。这种"编"不是有文必抄、原装批发，而是有选择地导入，经过吸收、消化、提纯、融合之后，进一步条理化、理论化，与地名结合为一体，使之达到地名研究的个性化，这又是实实在在的"著"。本书是"编"中有"著"。在"编"当中，就存在着作者的认识，存在着怎样"编"的选项，"编"与"著"结合，是本著作的一种形式。本书不是就地名讲地名，而是提供给读者一种思维方式，地名与语言、地理、历史等大学科之间是一种怎样的关系，从而道出地名文化的宽广精深。同时，提供一种研究行为模块，即从问题导向入手，逐步进入到方法导向，从而成为学科之间一种认同、认知的融合管道。

　　杨昊星副研究员参加了本书立目、术语定义的研讨，起草了"地名·语言"一章；吉林大学在校博士李默及教铭明参与了文稿修饰及整理工作，多次提出有益意见；挚友谢前明先生提出了有益的修改意见；李炳尧先生花费很多时日，通审了书稿并进行了文稿修正及润色；庞森权同志亦审读全文，并予以补充和订正——在此一并表示感谢。

杨光浴　刘保全
211年6月12日